高等职业教育土木建筑类专业新形态教材

U0711428

建筑制图与识图

主　　编　吴美琼　彭　聪

副主编　黄雅琪　唐善德　张小礼

　　　　　李祎嘉　詹雷颖　陈丽平

参　　编　解　双　梁少伟　陈万丽

　　　　　黄若琳　乔稳庆　沈园园

主　　审　李　林

北京理工大学出版社

BEIJING INSTITUTE OF TECHNOLOGY PRESS

内 容 提 要

本书是高等职业院校土木建筑大类各专业系列教材之一。全书共分为六个项目，包括：制图的基本知识、识读与绘制投影图、认识和绘制轴测投影、认识和绘制剖面图与断面图、识读和绘制建筑施工图、识读结构施工图。本书结合制图员的岗位需求、建筑工程识图技能竞赛的竞赛内容、"1+X"建筑工程识图职业技能等级证书的考核标准、考评大纲，与专业教学标准衔接融通，有针对性地结合知识点来讲解，给读者提供了有价值的学习资料。

本书可作为高等职业院校、大中专土建类各相关专业的教材，也可作为土建类相关从业人员的参考用书。

图书在版编目（CIP）数据

建筑制图与识图 / 吴美琼，彭聪主编. -- 北京：
北京理工大学出版社，2024.9（2024.10重印）.
ISBN 978-7-5763-4472-1

Ⅰ.TU204.21

中国国家版本馆CIP数据核字第20243F03E0号

责任编辑：江　立　　　　文案编辑：江　立
责任校对：周瑞红　　　　责任印制：王美丽

出版发行 / 北京理工大学出版社有限责任公司

社　　址 / 北京市丰台区四合庄路 6 号

邮　　编 / 100070

电　　话 / （010）68914026（教材售后服务热线）

　　　　　　（010）63726648（课件资源服务热线）

网　　址 / http://www.bitpress.com.cn

版 印 次 / 2024 年 10 月第 1 版第 2 次印刷

印　　刷 / 河北鑫彩博图印刷有限公司

开　　本 / 787 mm×1092 mm　1/16

印　　张 / 11.5

字　　数 / 274 千字

定　　价 / 39.00 元

建筑工程图纸是工程设计和施工的基础，从业人员必须具备准确的识图能力，才能正确理解设计师的意图和工程要求，这有助于确保施工过程中的准确性和高效性，避免因误解图纸而导致的错误和延误。建筑工程图纸中包含了建筑的结构、布局、材料使用等关键信息，准确的识图能够帮助施工人员正确理解这些信息，从而确保施工质量和建筑物的结构安全。熟练的识图能让从业人员更快速地理解图纸，减少在施工现场因解读图纸而浪费的时间，提高工作效率。随着建筑行业的不断发展和技术进步，建筑工程图纸的复杂性和专业性也在不断增加。具备良好的识图技能有助于从业人员适应这些变化，保持竞争力，获得更好的职业发展机会。

本书基于"OBE 成果导向"理念，分六个项目撰写，每个项目中有若干个任务，主要内容包括：认识制图的基本知识、识读与绘制投影图、认识和绘制轴测投影、认识和绘制剖面图与断面图、识读和绘制建筑施工图、识读结构施工图，旨在帮助读者熟练掌握识读和绘制施工图的技能。本书具有以下特点：

1. 配套丰富的电子学习资源，满足读者线上碎片化学习的需求

本书附带大量电子学习资料，包括教学视频、教学课件、项目图纸、课程练习题以及建筑工程识图技能竞赛、"1＋X"建筑工程识图职业技能等级证书考试模拟题等电子学习资料，均可通过扫描各章节的二维码下载使用，帮助读者更好地学习本书内容。

2. 以实际项目为载体，加强理论与实际相结合

本书基于"建筑实训楼"这一实际项目案例编写，旨在通过真实、具体的项目来连接理论知识和实际应用，从而加深读者对理论知识的理解和记忆，提升读者解决实际问题的能力。

3. 岗课赛证融通，实现学习多元化和高效化

本书结合制图员的岗位需求、建筑工程识图技能竞赛的竞赛内容、"1+X"建筑工程识图职业技能等级证书的考核标准、考评大纲，与专业教学标准衔接融通，有针对性地结合知识点来讲解，给读者提供了有价值的学习资料。

FOREWORD

本书由广西水利电力职业技术学院吴美琼、彭聪担任主编；由广西水利电力职业技术学院黄雅琪、唐善德，南宁学院张小礼，南宁职业技术大学李祎嘉，广西建设职业技术学院詹雷颖，广西理工职业技术学校陈丽平担任副主编；由广西水利电力职业技术学院解双、梁少伟、陈万丽、黄若琳，广西壮族自治区建筑工程质量检测中心有限公司乔稳庆、沈园园参编。广西水利电力职业技术学院李林负责全书主审，黄曾彪和张富两名学生负责本书部分图样绘制。

本书配套丰富的在线课程资源，读者可以扫描教材中的二维码观看相关教学视频、课件和项目图纸等，也可以登录学银在线教学云平台（建筑制图与识图 https://www.xueyinonline.com/detail/241460268），选择最新期次学习。课程设置了"1+X"专题学习，能够帮助读者有针对性地学习，考取"1+X"建筑工程识图职业技能等级证书。本书可作为高等职业技术院校、大中专土建类各相关专业的教材，也可作为土建类相关从业人员的参考用书。

本书在编写过程中参考了相关资料与著作，在此向相关作者表示衷心的感谢！

由于编者水平有限，书中难免存在疏漏及不妥之处，恳请广大读者批评指正。

编 者

CONTENTS 目录

项目一　制图的基本知识

项目描述

　　为了绘制建筑工程图，首先要熟悉国家标准《房屋建筑制图统一标准》（GB/T 50001—2017）中的各项规定；其次必须了解各种绘图工具、仪器的构造和性能，并掌握正确使用及维护各种绘图工具和仪器的方法；最后掌握正确绘制建筑工程图的方法和步骤，目的是保证绘图质量，提高绘图速度。本项目主要讲述《房屋建筑制图统一标准》（GB/T 50001—2017）中的相关规定、绘图工具和仪器的使用方法、绘图的一般方法和步骤等基本绘图知识。

学习目标

1. 知识目标

（1）了解工程制图国家标准的基本规定；

（2）了解几何作图的方法和步骤；

（3）熟悉各种绘图工具、仪器的构造和性能。

2. 技能目标

（1）能够掌握正确使用及维护各种绘图工具和仪器的方法；

（2）能够掌握正确绘制建筑工程图的方法和步骤。

3. 素养目标

（1）形成一丝不苟的态度和追求完美的工匠精神；

（2）养成严谨的学习态度，良好的职业素养；

（3）养成执行国家标准和生产规范的习惯；培养行业规范意识和法律意识。

项目一 制图的基本知识
- 任务一 制图的基本规定
  - 图纸
    - 图纸幅面
    - 图线宽度
  - 线型设置
  - 比例
  - 文字
  - 尺寸标注
- 任务二 制图的工具
  - 图板
  - 丁字尺
  - 三角板
  - 铅笔
- 任务三 制图的步骤
  - 绘图前的准备工作
  - 画底稿线
  - 加深

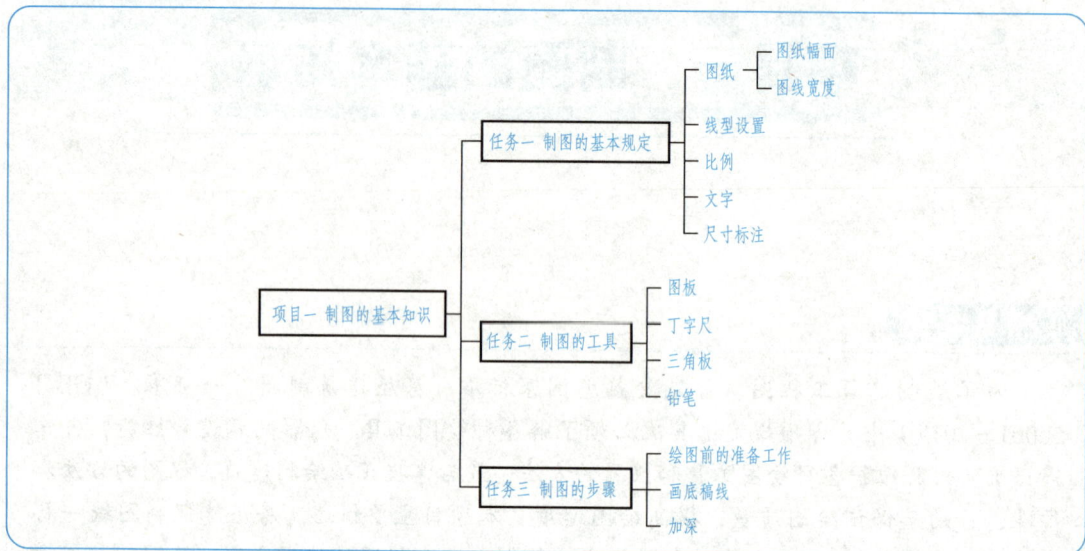

任务一　制图的基本规定

任务导入

利用制图工具，遵照制图标准，正确绘制如图 1-1 所示的一层平面图。

绘制图 1-1，需要掌握国家标准中有关图纸幅面、比例、字体、图线、尺寸标注及绘图工具的使用，几何作图、平面图形的分析和制图步骤等知识。

任务资讯

一、图纸

1. 图纸幅面

视频：图幅

在图纸上必须用粗实线画出图框，规范规定了基本图纸的幅面和图框的尺寸，大小应符合表 1-1 的规定。

必要的时候，A0 ～ A3 允许选用规定的加长幅面。一般来说，图纸的短边不应加长，长边可以加长，加长幅面尺寸可以参考规范的相关规定。

在一个工程设计中，每个专业所使用的图纸，不含目录及表格所采用的 A4 幅面，不宜多于两种幅面。

以短边为垂直边的幅面称为横式幅面，如图 1-2（a）、（b）、（c）所示；以短边为水平边的幅面称为立式幅面，如图 1-2（d）、（e）、（f）所示。

图纸中应有标题栏、图框线、幅面线、装订边线和对中标志。

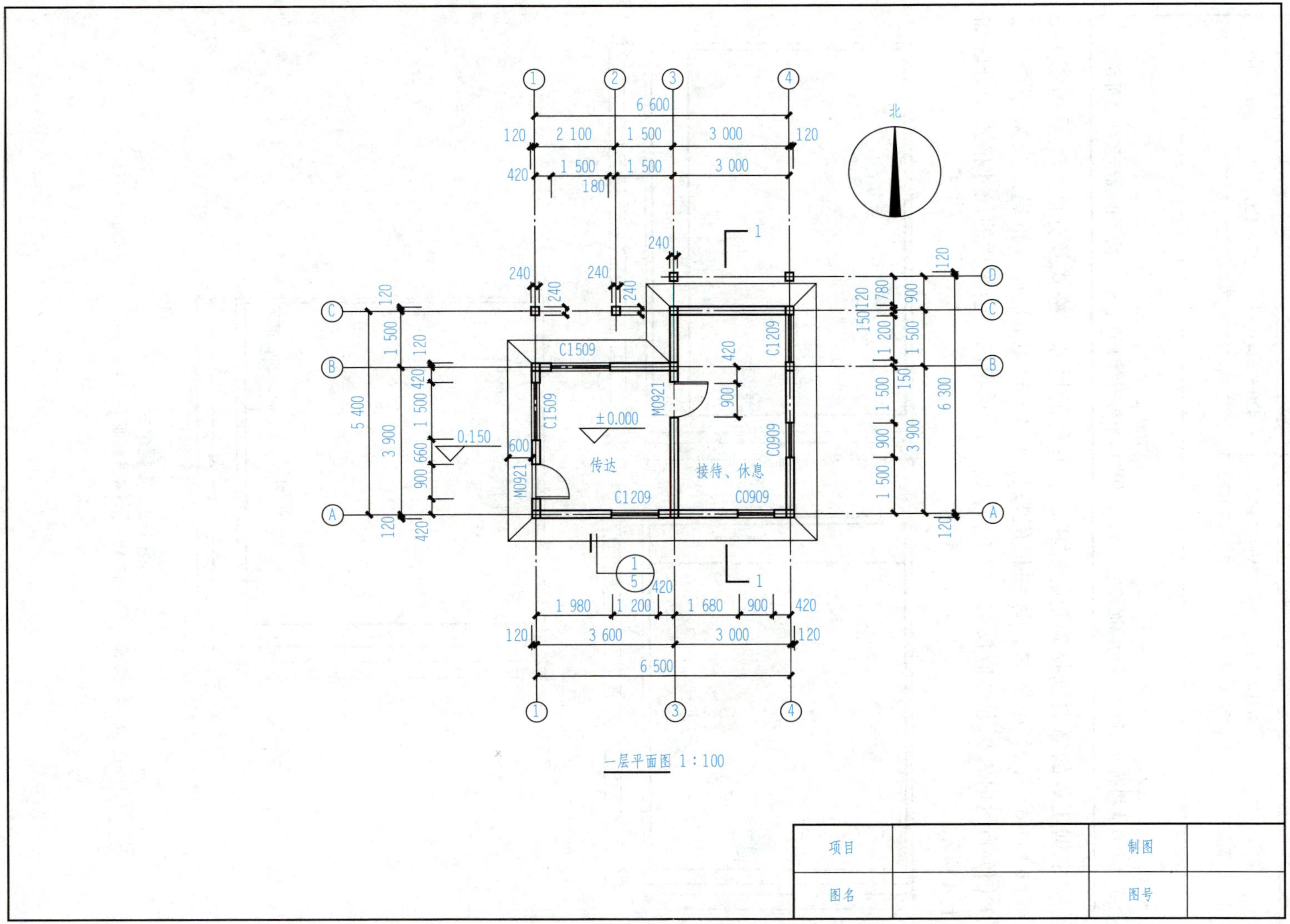

一层平面图 1:100

图 1-1 平面图

表 1-1　幅面及图框尺寸　　　　　　　　　　　　　　　　　　　mm

幅面代号	A0	A1	A2	A3	A4
尺寸 ($b \times l$)	841×1 189	594×841	420×594	297×420	210×297
c	10			5	
a	25				

注：表中 b 为幅面短边尺寸，l 为幅面长边尺寸，c 为图框线与幅面线间宽度，a 为图框线与装订边间宽度。

　　应根据工程的需要选择确定标题栏、会签栏的尺寸、格式及分区。当采用图 1-2（a）、（b）、（d）、（e）布置时，标题栏应按图 1-3（a）、（b）所示布局；当采用图 1-2（c）、（f）布置时，标题栏应按图 1-3（c）、（d）所示布局。会签栏的尺寸格式及分区如图 1-4 所示。

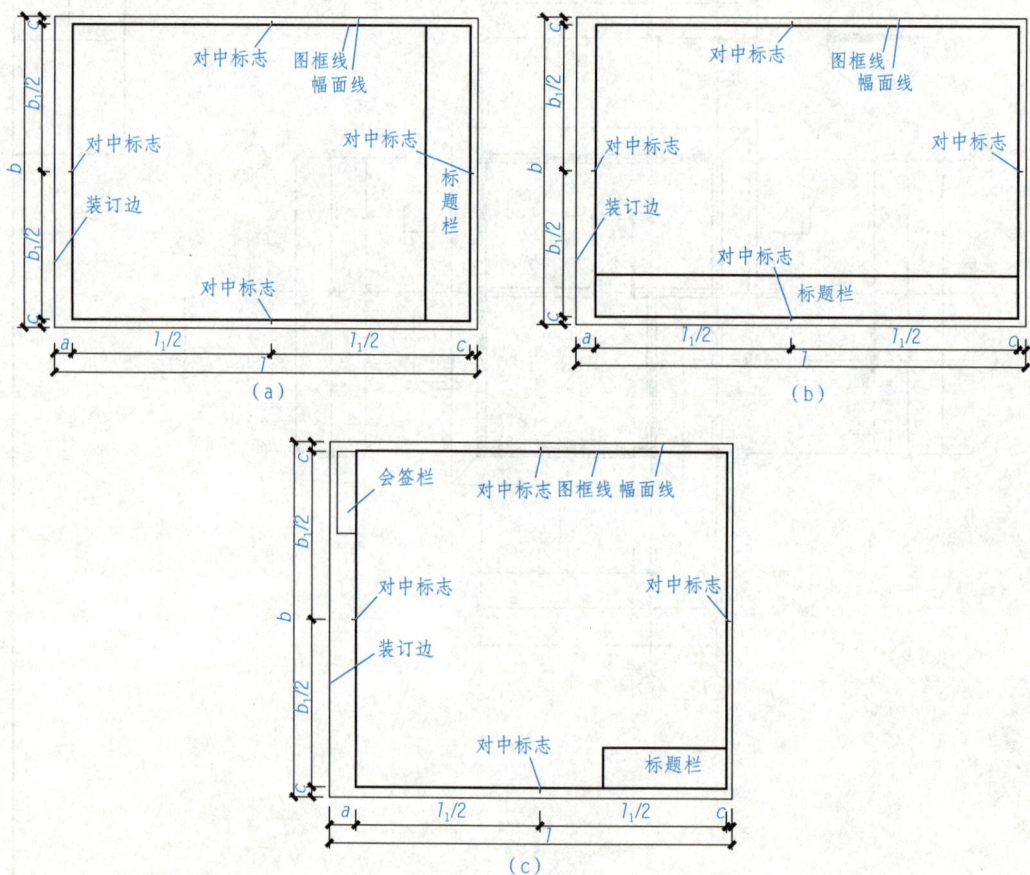

图 1-2　图幅格式

（a）A0～A3 横式幅面（一）；（b）A0～A3 横式幅面（二）；（c）A0～A1 横式幅面（三）

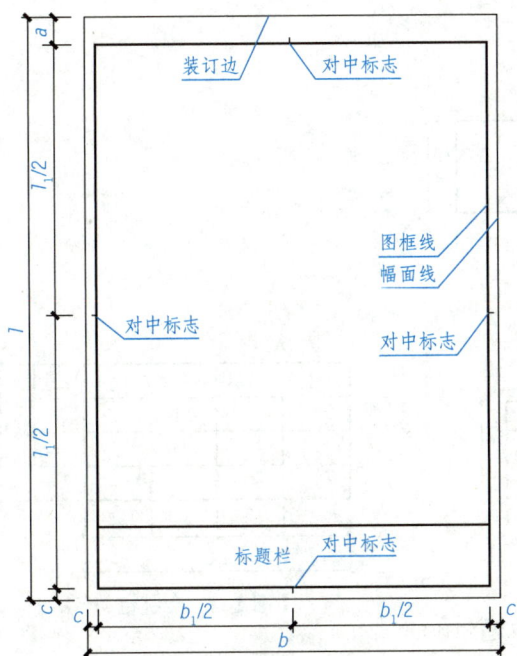

(d)

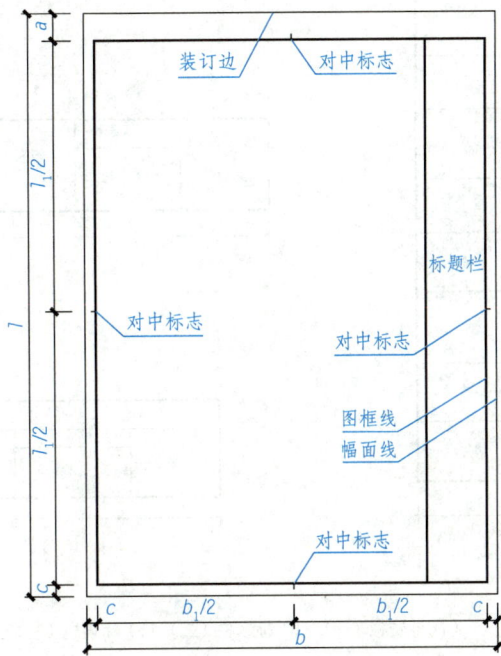

(e)

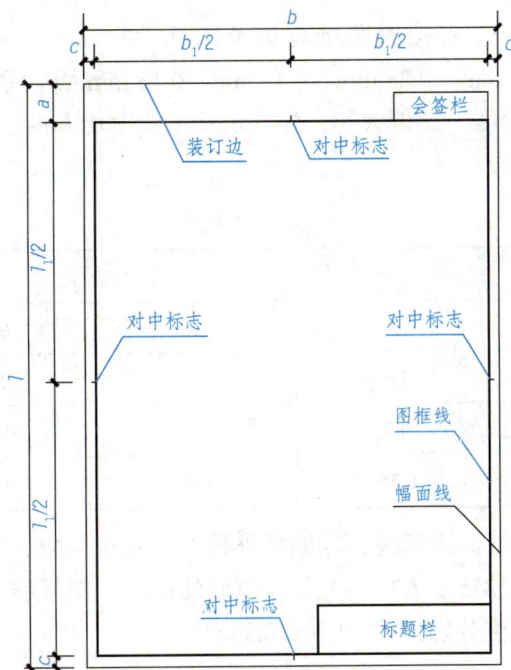

(f)

图 1-2　图幅格式（续）

（d）A0～A4 立式幅面（一）；（e）A0～A4 立式幅面（二）；（f）A0～A2 立式幅面（三）

图 1-3 标题栏

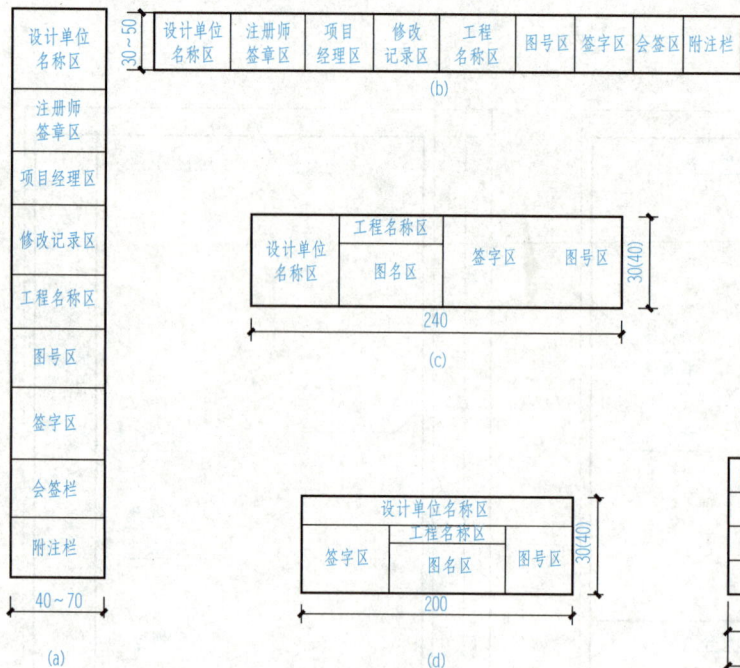

(a) 标题栏（一）；(b) 标题栏（二）；(c) 标题栏（三）；(d) 标题栏（四）

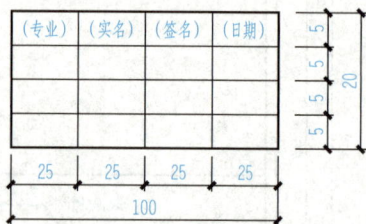

图 1-4 会签栏

2. 图线宽度

图线的基本线宽 b，宜按照图纸比例及图纸性质从 1.4 mm、1.0 mm、0.7 mm、0.5 mm、0.35 mm、0.25 mm、0.18 mm、0.13 mm 线宽系列中选取。每册图样应根据复杂程度与比例大小，先选定基本线宽比 b 再选用表 1-2 中相应的线宽组。

视频：图线、字体、比例

表 1-2 线宽系列　　　　　　　　　　　　　　　　　　　　mm

线宽比	线宽组			
b	1.4	1.0	0.7	0.5
$0.7b$	1.0	0.7	0.5	0.35
$0.5b$	0.7	0.5	0.35	0.25
$0.25b$	0.35	0.25	0.18	0.13

A0、A1 幅面的图纸，图框线，标题栏外框线、对中标志，标题栏分格线、幅面线的宽度分别为 b、$0.5b$、$0.25b$；A2、A3、A4 幅面的图纸，图框线，标题栏外框线、对中标志，标题栏分格线的宽度分别为 b、$0.7b$、$0.35b$。

二、线型设置

图线线型的选择见表 1-3。

表 1-3　图线

名称		线型	线宽	一般用途
实线	粗	——————	b	主要可见轮廓线
	中粗	——————	$0.7b$	可见轮廓线、变更云线
	中	——————	$0.5b$	可见轮廓线、尺寸线
	细	——————	$0.25b$	图例填充线、家具线
虚线	粗	- - - - - -	b	见各有关专业制图标准
	中粗	- - - - - -	$0.7b$	不可见轮廓线
	中	- - - - - -	$0.5b$	不可见轮廓线、图例线
	细	- - - - - -	$0.25b$	图例填充线、家具线
单点长画线	粗	— · — · —	b	见各有关专业制图标准
	中	— · — · —	$0.5b$	见各有关专业制图标准
	细	— · — · —	$0.25b$	中心线、对称线、轴线等
双点长画线	粗	— ·· — ·· —	b	见各有关专业制图标准
	中	— ·· — ·· —	$0.5b$	见各有关专业制图标准
	细	— ·· — ·· —	$0.25b$	假想轮廓线、成型前原始轮廓线
折断线	细	～⌇～	$0.25b$	断开界线
波浪线	细	∿∿∿	$0.25b$	断开界线

三、比例

比例是指图中图形与其实物相应要素的线性尺寸之比，绘图时应根据图样的用途与被绘对象的复杂程度选用合适的比例。常见比例见表 1-4。

表 1-4　常用比例

图名	比例
构筑物的平面图、立面图、剖面图	1：50　1：100　1：200
建筑物或构筑物的局部放大图	1：10　1：20　1：50
配件及构造详图	1：1　1：2　1：5　1：10　1：20　1：50

四、文字

图样上所需书写的文字、数字或符号等均应笔画清晰、字体端正、排列整齐；标点符号应清楚、正确。

图样及说明中的汉字宜采用长仿宋体，宽度一般为字体高度的 2/3。文字的字高应从表 1-5 中选用。

表 1-5　字高与字宽关系　　　　　　　　　　　　　　mm

字高	3.5	5	7	10	14	20
字宽	2.5	3.5	5	7	10	14

数字和字母可分为直体与斜体两种。斜体字字头向右倾斜，与水平线成 75°。数字和字母的字体高度不应小于 2.5 mm。

五、尺寸标注

图样上的尺寸应包括尺寸线、尺寸界线、尺寸起止符号和尺寸数字，它们称为标注尺寸的四要素，如图 1-5 所示。

（1）尺寸线。尺寸线表示尺寸的方向，用细实线绘制，由图形的轮廓线、轴线或对称中心线处引出。尺寸线应与所标注的线段平行。尺寸线不能用其他图线代替，一般也不得与其他图线重合或绘制在其延长线上。

（2）尺寸界线。尺寸界线表示尺寸的范围，用细实线绘制，一般应与被注长度垂直，其一端应离开图样轮廓线不应小于 2 mm，另一端宜超出尺寸线 2 ～ 3 mm。

（3）尺寸起止符号。尺寸起止符号一般用中粗斜短线绘制，其倾斜方向应与尺寸界线呈顺时针 45°，长度宜为 2 ～ 3 mm。

（4）尺寸数字。尺寸数字表示尺寸的大小，一般应注写在尺寸线的上方，也允许注写在尺寸线的中断处。

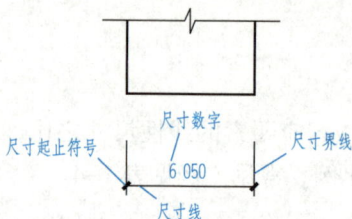

图 1-5　尺寸标注的组成

视频：尺寸标注

任务二　制图的工具

任务导入

绘制图样有手工绘图和计算机绘图两种方法。常用的手工绘图工具和仪器有图板、丁字尺、三角板、圆规、分规、比例尺、曲线板、铅笔等。

一、图板

图板用于放置绘图的图纸，因此，要求图板的表面光洁、平整，板的工作边必须平直，如图1-6所示。图板有0号（900 mm×1 200 mm）、1号（600 mm×900 mm）和2号（450 mm×600 mm）三种规格。制图作业通常选用1号图板或2号图板。

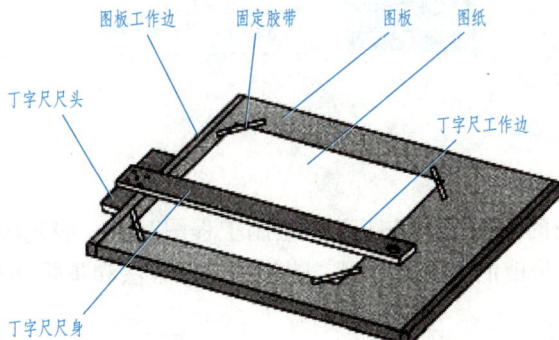

图1-6　图板的组成

二、丁字尺

丁字尺主要用于画水平线。丁字尺是由相互垂直的尺头和尺身组成的，尺身带有刻度。绘图时，尺头内侧必须靠紧图板的左侧工作边，用左手按住尺身，用右手沿尺身上边缘从左至右画出一系列的水平线。画水平线的顺序是从上至下，画同一张图纸要求用同一个丁字尺，丁字尺使用完成后倒挂起来，以防止尺身变形。

三、三角板

一副三角板有30°、60°、90°和45°、45°、90°两块。作图时用三角板和丁字尺配合绘制铅垂线。绘制铅垂线的顺序是从左至右，画线时先将丁字尺移动到线的下方，再移动三角板使其一直角边贴紧丁字尺的工作边，用左手按住三角板和丁字尺，右手握笔由下而上绘制出一系列的铅垂线。三角板除直接用来绘制直线和铅垂线外，还可以配合丁字尺绘制30°、45°、60°及15°×n的各种斜线，如图1-7所示。

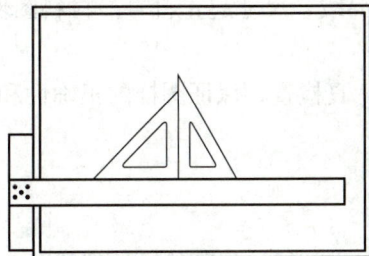

图1-7　丁字尺与三角板配合使用

四、铅笔

铅笔的作用是绘制图样，铅笔有木质铅笔和活芯铅笔两种。铅笔铅芯的硬度以标号来区别。标号 B、2B、…、6B 表示软铅芯，数字越大，表示铅芯越软；H、2H、…、6H 表示硬铅芯，HB 表示软硬适中的铅芯。

任务三　制图的步骤

任务导入

计算机软件未普及时，设计、施工部门绘制工程图时，一般先画铅笔底图，然后描硫酸图，晒图，对有保存价值的底图要上墨。铅笔图制图方法和步骤都有哪些呢？

任务资讯

一、绘图前的准备工作

视频：尺规作图
的方法与步骤

（1）阅读有关绘制内容和资料，理解绘制图样的内容和要求。

（2）准备好绘图仪器和工具等。

（3）按所绘制图样的大小和比例确定图幅。

（4）将图纸用胶带纸固定在图板的左下方。图纸左边至图板边缘 3 ~ 5 cm，图纸下方至图板边缘的距离至少要留一个丁字尺尺身的宽度。

二、画底稿线

（1）画图幅、图框和标题栏。

（2）根据选定的比例估计图样及注写尺寸所占用的面积，布置图的位置，使整个图形协调、匀称。

（3）画图样时，用铅笔轻轻地先画对称线、中心线和主要轮廓线，再逐步画图样的细部图线，最后画尺寸线、尺寸界线、尺寸起止符号。材料图例可不画出底稿线，待加深时一并画出。

（4）完成底稿线后，必须认真检查，保证图样的正确性和精确度。

三、加深

（1）用细铅笔加深细实线、点画线、折断线、波浪线、尺寸线和尺寸界线。

（2）加深中实线和虚线。顺序为从上至下，从左至右，最后从左上方至右下方。

（3）加深粗实线和曲线，顺序同中实线。在加深圆弧时，圆规的铅芯比画直线的铅芯软一号。同一类型图线粗细要一致。

（4）画出材料图例。

（5）标注尺寸和注写文字，最后加深图框和标题栏。

🔵 拓展知识

我国古代的建筑匠人通过什么途径研习建造技艺？

《营造法式》是宋代李诫创作的建筑学著作，是北宋官方颁布的一部建筑设计、施工的规范书籍。它也是中国古代最完整的建筑技术书籍，标志着中国古代建筑已经发展到了较高阶段。

当时，李诫以他个人10余年修建工程的丰富经验为基础，参阅大量文献和旧有的规章制度，收集工匠讲述的各工种操作规程、技术要领及各种建筑物构件的形制、加工方法，终于编成这部典籍，并刊行全国。

由此可见，早在北宋时期，我国建筑业就非常注重建筑工程要"有法可依、有章可循"，体现了"制定标准、执行标准"的重要性，也体现了从古至今流传下来"一丝不苟、追求卓越"的工匠精神。唯有继承这样的工匠精神，严格执行标准，提高建造水平和建筑品质，才能为以中国式现代化全面推进中华民族伟大复兴添砖加瓦、贡献力量。

学习评价

学习评价表

班级：		姓名：		学号：	
项目一	制图的基本知识				
评价项目	评价标准			分值	得分
制图标准	能够正确地认识图纸、线型设置、比例、文字、尺寸标准并按照标准绘图			25	
绘图工具	能够正确地认识绘图工具并熟练应用于绘图中			10	
绘图步骤	能够按照正确的绘图步骤绘制图纸			40	
工作态度	态度端正，没有无故缺勤、迟到、早退的现象			5	
工作质量	能保质保量完成工作任务			5	
协调能力	与小组成员之间能合作交流、协调工作			5	
职业素质	能按照标准完成学习、工作任务			5	
创新意识	挖掘制图标准中的规律和不完善之处，学会辩证思考，自我提升			5	
合计				100	
综合评价	自评（20%）	小组互评（30%）	教师评价（50%）	综合得分	

一、填空题

1. 尺寸标注由_____、_____、_____和尺寸数字组成。

2. 尺寸界线采用_____线，轴线、中心线采用_____。

3. 一物体图上长度标注为2 000，其比例为1∶5，则其实际大小为_____。

4. A0图幅大小是_____。

二、选择题

1. 不可见轮廓线采用（　　）来绘制。

    A. 粗实线　　　　　　B. 虚线　　　　　　C. 细实线　　　　　　D. 点画线

2. 下列比例中表示放大比例的是（　　）。

    A. 1∶1　　　　　　B. 2∶1　　　　　　C. 1∶2　　　　　　D. 1∶3

3. 下列仪器或工具中，不能用来画直线的是（　　）。

    A. 三角板　　　　　　B. 丁字尺　　　　　　C. 比例尺　　　　　　D. 曲线板

4. 粗实线的用途为（　　）。

    A. 表示假想轮廓　　　　　　　　　B. 表示可见轮廓

    C. 表示不可见轮廓　　　　　　　　D. 画中心线或轴线

5. 以下只有立式幅面的是（　　）。

    A. A1　　　　　　B. A2　　　　　　C. A3　　　　　　D. A4

三、作图题

补充完整图1-8所示的尺寸标注。

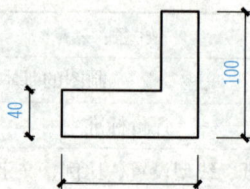

图1-8　作图题

项目二　识读与绘制投影图

项目描述

　　在工程制图中，常将物体在某个投影面上的正投影称为视图，相应的投射方向称为视向，分别有正视、俯视、侧视。对应的正视图、侧视图、俯视图，即三面投影图。一般不太复杂的形体，用其三面投影图就能将它表达清楚。因此，三面投影图是工程中常用的图示方法。通过对点、直线、平面投影的学习，使学生进一步理解和掌握基本几何体和组合体的投影，培养学生的空间想象力，为进一步识读建筑施工图打下良好的基础。

学习目标

1. 知识目标

（1）了解投影的形成与组成要素；

（2）掌握投影的基本规律；

（3）熟悉三面投影图的表示方法。

2. 技能目标

（1）能阅读形体投影图；

（2）能绘制点、直线和平面的三面投影图；

（3）绘制基本形体和组合形体的三面投影图。

3. 素养目标

（1）建立多角度认识问题、全面分析问题的哲学思想；

（2）培养由平面与空间、二维与三维之间相互转换的逆向思维。

项目二 识读与绘制投影图

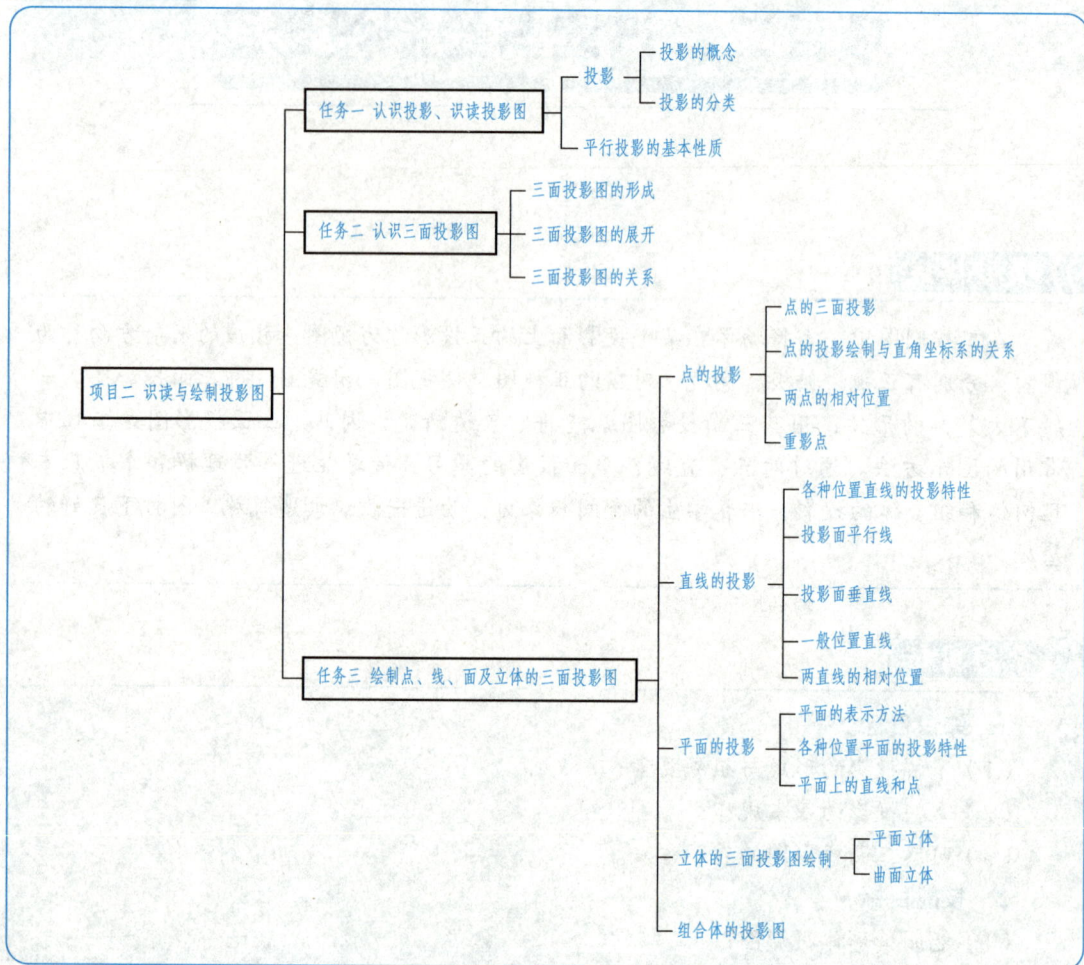

- 任务一 认识投影、识读投影图
  - 投影
    - 投影的概念
    - 投影的分类
  - 平行投影的基本性质

- 任务二 认识三面投影图
  - 三面投影图的形成
  - 三面投影图的展开
  - 三面投影图的关系

- 任务三 绘制点、线、面及立体的三面投影图
  - 点的投影
    - 点的三面投影
    - 点的投影绘制与直角坐标系的关系
    - 两点的相对位置
    - 重影点
  - 直线的投影
    - 各种位置直线的投影特性
    - 投影面平行线
    - 投影面垂直线
    - 一般位置直线
    - 两直线的相对位置
  - 平面的投影
    - 平面的表示方法
    - 各种位置平面的投影特性
    - 平面上的直线和点
  - 立体的三面投影图绘制
    - 平面立体
    - 曲面立体
  - 组合体的投影图

任务一　认识投影、识读投影图

任务导入

如何分析图 2-1 所示的建筑工程形体在水平面、正立面、侧立面三个方向上的投影与投影特性？

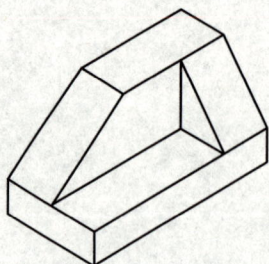

图 2-1　建筑工程形体

图 2-1 所示为一个简单的建筑工程形体，建筑工程图常采用正投影的方法获得投影图，并利用点、线、面的投影特性分析与判断投影图的正确性。下面就相关知识进行具体学习。

一、投影

1. 投影的概念

在灯光或太阳光照射物体时，在地面或墙上会产生与原物体相同或相似的影子，人们根据这个自然现象，总结出将空间物体表达为平面图形的方法，即投影法（图 2-2）。

投影线——在投影法中，向物体投射的光线，称为投影线；

投影面——在投影法中，出现影像的平面，称为投影面；

投影——在投影法中，所得影像的集合轮廓则称为投影或投影图。

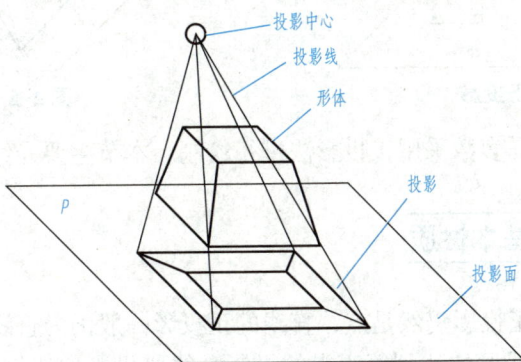

视频：投影概述

图 2-2　投影的概念

2. 投影的分类

投影可分为中心投影和平行投影两类。

（1）中心投影。由投影中心 S 发出的投影线作出物体的投影，称为中心投影。中心投影的方法称为中心投影法，如图 2-3 所示。采用中心投影法时，物体与投影面的距离不同，所产生的投影图大小也不同，俗称"近大远小"。

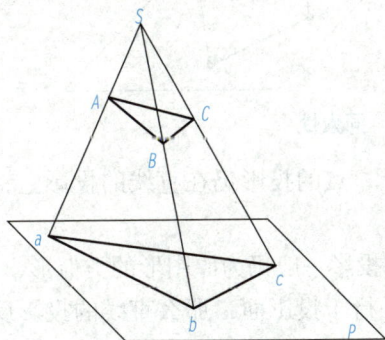

图 2-3　中心投影

（2）平行投影。如果投影中心 S 在无限远处，那么物体到投影面之间的投影线可以看作是互相平行的，当投影线互相平行时作出形体的投影，称为平行投影。平行投影的方法称为平行投影法。采用平行投影法时，物体与投影面之间的距离不影响投影图的大小。

平行投影又可分为以下两种：

①正投影法。当投影方向垂直于投影面时，所得到的平行投影称为正投影。正投影的方法称为正投影法，如图 2-4 所示。

②斜投影法。当投影方向倾斜于投影面时，所得到的平行投影称为斜投影。斜投影的方法称为斜投影法，如图 2-5 所示。

视频：正投影的特征

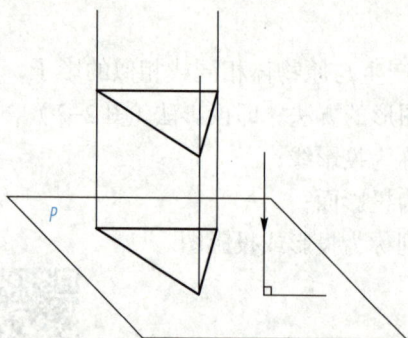

图 2-4　正投影

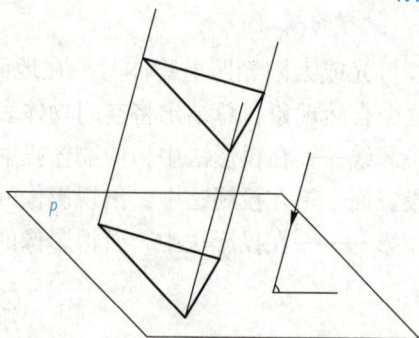

图 2-5　斜投影

在建筑工程中，图样多数采用正投影法进行绘制。本节主要介绍正投影法的相关知识。

二、平行投影的基本性质

（1）同素性：点的正投影仍然是点，直线的正投影一般仍为直线，如图 2-6 所示。

（2）定比性：点分线段的比例等于点的投影分线段投影的比例，如图 2-7 所示。若点在直线上，则点的投影必在该线的同面投影上，且该点分线段之比投影后保持不变。

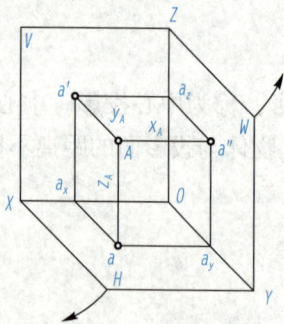

图 2-6　同素性

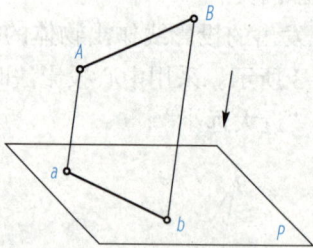

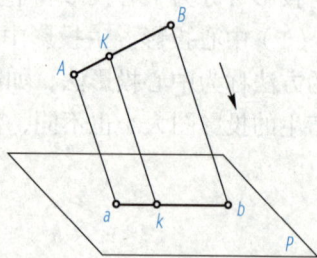

图 2-7　定比性

（3）从属性：点在直线上，点的投影仍在直线的投影上，线在面上，线的投影仍在面的投影上。

（4）类似性：平面图形的投影一般仍为原图形的类似形，四边形的投影仍为四边形。

（5）显实性：如果直线平行于投影面，那么直线的投影反映实长；如果平面平行于投影面，那么平面的投影反映实形，如图 2-8 所示。

（6）积聚性：当直线或平面与投影线平行时，其投影积聚成一点或直线，如图2-9所示。

（7）平行性：在空间互相平行的两直线或两平面其投影仍互相平行。

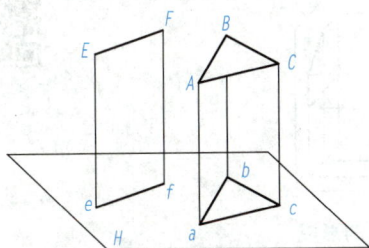

图2-8　显实性

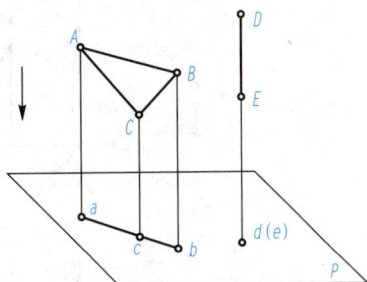

图2-9　积聚性

任务二　认识三面投影图

任务导入

一个空间物体（图2-10），若已知它两个面的投影，是否能唯一判定物体的形状？如何才能唯一确定物体的形状？

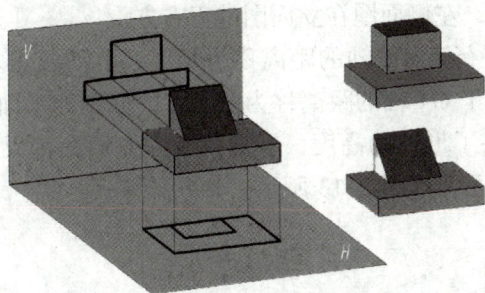

图2-10　投影与物体形状的判定关系

任务资讯

一、三面投影图的形成

现将被投影的形体置于三投影体系中，且形体在观察者和投影面之间，如图2-11所示。形体靠近观察者一侧称为前面，反之称为后面；同理还可以判定出左、右、上、下四个面。由上向下投影，在H面上所得投影图，称为水平投影图，简称H面投影；由前向后投影，在V面上所得投影图，称为正面投影图，简称V面投影；由左向右投影，在W面上所得投影图，称为（左）侧面投影图，简称W面投影。

上述所得的 H 面、V 面、W 面三个投影图就是形体最基本的三面投影图。

在通常情况下，根据形体的三面投影图，就可以确定该形体的空间位置和形状。

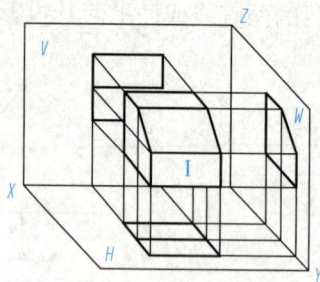

图 2-11　三面投影图的形成

二、三面投影图的展开

为了使三个投影图能绘制在一张图纸上，国家标准规定正面保持不动，把水平面向下旋转 90°，把侧面向右旋转 90°，如图 2-12 所示，这样就得到在同一平面上的三面投影图（或称三视图）。

三、三面投影图的关系

根据三个投影面的相对位置及其展开的规定，三面投影图的位置关系是以立面图为准，平面图在立面图的正下方，左侧面图在立面图的正右方。

形体左右两点之间平行于 OX 轴的距离称为长度；上下两点之间平行于 OZ 轴的距离称为高度；前后两点平行于 OY 轴的距离称为宽度。立面图和平面图都反映了形体的长度，立面图和左侧面图都反映了形体的高度，平面图和左侧面图都反映了形体的宽度，因此，三面投影图间存在下述关系，如图 2-13 所示。

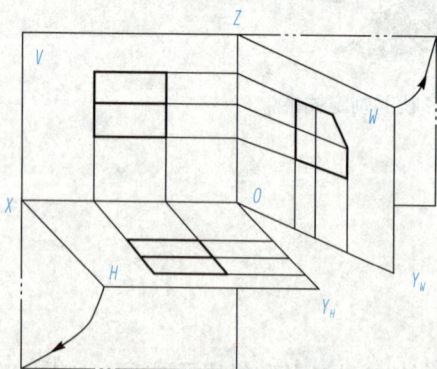

图 2-12　三面投影图的展开

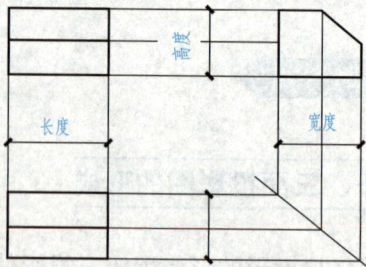

图 2-13　三面投影图的关系

（1）立面图与平面图：长对正。

（2）立面图与侧面图：高平齐。

（3）平面图与侧面图：宽相等。

"长对正、高平齐、宽相等"是三面投影图最基本的投影规律，它不仅适用于整个形体的投影，也适用于形体的每个局部的投影。

任务三 绘制点、线、面及立体的三面投影图

任务导入

前面已经讲述了三面投影图的形成、展开与投影规律，那么对于空间中最常见、最基本的几何要素——点、线、面，与它们所组成的立体，这些几何要素的三面投影图要如何绘制呢？

任务资讯

一、点的投影

点是组成立体最基本的几何要素。为了迅速而正确地绘制出立体的三面投影，必须掌握点的投影规律。

1. 点的三面投影

如图 2-14（a）所示，第一分角内有一点 A，将其分别向 H 面、V 面、W 面投影，得到水平投影 a、正面投影 a' 和侧面投影 a''。移去空间点 A，保持 V 面不动，将 H 面绕 OX 轴向下旋转 $90°$，W 面绕 OZ 轴向右旋转 $90°$，H 面、W 面与 V 面处于同一平面，即得到点 A 的三面投影图，如图 2-14（b）所示。

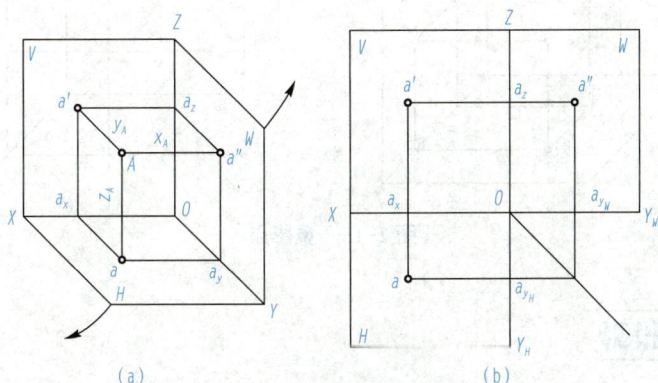

视频：点的投影

(a)   (b)

图 2-14 点的三面投影

（1）点的 V 面投影和 H 面投影的连线垂直于 OX 轴。
（2）点的 V 面投影和 W 面投影的连线垂直于 OZ 轴。
（3）点的 H 面投影到 OX 轴的距离等于其 W 面投影到 OZ 轴的距离。

2. 点的投影绘制与直角坐标系的关系

（1）点的正面投影和水平投影的连线垂直于 OX 轴，即 $a'a \perp OX$。

（2）点的正面投影和侧面投影的连线垂直于 OZ 轴，即 $a'a \perp OZ$。

（3）点的水平投影和侧面投影的连线垂直于 OY 轴，由于 OY 轴分为 OY_H 和 OY_W，故 $aa_{Y_H} \perp OY_H$，$a''a_{Y_W} \perp OY_W$。

点到某一投影面的距离，等于点在另两个投影面上的投影到相应投影轴的距离，即 A 点到 V 面的距离 $=Aa'=aa_X=a''a_Z$；A 点到 H 面的距离 $=Aa=a'a_X=a''a_{Y_W}$；A 点到 W 面的距离 $=Aa''=a'a_Z=aa_{Y_H}$。

以上所述是空间任意一点的三面投影所具有的基本关系，也是三面投影中最基本的投影规律。

3. 两点的相对位置

两点的相对位置是指空间两点在三投影面体系中相对 H 面的上下，相对 V 面的前后和相对 W 面的左右关系。

（1）V 面投影的 x、z 值反映了两点的左右、上下关系。

（2）H 面投影的 x、y 值反映了两点的左右、前后关系。

（3）W 面投影的 y、z 值反映了两点的前后、上下关系。

4. 重影点

图 2-15 中 A、B 两点位于垂直 V 面的同一投射线上，两点的 V 面投影相重合，所以称为重影点。

判别重影点的可见性时，可用比较两点的不重影的同面投影的坐标值来判断，坐标值大的点可见，坐标值小的点的投影被遮挡不可见，用括号括起来以示区别。

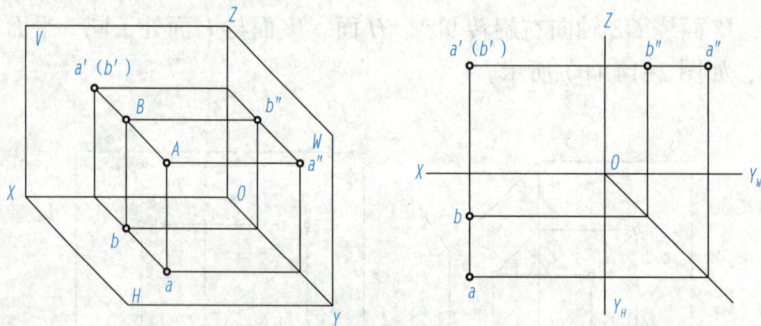

图 2-15　重影点

二、直线的投影

1. 各种位置直线的投影特性

在三面体系中，根据直线对投影面的相对位置，可分为特殊位置直线和一般位置直线。特殊位置直线包括投影面平行线和投影面垂直线。

（1）投影面平行线：平行于一个投影面的直线。

（2）投影面垂直线：垂直于一个投影面的直线。

2. 投影面平行线

投影面平行线可分为以下三种：

（1）水平线——平行于 H 面的直线。

（2）正平线——平行于 V 面的直线。

（3）侧平线——平行于 W 面的直线。

视频：直线的
投影

直线与投影面的夹角被称为直线对投影面的倾角，并以 α、β、γ 分别表示对 H 面、V 面、W 面的倾角。投影面平行线特性见表 2-1。

表 2-1　投影面平行线特性

名称	水平线	正平线	侧平线
轴测图			
投影图			
投影特征	1. 水平投影 $ab=AB$； 2. 正面投影 $a'b'$ //OX，侧面投影 $a''b''$ //OY_W，都不反映实长； 3. ab 与 OX 和 OY_H 的夹角 β、γ 等于 AB 对 V 面、W 面的倾角	1. 正平投影 $c'd'$ =CD； 2. 水平投影 cd//OX，侧面投影 $c''d''$ //OZ，都不反映实长； 3. $c'd'$ 与 OX 和 OZ 的夹角 α、γ 等于 CD 对 H 面、W 面的倾角	1. 侧平投影 $e''f''$=EF； 2. 水平投影 ef//OY_H，正面投影 $e'f'$//OZ，都不反映实长； 3. $e''f''$与 OY_W 和 OZ 的夹角 α、β 等于 EF 对 H 面、V 面的倾角
	总结：1. 直线平行于哪个面，在哪个面上投影即为实长 　　　2. 另两面的投影平行于某一投影轴		

3. 投影面垂直线

投影面垂直线可分为以下三类：

（1）铅垂线——垂直于 H 面的线。

（2）正垂线——垂直于 V 面的线。

（3）侧垂线——垂直于 W 面的线。

投影面垂直线特性见表 2-2。

表 2-2　投影面垂直线特性

名称	铅垂线	正垂线	侧垂线
轴测图			
投影图			
投影特征	1. 水平投影 $a(b)$ 积聚为一点； 2. 正面投影 $a'b''//OZ$，侧面投影 $a''b''//OZ$，都反映实长	1. 正面投影 $c'(d')$ 积聚为一点； 2. 水平投影 $cd//OY_H$，侧面投影 $c''d''//OY_W$，都反映实长	1. 侧面投影 $e''(f'')$ 积聚为一点； 2. 水平投影 $ef//OX$，正面投影 $e'f'//OX$，都反映实长
	总结：1. 直线垂直于哪一个面，在哪个面上积聚为一点 　　　2. 另两面投影为实长		

4. 一般位置直线

对三个投影面都倾斜的直线，称为一般位置直线。如图 2-16 所示为一般位置直线。其投影特征如下：

（1）一般位置直线的各面投影均与投影轴倾斜。

（2）一般位置直线的各面投影的长度均小于实长。

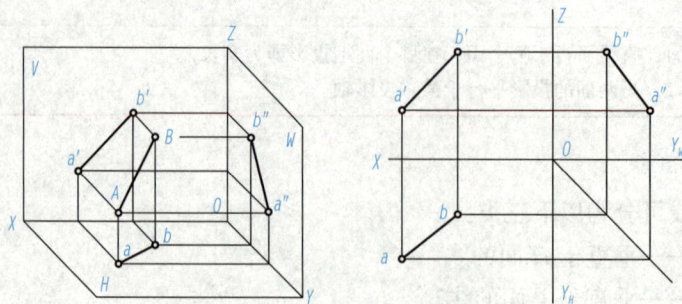

图 2-16　一般位置直线

5. 两直线的相对位置

空间两直线的相对位置可分为平行、相交、交叉三种。

（1）两直线平行。如图 2-17 所示，两直线 AB//CD，依据初等几何原理即可证明 ab//cd 且 AB：CD=ab：cd。从中可得出以下结论：若空间两直线相互平行，则其各同面投影必然相互平行且比值不变；反之，如果两直线的各同面投影相互平行且比值相等，则此两直线在空间也一定相互平行。

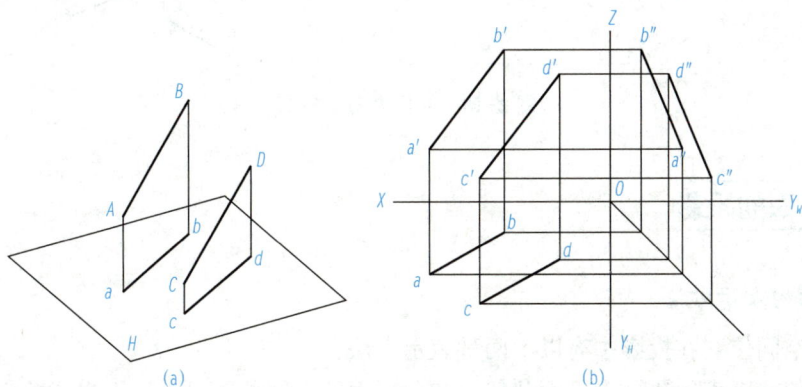

图 2-17　空间两直线平行

（2）两直线相交。若两直线相交，则它们的各同面投影均相交，并且其交点应符合空间一点的投影规律；反之亦然。

如图 2-18 所示，直线 AB 与 CD 相交于 K 点，则在投影图上，ab 与 cd、a′b′ 与 c′d′ 也必然相交，并且它们的交点 k 与 k′ 的投影连线必垂直于 OX 轴。

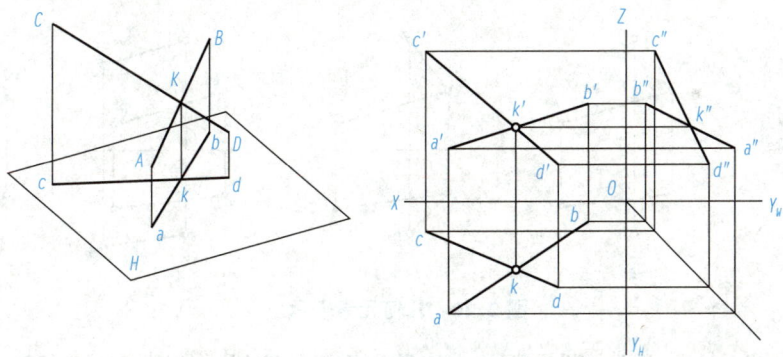

图 2-18　空间两直线相交

（3）两直线交叉。空间两直线若既不平行又不相交时，则称为交叉发直线（又称异面直线）。交叉两直线的同面投影也可能相交，但各个投影的交点不符合一点的投影规律。

从图 2-19 中可以看出，ab、cd 的交点实际上是 AB 上的 Ⅱ 点和 CD 上的 Ⅰ 点的重影点在 H 面上的投影。由于 $z_{Ⅱ}>z_Ⅰ$，对水平投影来说，Ⅱ 点是可见的，Ⅰ 点是不可见的，故记为 2（1）。a′b′、c′d′ 的交点是 CD 上的 Ⅲ 点和 AB 上的 Ⅳ 点对重影点在 V 面上的投影。由于 $y_{Ⅲ}>y_Ⅳ$，对正面投影来说，Ⅲ 点是可见的，Ⅳ 点是不可见的，故记为 3′（4′）。

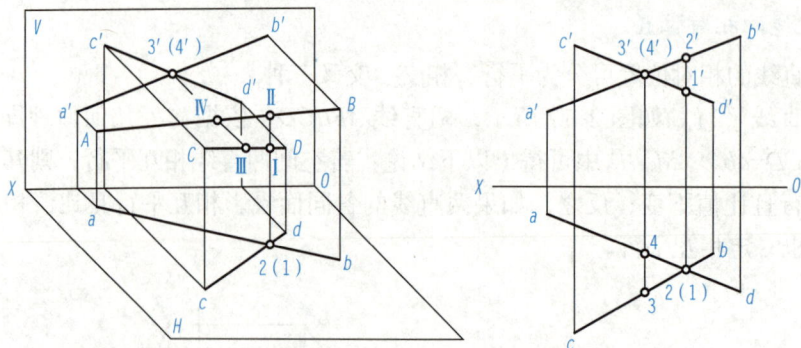

图 2-19　空间两直线交叉

三、平面的投影

1. 平面的表示方法

平面的空间位置在投影中有以下两种表示方法：

（1）几何元素表示法。由平面几何可知，平面的空间位置可由以下方式确定：

①不在同一直线上的三点，如图 2-20（a）所示；

②直线和线外一点，如图 2-20（b）所示；

③相交两直线，如图 2-20（c）所示；

④平行两直线，如图 2-20（d）所示；

⑤任意平面图形，如图 2-20（e）所示。

视频：平面的
投影

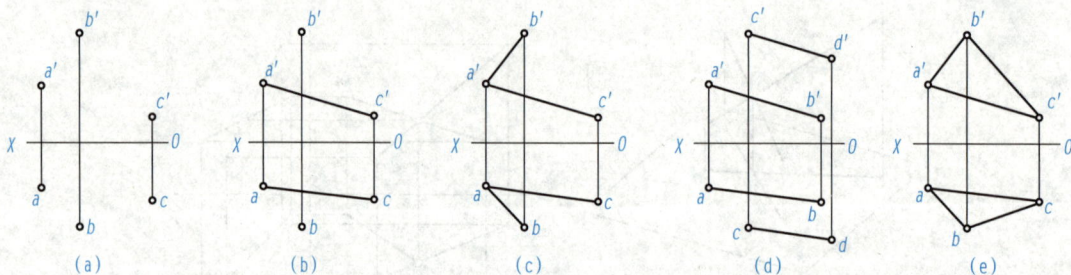

图 2-20　几何元素表示法

（2）迹线表示法。平面与投影面的交线称为平面的迹线，如图 2-21 所示。

空间平面 P 与 H 面的交线叫作水平迹线（P_H）；与 V 面的交线叫做正面迹线（P_V）；与 W 面的交线叫作侧面迹线（P_W）。R_x、P_y、P_z 称为迹线共点。

用迹线表示平面，实质上是用一对特殊的相交直线（如 P_V、P_H）表示平面。因为迹线既在该平面上，又在投影面上，所以它们的一个投影与迹线自身重合，另一个投影落在投影轴上（表示平面时省略）。

平面的几何元素表示法和迹线表示法可以相互转换。其作图方法是求出平面内任意两直线在各投影面上的迹点，然后分别将其同面迹点用直线相连，即得出平面在各投影面上的迹线。因此，由几何元素表示的平面转换成用迹线表示的平面，其实质是求平面上任意两直线的迹点问题。

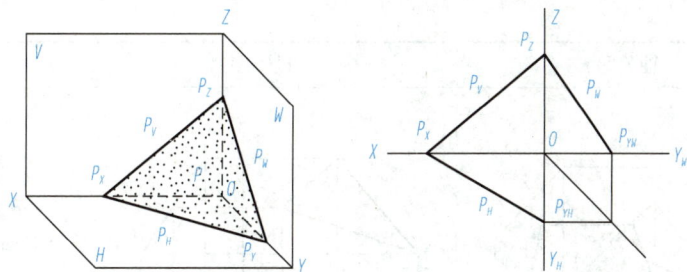

图 2-21　迹线表示法

2. 各种位置平面的投影特性

在三面体系中，平面对投影面的相对位置可分为三类：投影面垂直面——垂直于一个投影面的平面；投影面平行面——平行于一个投影面的平面；一般位置平面——倾斜于各个投影面的平面。前两种平面又统称为特殊位置平面。

平面对 H 面、V 面、W 面的倾角（即该平面与投影面所夹的二面角）分别以 α、β、γ 表示。由于平面对投影面相对位置的不同，它们的投影也各有不同的特点。

（1）投影面垂直面。投影面垂直面有三种：垂直于 H 面叫作铅垂面；垂直于 V 面叫作正垂面；垂直于 W 面叫作侧垂面。

以铅垂面分析投影特性：$\triangle ABC$ 为铅垂面，所以它的水平投影积聚为倾斜的直线段，该投影与 OX 和 OY_H 轴的夹角，反映该平面与 V 面、W 面的倾角 β、γ 的真实大小。铅垂面的 V 面、W 面的投影都是三角形（与原平面图形类似），且比实形小。正垂面和侧垂面也有类似的投影特性。投影面垂直面的投影特性见表 2-3。

表 2-3　投影面垂直面的投影特性

名称	轴测图	投影图	投影特性
铅垂面（⊥H面）			1. H 面投影积聚为一条直线，它与 OX 和 OY_H 轴的夹角分别反映平面与 V 面、W 面夹角 β、γ 的大小； 2. V 面、W 面投影不反映实形，均为类似形
正垂面（⊥V面）			1. V 面投影积聚为一条直线，它与 OX 和 OZ 轴的夹角分别反映平面与 H 面、W 面夹角 α、γ 的大小； 2. H 面、W 面投影不反映实形，均为类似形

名称	轴测图	投影图	投影特性
侧垂面（⊥W面）	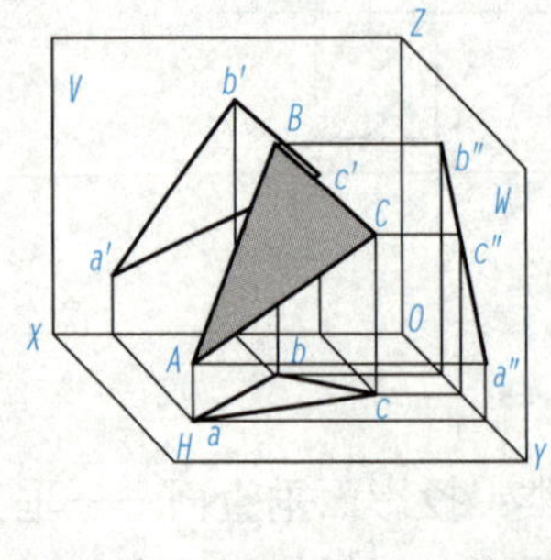	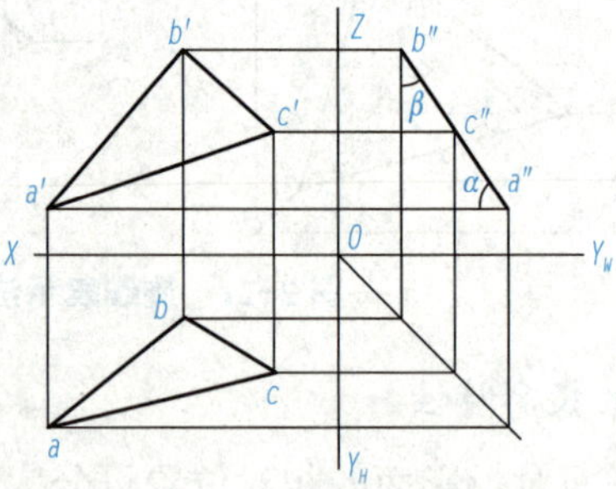	1. W面投影积聚为一条直线，它与OY_W和OZ轴的夹角分别反映平面与H面、V面夹角α、β的大小； 2. H面、V面投影不反映实形，均为类似形

（2）投影面平行面。投影面平行面分为三种：平行于H面的叫作水平面；平行于V面的叫作正平面；平行于W面的叫作侧平面。因为水平面同时垂直于V面和W面；正平面同时垂直于H面和W面；侧平面同时垂直于V面和H面。因此，投影面平行面是投影面垂直面的特例。

以正平面分析投影特性：△ABC为正平面，由于它平行于V面，所以它的正面投影反映△ABC的实形，即△ABC≌△a′b′c′。又因为△ABC垂直于H面和W面，所以它的水平和侧面投影均积聚为一条直线段且分别平行于OX和OZ轴。水平面和侧平面也有类似的投影特性。投影面平行面的投影特性见表2-4。

表2-4　投影面平行面的投影特性

名称	轴测图	投影图	投影特性
水平面（//H面）	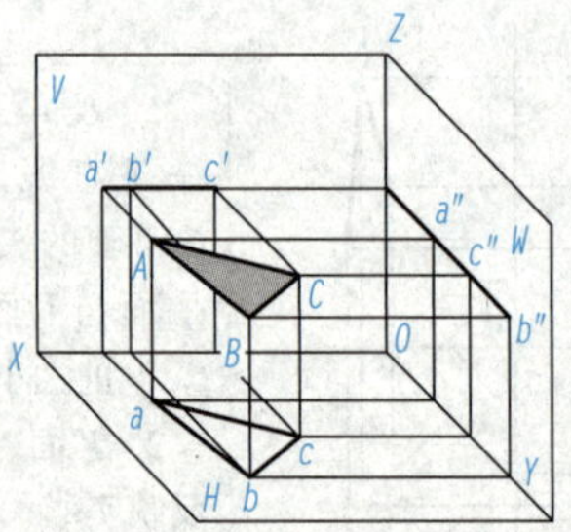	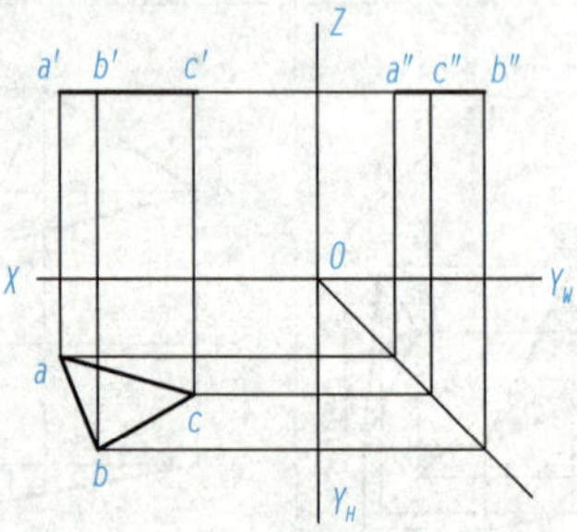	1. H面投影反映实形； 2. V面、W面投影分别为平行于OX、OY_W轴的直线段，有积聚性
正平面（//V面）	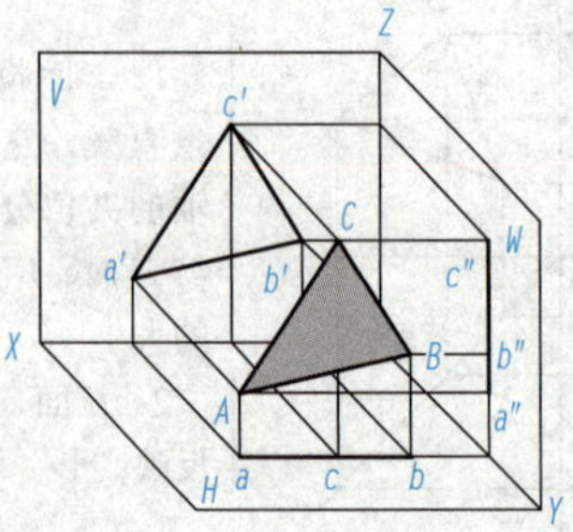	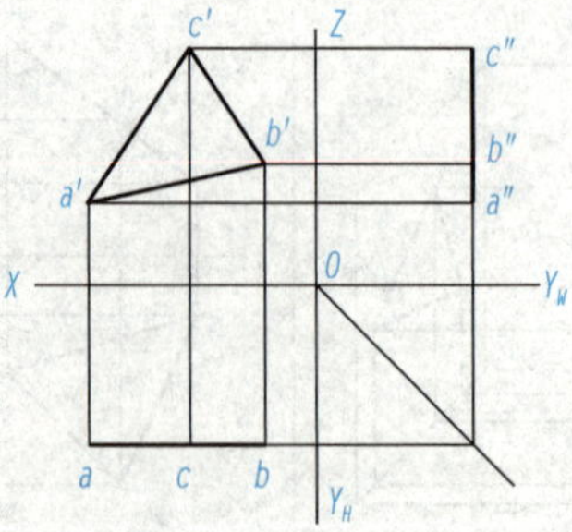	1. V面投影反映实形； 2. H面、W面投影分别为平行于OX、OZ轴的直线段，有积聚性

名称	轴测图	投影图	投影特性
侧平面 （//W面）			1. W面投影反映实形； 2. V面、H面投影分别为平行于OZ、OY_H轴的直线段，有积聚性

（3）一般位置平面。对三个投影面都倾斜的平面，称为一般位置平面。如图 2-22 所示，$\triangle ABC$ 是一般位置平面，由于它对三个面都倾斜，所以三个投影均不反映实形，是原图形的类似形。同时，各投影也不反映该平面对各投影面的倾角 α、β、γ。由此得到一般位置平面的投影特性。

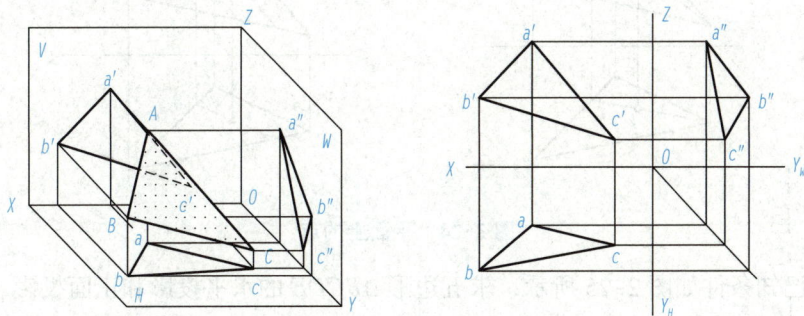

图 2-22　一般位置平面的投影

3. 平面上的直线和点

如果一个点位于平面内一条直线上，那么这个点一定位于该平面上。如果一条直线通过平面上的两个点，或通过平面上一个点且平行于平面上的一条直线，那么这条直线一定位于该平面上。其判定定理如下：

（1）如果直线通过平面上的两个点，那么直线一定在该平面上。

（2）如果点在平面内的一条直线上，那么点一定在该平面上。

如图 2-23（a）所示，点 K 在直线 BC 上，则点 K 在 $\triangle ABC$ 上；直线 AK 过 $\triangle ABC$ 上两个点 A、K，那么直线 AK 一定在 $\triangle ABC$ 上；如图 2-23（b）所示，直线 MN 过 $\triangle DEF$ 上一个点 M，并且 $MN//EF$，那么直线 MN 一定在 $\triangle DEF$ 上。

已知平面 ABC 内一点 K 的水平投影 k，试求 K 点的正面投影 k'。如图 2-24 所示，有以下两种解法：

（1）过 k 与平面内一已知点连辅助线求解。

（2）过 k 作平面内一已知直线的平行线求解。

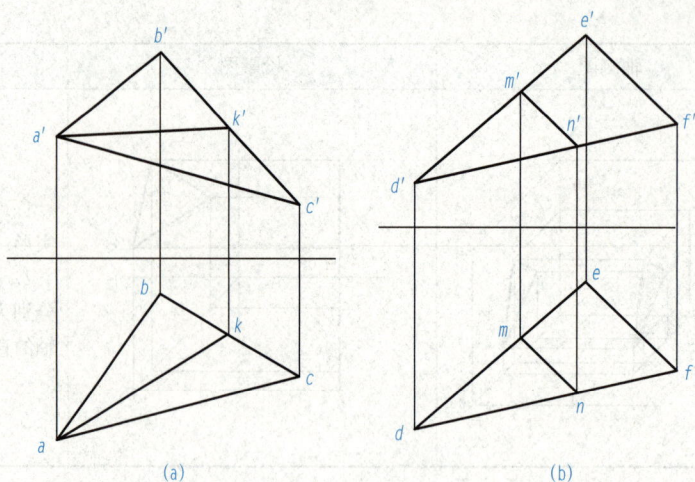

图 2-23　平面上的直线

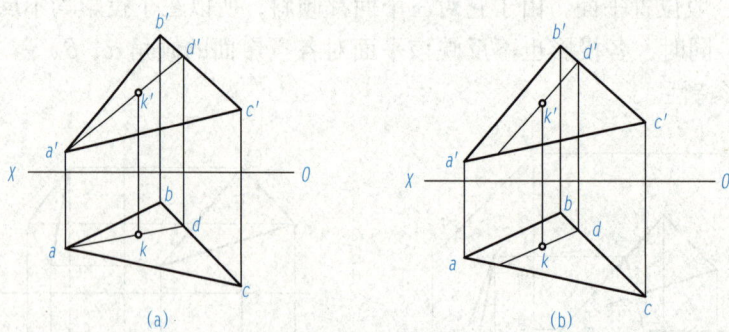

图 2-24　平面上的点

【例】 已知条件如图 2-25 所示，求五边形 *ABCDE* 的水平投影和正面投影。

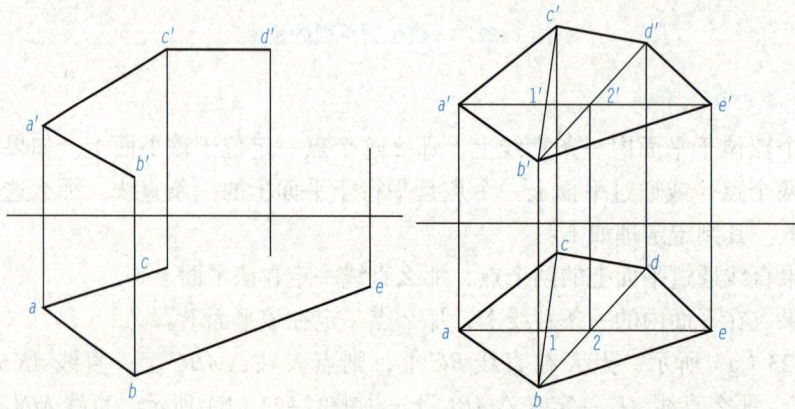

图 2-25　例题图

作图步骤如下：

（1）连接 *ae*、*bc*、*b′c′*，*ae* 与 *bc* 交于点 1，过点 1 向上引投影线交 *b′c′* 于点 1′。

（2）连接 *a′*1′ 并延长，与点 *e* 向上引的投影线交于点 *e′*，连接 *b′e′*、*e′d′*。

（3）连接 *b′d′*，与 *a′e′* 交于点 2′，过点 2′ 向下引投影线，交 *ae* 于点 2。

（4）连接 *b*2 并延长，与点 *d′* 向下引的投影线交于点 *d*，连接 *cd*、*de*，即完成了五边形 ABCDE 的水平投影和正面投影。

四、立体的三面投影图绘制

立体是由各种形状的面组成的。根据立体表面性质的不同，可分为平面立体和曲面立体两大类。平面立体是由平面围成的立体，如棱柱，棱锥等；曲面立体是由曲面或既有平面又有曲面围成的立体，如圆柱、圆锥、圆球等。

1. 平面立体

平面立体是所有表面均为平面的立体。平面立体中平面之间的交线称为棱线，平面之间的交点称为顶点。构成平面立体的几何元素是顶点、棱线和棱面。

平面立体的投影实质是求作棱线和顶点的投影，这些投影就构成了平面立体的投影轮廓线。如图 2-26 所示的三棱锥。其表面由四个三角形组成，而每个平面又由三条棱线围成，各棱线又由其端点即顶点所确定。因此，只要作出各顶点的投影，再相应连线并判别可见性即可得到三棱锥的投影。

视频：平面体的
投影

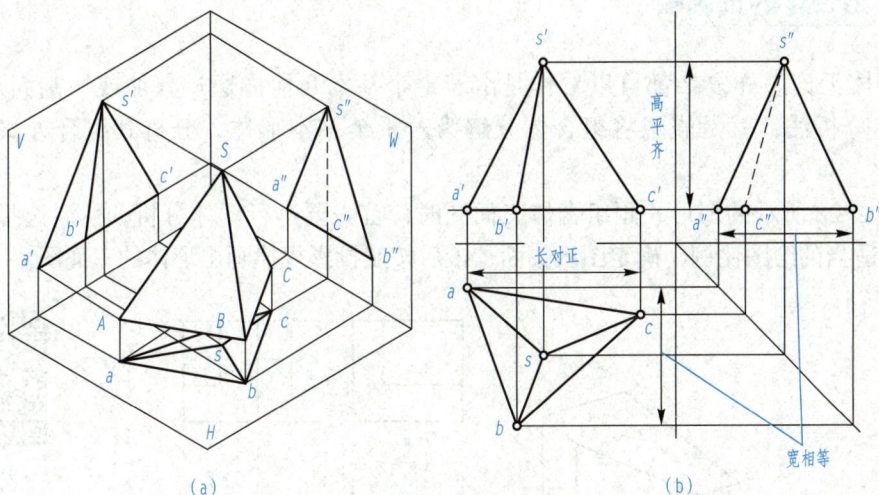

图 2-26　三棱锥投影
(a) 立体图；(b) 投影图

2. 曲面立体

曲面立体是由曲面或曲面与平面所围成的，工程上常用的曲面体是回转体，如圆柱体、圆锥体等。

如图 2-27 所示为圆锥体。其水平投影是一个圆，它是圆锥面的投影，也反映底面水平圆平面的实形。圆锥体的正面投影、侧面投影是两个大小相同的等腰三角形，三角形的底边是底面的积聚投影，三角形的两腰线是圆锥面轮廓线的投影。

视频：曲面立体
的投影

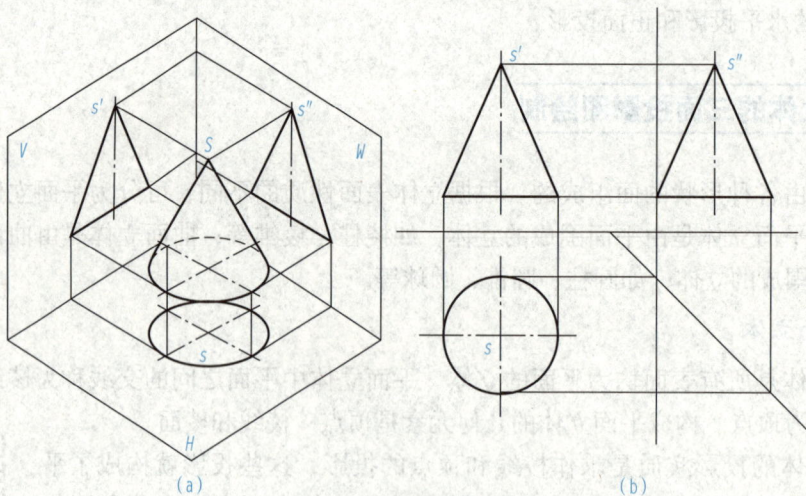

图 2-27　圆锥体投影
(a) 立体图；(b) 投影图

五、组合体的投影图

组合体无论怎样复杂都可以看作是由若干个基本几何体通过叠加或切割而形成的。所谓形体分析法，就是假想将组合体分解为若干个基本形体，分析其组合方式及连接关系。

如图 2-28 所示的图形，画组合体三面图时，首先要进行形体分析，然后选择正视方向，选定适当的绘图比例，确定图纸幅面，最后按照投影规律画出形体的三面图。

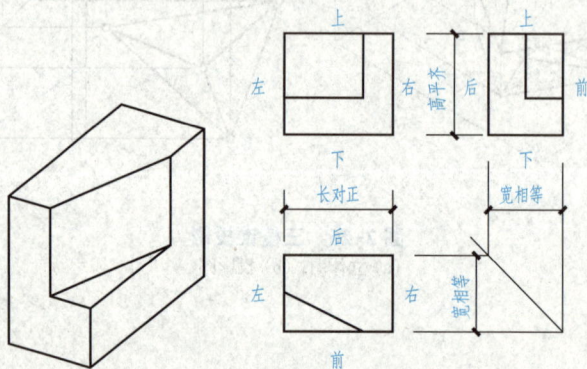

图 2-28　组合体的三视图展开

视频：组合体 1

视频：组合体 2

🌐 拓展知识

当前，数字化转型已经成为中国建筑业增长的新动能。其中，"建筑数字化"是将建筑建造全过程进行虚实结合的"数字孪生"新技术。通过建筑数字化，可以运用三维激光扫描、建筑信息建模、VR 等多个技术将建筑形体与内部空间在虚拟空间中展现与传达信息，实现建筑的"数字孪生"，响应党的二十大报告提出的"加快建设数字中国、加快发展数字经济"的号召。如图 2-29 所示，故宫博物院利用数字化技术将太和殿建筑正立面投影图在互联网平台上实现数字化呈现，形体规格真实还原、材质雕花纤毫毕现。

图 2-29　太和殿正立面投影的数字化表达

无论是三维激光扫描、建筑信息建模、VR 还是元宇宙等技术，在表达建筑的外观、空间与细部构造时，都离不开投影的基本原理，离不开点、线、面的空间位置关系与投影特性。基础台阶、雕梁画栋、天花藻井，仍需要通过立体的投影规律，实现二维平面与三维空间之间的相互转化。只有掌握了投影的基本原理与表示方法，才能灵活地运用各种技术手段正确地将建筑表达出来。

学习评价

学习评价表

班级：		姓名：		学号：	
项目二	识读与绘制投影图				
评价项目	评价标准			分值	得分
投影的基本概念	能够明确投影的概念、组成、分类和形成规律			15	
三面投影图	能够正确地认识三面投影图的形成、展开及能够明确指出三面投影图的关系			20	
点、线、面的投影	能够正确地认识并利用点、线、面的投影形成规律与特征			10	
组合体的投影图	能够利用投影规律，正确绘制组合体的投影图；能够通过投影图识别组合体			30	
工作态度	态度端正，没有无故缺勤、迟到、早退的现象			5	
工作质量	能保质保量完成工作任务			5	
协调能力	与小组成员之间能合作交流、协调工作			5	
职业素质	能做到多角度思考问题，换位思考			5	
创新意识	通过投影原理，思考建筑形体在建筑美学与建筑功能的更好结合			5	
合计				100	
综合评价	自评（20%）	小组互评（30%）	教师评价（50%）	综合得分	

一、选择题

1. 当某直线垂直于投影面时，它的投影积聚成一个点，这反映了正投影的（　　）。

    A. 类似性　　　　　　B. 显实性　　　　　　C. 积聚性　　　　　　D. 相等性

2. 当平面平行于投影面时，它的投影与形状一样，大小相等的平面，这反映了正投影的（　　）。

    A. 类似性　　　　　　B. 显实性　　　　　　C. 积聚性　　　　　　D. 相等性

3. 三面投影图中侧立面投影反映形体的（　　）。

    A. 上下、左右、前后的三个方位的关系　　B. 左右、前后的方位关系

    C. 上下、左右的方位关系　　　　　　　　D. 上下、前后的方位关系

4. 三面投影图在度量关系上有（　　）。

    A. 三个投影各自独立　　　　　　　　　　B. 正面投影和水平投影长对正

    C. 长对正、高平齐、宽相等　　　　　　　D. 正面投影和侧面投影高平齐

5. 图 2-30 中三棱锥的侧面投影是（　　）。

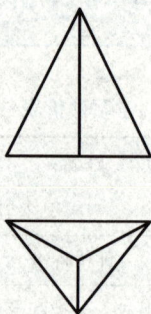

图 2-30　三棱锥

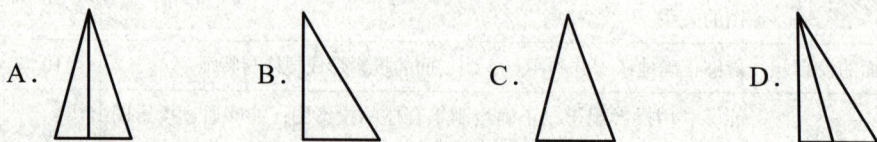

二、作图题

1. 已知 AB 为正平线、DE 为水平线，完成五边形 ABCDE 的水平投影（图 2-31）。

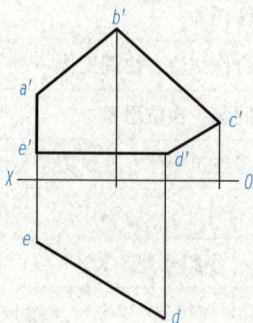

图 2-31　作图题 1

2．绘制图 2-32 所示形体的 W 面投影。

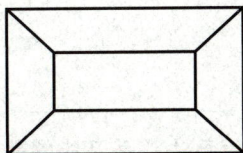

图 2-32　作图题 2

3．绘制图 2-33 所示形体的 H 面投影。

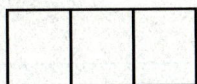

图 2-33　作图题 3

项目三　认识和绘制轴测投影

▶▶▶ 项目描述

　　了解正等轴测图的轴间角和轴向伸缩系数及正等轴测图的画法，并且能够熟练掌握平面立体及曲面立体正等轴测图的画法。

🔆 学习目标

　　1. 知识目标

（1）了解轴测投影的分类与特征；

（2）熟悉平面立体正等轴测图的常用画法；

（3）掌握曲面立体正等轴测图的基本画法。

　　2. 技能目标

（1）熟练掌握平面立体正等轴测图的常用画法；

（2）了解曲面立体正等轴测图的基本画法。

　　3. 素养目标

（1）认识事物的优缺点，能够与同学之间彼此欣赏对方的优点，包容其缺点，团结友爱；

（2）勇做时代精神的弘扬者和改革创新的实践者。

🧭 思维导图

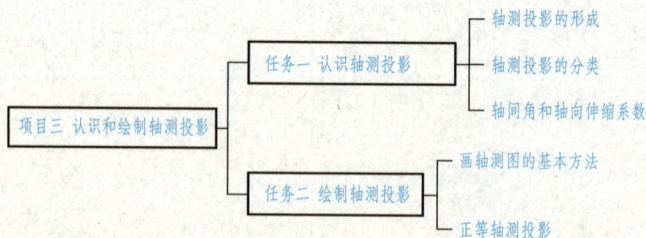

任务一 认识轴测投影

任务导入

使用前面项目所学的多面正投影图来表达形体，尺寸非常准确，度量也很方便，但图形较抽象难懂。

轴测图是一种单面平行投影图，能同时表现形体长、宽、高三个方向的形状，因而直观性较强。但对有些形体的形状表达不完全，也不便于标注尺寸，手工绘制较麻烦。

因此，在工程图中，轴测图一般仅用作辅助图样，以弥补正投影图不易被看懂的不足。图 3-1 所示就是一个使用轴测图辅助说明正投影图的实例。轴测图在表现建筑总体布置、室内布置、家具设计、管网系统的空间走向等方面的工程实践中都有着广泛的应用。那么如何看懂轴测图呢？

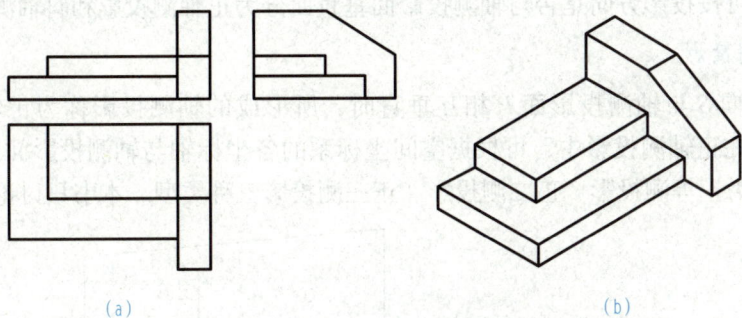

(a)　　　　　　　　　　(b)

图 3-1　轴测投影的作用
(a) 台阶的三面正投影图；(b) 台阶的轴测图

任务资讯

一、轴测投影的形成

如图 3-2 所示，将空间形体及确定其位置的直角坐标体系按不平行于任何一个坐标面的方向 S 一起平行地投射到平面 P 上，使平面 P 上的图形同时反映出空间形体的长、宽、高三个尺度，这个图形就称为轴测投影图或轴测图。图中 S 为轴测投影的投影方向，P 为轴测投影面，O_1X_1、O_1Y_1、O_1Z_1 为三个坐标轴 OX、OY、OZ 在轴测投影面上的投影，称为轴测投影轴，简称轴测轴。

视频：轴测投影
的基本知识

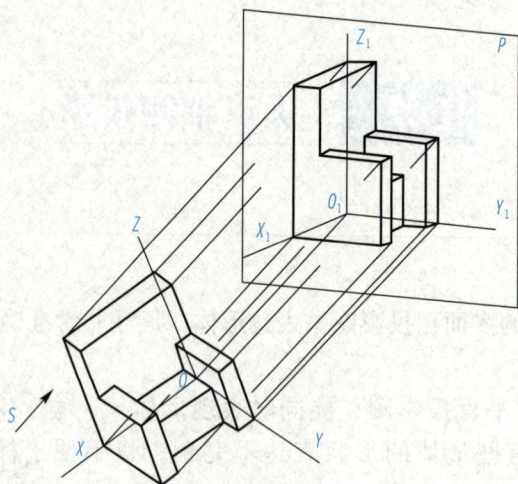

图 3-2 　轴测投影的形成

二、轴测投影的分类

轴测投影可按投影方向是否与轴测投影面垂直而分为正轴测投影和斜轴测投影。

1. 正轴测投影

当投影方向 S 与轴测投影面 P 相互垂直时，所形成的轴测投影称为正轴测投影，如图 3-3 所示。在正轴测投影中，可根据空间坐标系的各坐标轴与轴测投影面 P 倾斜的角度是否相同，分为正等测投影、正二测投影、正三测投影三种类型。本书只讨论正等测投影。

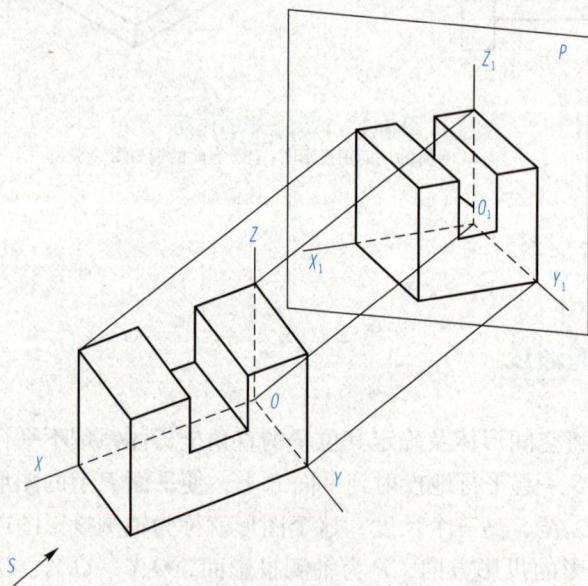

视频：正轴测图

图 3-3 　正轴测投影

2. 斜轴测投影

当投影方向 S 与轴测投影面 P 不垂直时，所形成的轴测投影就是斜轴测投影，如

图 3-4 所示。斜轴测投影的类型很多，但在工程实践中经常使用的斜轴测投影有正面斜等测、正面斜二测、水平斜等测及水平斜二测等。

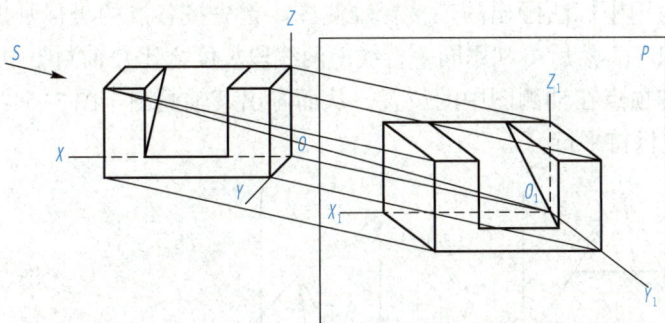

图 3-4　斜轴测投影

视频：斜轴测图

三、轴间角和轴向伸缩系数

1. 轴间角

轴间角是两根轴测轴之间的夹角。

2. 轴向伸缩系数

在轴测图中，轴测轴上的单位长度与相应坐标轴上的单位长度之比称为轴向伸向系数，用符号 p_1、q_1、r_1 分别表示 X 轴、Y 轴、Z 轴的轴向伸缩系数。简化的轴向伸缩系数分别用 p、q、r 表示。

任务二　绘制轴测投影

任务导入

当形体本身比较复杂时，绘制轴测图工作就显得烦琐。因此，如何节省画图过程，减少画图工作量，使画图工作能够简便、快捷、准确，这就需要在画图实践中不断总结与探索。轴测投影有哪几种画法呢?

任务资讯

一、画轴测图的基本方法

1. 坐标法

对物体引入坐标系，这样就确定了其上各点的坐标值。根据坐标值和轴向伸缩系数沿轴测轴方向进行度量，可得各点的轴测图。依次连接所得各点，即得物体的轴测图。这种先用坐标定点，然后连线成图的轴测图画法称为坐标法，它是画轴测图的最基本方法，也是其他各种画法的基础。轴测图中一般不画出虚线。

图 3-5 所示为用坐标法画出的三棱台轴测图。首先按各点的坐标画出三棱锥 $SABC$ 的轴测图 [图 3-5（b）]，然后可利用同一直线上两线段长度之比在轴测图中保持不变的性质，确定棱台上底面各顶点在轴测图中的位置，从而画出其轴测图 [图 3-5（c）]，图中上底和下底各相应边仍应保持平行。

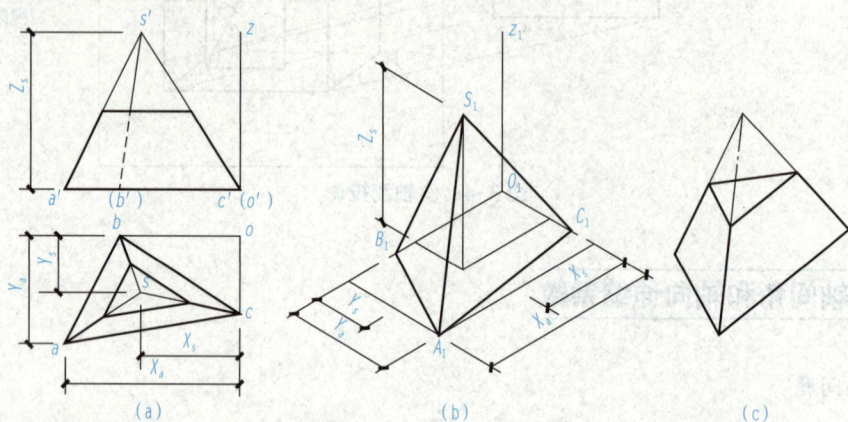

图 3-5　三棱台的轴测图

2. 端面法

对于柱类和锥类形体，通常是先画出能反映其形状特征的一个端面或底面，然后以其为基础画出可见的棱线、底边或曲面的最外轮廓线，从而完成形体的轴测图。图 3-6（a）所示为用这种方法绘制企口板的轴测图。

对于台类或类似于台的形体，可先分层画出各底面的轴测图，然后连接可见的棱线或画出曲面的最外轮廓线，从而完成形体的轴测图。图 3-6（b）所示为用这种方法绘制圆台的轴测图。

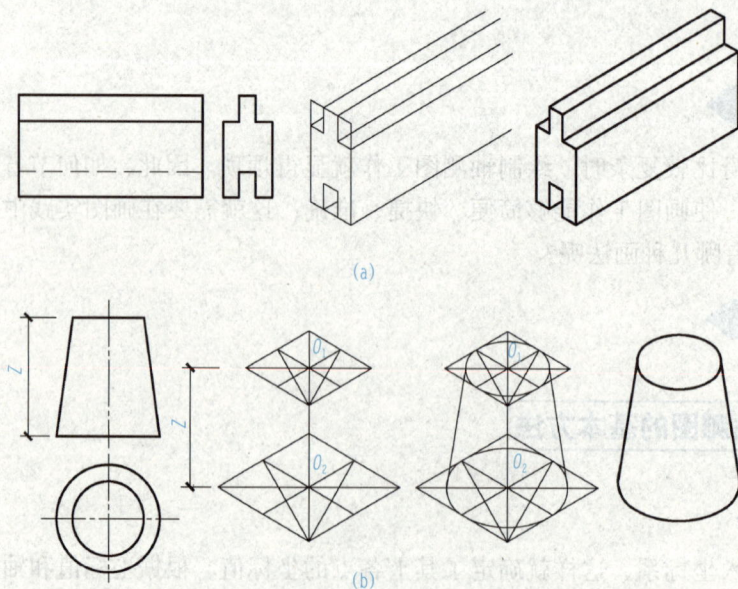

图 3-6　企口板和圆台的轴测图

3. 叠加法

有的物体可以人为地看成是由若干简单形体自然堆积起来的，画这类物体的轴测图时，可按各单元形体间的相互位置关系分别画出它们的轴测图，再去掉人为的接缝，从而得到整个物体的轴测图。这种分块作轴测图的方法称为叠加法。图 3-7 所示为用这种方法绘制桥台的正等轴测图。

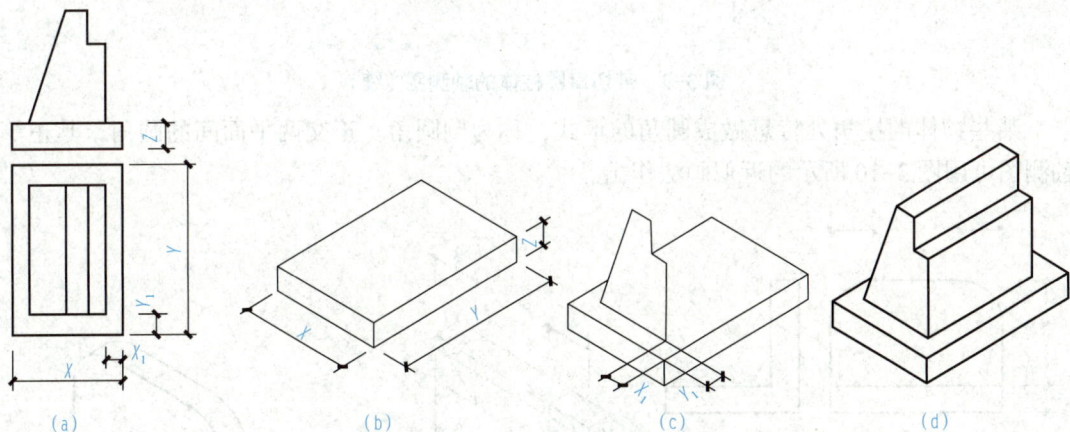

(a) (b) (c) (d)

图 3-7　桥台的轴测图

4. 切割法

对于能从基本形体切割得到的物体，可以先画出基本形体的轴测图，然后从中切去应除掉的部分，从而得到所需的轴测图。图 3-8 所示为用切割长方体的方法绘制榫头的轴测图。图 3-9 所示为绘制带切口圆柱的轴测图。

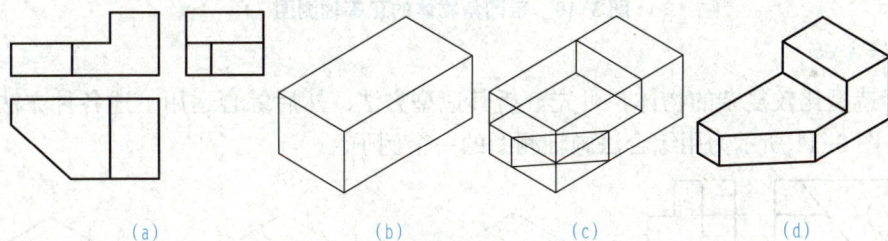

(a) (b) (c) (d)

图 3-8　榫头的轴测图

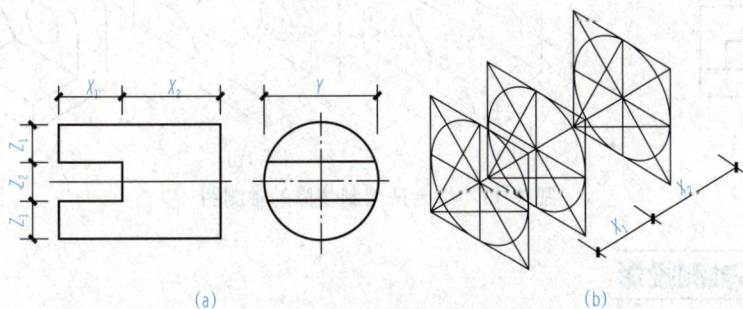

(a) (b)

图 3-9　带切口圆柱体的轴测图

039

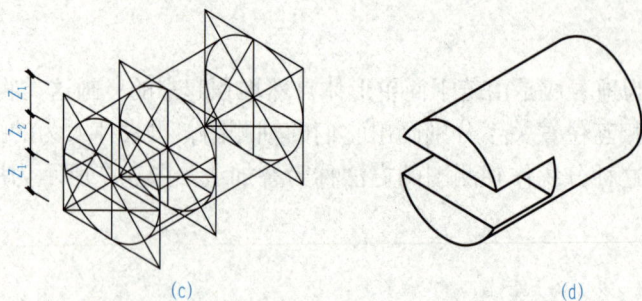

(c)　　　　　　　　　　　　　　(d)

图 3-9　带切口圆柱体的轴测图（续）

某些物体的棱角处特意做成圆角的形式，称为倒圆角。正交两平面间的圆角，其正等轴测图可用图 3-10 所示的近似画法作出。

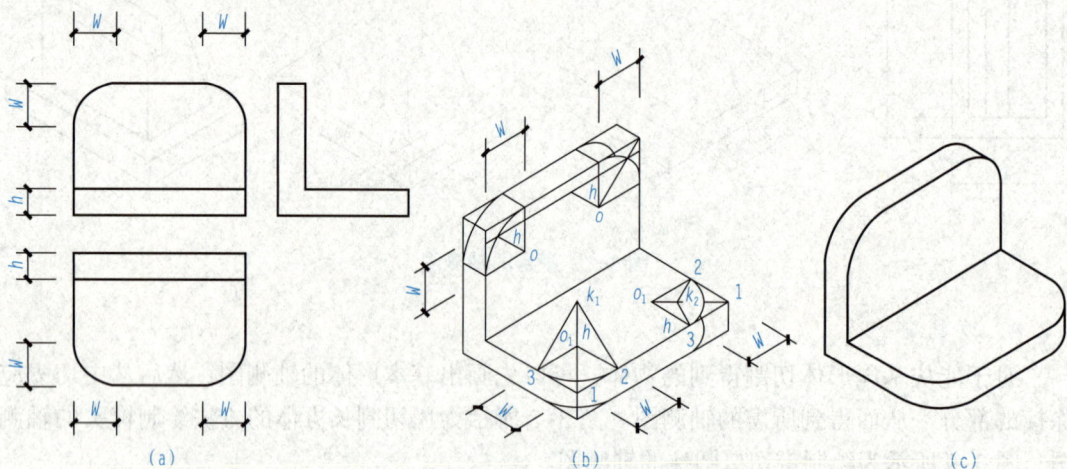

(a)　　　　　　　　　　　　(b)　　　　　　　　　　　　(c)

图 3-10　带圆角物体的正等轴测图

5. 综合法

对于造型比较复杂的物体，可先分析其造型方法，然后综合运用上述各种方法绘制其轴测图。图 3-11 所示为用综合法画轴测图的一个例子。

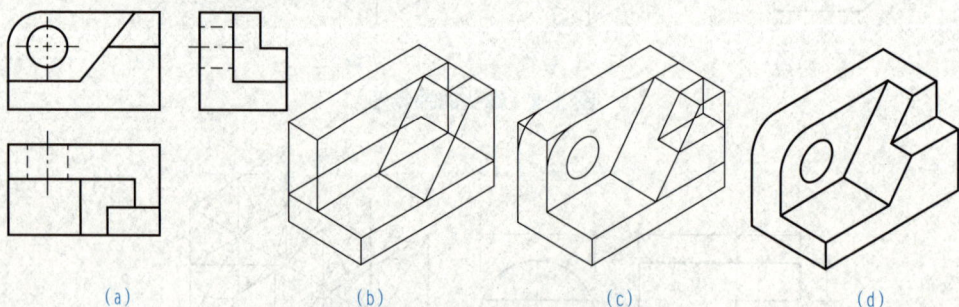

(a)　　　　　　　　(b)　　　　　　　　(c)　　　　　　　　(d)

图 3-11　综合法绘制物体的轴测图

二、正等轴测投影

1. 正等轴测投影的形成

如图 3-12 所示，正等轴测投影就是当投影方向与轴测投影面 P 垂直且空间直角坐标系中的各轴均与轴测投影面 P 成等角倾斜时所形成的轴测投影，即正等轴测投影，简称"正等测"。

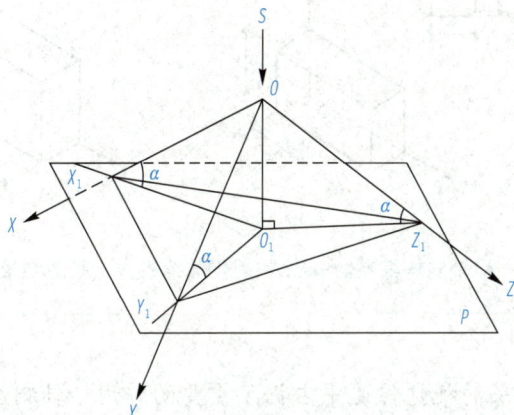

图 3-12　正等轴测投影的形成

2.　正等测的轴间角与轴向伸缩系数

（1）轴间角。在正等测投影中，各轴测轴之间夹角的大小是固定不变的，可以证明在正等测中，各轴之间的夹角均相等且均为 120°，如图 3-13（a）所示，即

$$\angle X_1O_1Y_1 = \angle Y_1O_1Z_1 = \angle X_1O_1Z_1 = 120°$$

因为各轴间角均为 120°，画图时一般取 O_1Z_1 轴为竖直方向，如图 3-13（b）所示。作图时，先画一条水平线与其垂直，然后左、右各画一条与水平线成 30° 角的直线，即得出 O_1X_1 轴和 O_1Y_1 轴。

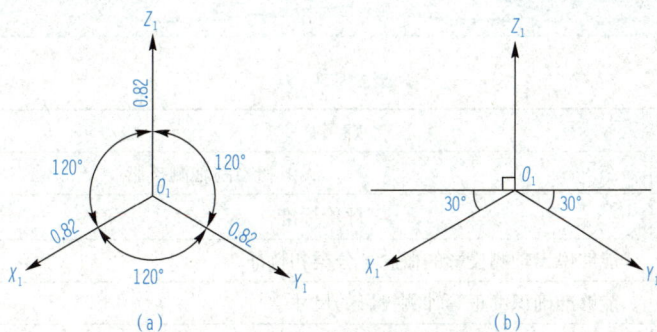

图 3-13　正等测轴间角及轴向伸缩系数
（a）轴间角和轴向伸缩系数；（b）轴测轴的画法

（2）轴向伸缩系数。由于空间直角坐标系各轴与投影面 P 均成等倾斜，故垂直投射后各轴的伸缩系数变化相同，即 $p_1=q_1=r_1$。可以证明各轴向伸缩系数均为 0.82，也即投影后各轴测轴的单位长度均为原空间坐标系中各轴单位长度的 0.82。

为了画图方便，可令各轴伸缩系数均放大 1.22 倍。这样经放大后的轴向伸缩系数便近似等于 1，即 $p=q=r=1$。用这种放大后的轴向伸缩系数可使作图非常简便，因此，这样的轴向伸缩系数称为简化伸缩系数。用简化伸缩系数画图时，轴测投影图中沿轴测轴方向线段的长短可直接按正投影量取。如图 3-14（a）所示，绘制给出的长方体的正等轴测图，可以看出用轴向伸缩系数与用简化伸缩系数画出的长方体立体形象没有改变，只是后者图形略有放大，如图 3-14（b）、（c）所示。

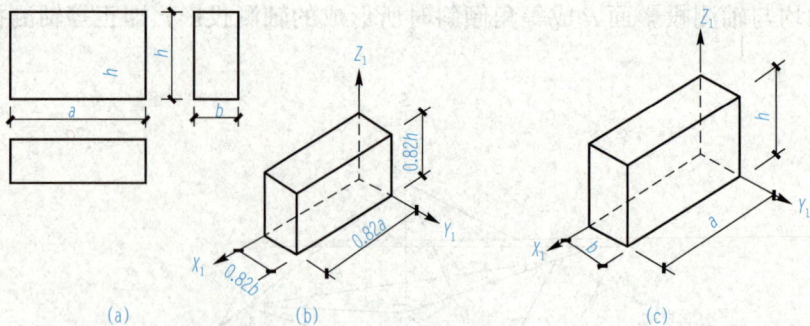

图 3-14　用轴向伸缩系数 0.82 和简化伸缩系数 1 画图结果的比较

学习评价

学习评价表

班级：		姓名：		学号：	
项目三	认识和绘制轴测投影				
评价项目	评价标准			分值	得分
轴测投影的基本概念	能够说出轴测投影的概念、分类和特征			15	
正等轴测投影	能够准确识读正等轴测投影的尺寸			20	
轴向伸缩系数	能够理解轴向伸缩系数的概念，能够根据给出的形体及其轴测投影图尺寸计算轴向伸缩系数			20	
绘制轴测投影图	能够正确绘制形体的正等轴测投影图			20	
工作态度	态度端正，没有无故缺勤、迟到、早退的现象			5	
工作质量	能够保质保量完成工作任务			5	
协调能力	与小组成员之间能合作交流、协调工作			5	
职业素质	能做到多角度思考问题，换位思考			5	
创新意识	通过轴测投影原理，思考建筑形体表达的多样性			5	
合计				100	
综合评价	自评（20%）	小组互评（30%）	教师评价（50%）	综合得分	

作图题

1. 根据所给视图，绘制正等轴测图（图3-15、图3-16）。

（1）

（2）

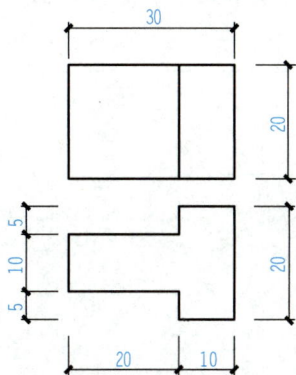

图 3-15　视图 1

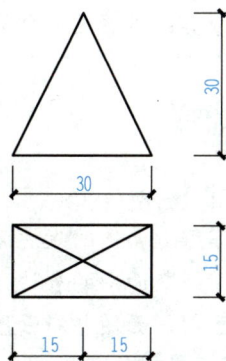

图 3-16　视图 2

2. 已知物体轴测图，画出其三面正投影（尺寸在图上直接量取），如图3-17所示。

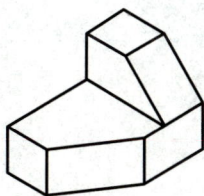

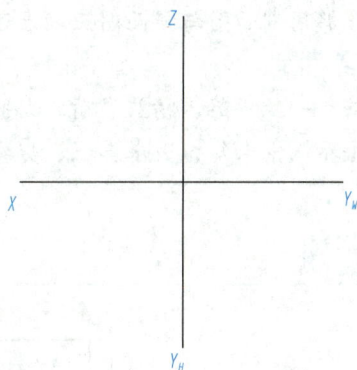

图 3-17　轴测图

项目四 认识和绘制剖面图与断面图

▶▶▶ 项目描述

　　建立剖面图与断面图的概念，了解剖视的方法及分类和画法；掌握剖面图与断面图的标注和分类；能够区分剖面图与断面图。

✳ 学习目标

1. 知识目标

（1）了解剖面图的表达方式与特征；

（2）了解断面图的表达方式与特征；

（3）了解剖面图与断面图的区别。

2. 技能目标

（1）能够熟练识读剖面图与断面图；

（2）能够熟练绘制剖面图与断面图；

（3）能够用剖面图与断面图正确表达形体内部。

3. 素养目标

（1）培养一丝不苟、精益求精的大国工匠精神；

（2）培养探索未知、追求真理、勇攀科学高峰的责任感和使命感。

🧠 思维导图

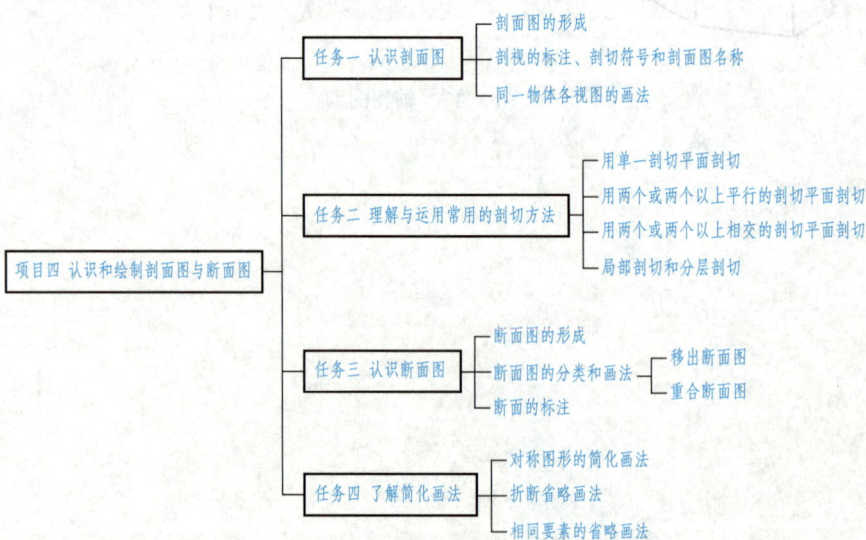

任务一 认识剖面图

任务导入

在之前学习的三视图中，可以通过形体的三面投影得知它的形状构造。然而，有些形体的内部构造比较复杂，用三视图表示比较麻烦，且不够直观。有没有更好的办法来表达形体的内部构造呢？

任务资讯

一、剖面图的形成

在画物体的图样时，看得见的轮廓线画成实线，看不见的轮廓线画成虚线。当物体的内部结构复杂或被遮挡的部分较多时，图上就会出现较多的虚线，形成在图形中因虚线、实线交错而混淆不清，给看图和标注尺寸增加困难。为了解决这一问题，工程上常采用画剖视图的方法，即假想将物体剖开，使原来看不见的内部结构成为可见。假想用一个剖切面将物体分割成两部分后，移去观察者和剖切面之间的部分，而将其余部分向投影面投射，所得的投影即为剖面图，简称剖视图。

如图 4-1（a）所示，假想用平面 P 将杯形基础切开，移去平面 P 前面的部分，画出剩余部分的投影，就得到了杯形基础的剖面图，如图 4-1（b）所示。

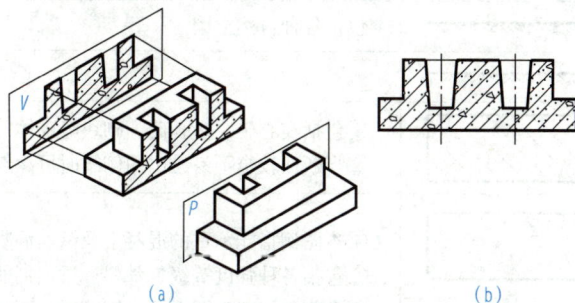

(a)   (b)

图 4-1　剖视图的形成

二、剖视的标注、剖切符号和剖面图名称

作剖视图时需要进行剖视的标注，包括画出剖切符号、注写编号和书写剖视图的名称。剖视图的剖切符号是指剖切面起、讫和转折位置及投射方向的符号。剖切符号由剖切位置线和投射方向线组成，剖切位置线表明剖切面的起、讫和转折位置，用粗短线表示，长度宜为 6 ~ 10 mm；投射方向线是指明剖切后投射的方向，在建筑工程图中用粗短线表示，

长度宜为 4～6 mm，如图 4-2 所示。绘制时，剖视图的剖切符号不宜与图形中的其他图线相接触。

剖视图剖切符号的编号采用阿拉伯数字或大写拉丁字母，并应注写在投射方向线的端部，如图 4-2 所示。

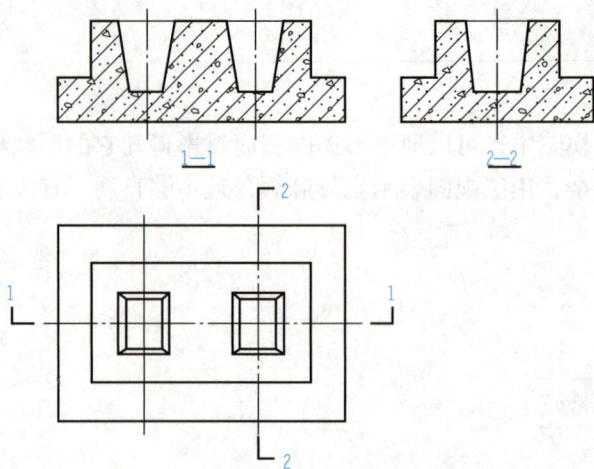

图 4-2 剖视图的标注

剖视图的名称用相应的编号注写在相应的剖视图的下方，如图 4-2 中的 1-1 和 2-2 所示。

为了使剖视图层次分明，除剖视图中一般不画出虚线外，被剖切到的实体部分（称为剖面区域）应画出该物体相应的材料图例，如图 4-2 所示。常用的建筑材料图例见表 4-1。图例中的斜线一律画成与水平成 45° 角的细实线，绘图时要做到间隔均匀、疏密有致。

表 4-1 常用建筑材料图例

名称	图例	备注
自然土壤		包括各种自然土壤
夯实土壤		
实心砖、多孔砖		①包括实心砖、多孔砖、砌块等砌体 ②当断面较窄不易绘出图例线时可涂红
混凝土		①本图例指能承重的混凝土及钢筋混凝土 ②包括各种强度等级、骨料、添加剂的混凝土 ③在剖视、断面图上画出钢筋时，不画图例线 ④断面图形小，不易画出图例线时可涂黑
钢筋混凝土		
饰面砖		包括铺地砖、马赛克、陶瓷马赛克、人造大理石等
砂、灰土		
毛石		

名称	图例	备注
金属		①包括各种金属 ②图形小时可涂黑
木材		①上图为横断面：上左图为垫木、木砖或木龙骨 ②下图为纵断面
防水材料		构造层次多或比例大时，采用上面图例
塑料		包括各种软、硬塑料及有机玻璃等
粉刷		本图例采用较稀的点

当不指明物体的材料时，可采用通用剖面线表示。通用剖面线可按普通砖的图例画出。

同一物体的各个剖面区域，其剖面线或材料图例的画法应一致，相邻物体的剖面线必须以不同的方向或以不同的间隔画出。需画出的材料图例面积过大时，可以只是沿着剖面区域的轮廓线作局部表示。

三、同一物体各视图的画法

由于剖切是假想进行的，实际上物体并没有被剖开，因此当把一个投影画成剖视图后，其他投影仍应按物体的完整形状画出，如图 4-2 中的平面图所示。此外，作 1-1 剖视时，是假想把物体的前半部分剖去后画出的；在作 2-2 剖视时，是假想把物体的左半部分剖去后画出的。因此，作同一物体不同的剖视时，剖切方法互不影响。

任务二　理解与运用常用的剖切方法

任务导入

图 4-3 所示形体的 1-1 剖面图是如何剖切的，怎么表达？

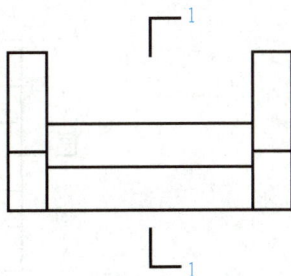

图 4-3　被剖切的形体

一、用单一剖切平面剖切

用单一剖切平面剖切适用于仅用单个平面剖切物体以后，就能把相应方向的内部构造表达清楚的物体。如图 4-4 所示的洗手池，采用通过洗手池内孔的中心且分别与 V 面和 W 面平行的两个单一剖切平面对它进行剖切，从而得到 1-1 和 2-2 两个剖视图。这种剖视图称为全剖视图。

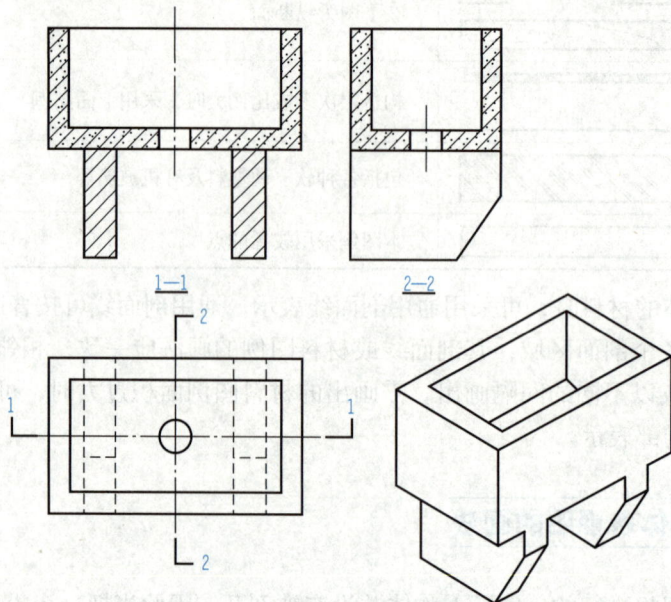

视频：剖面图 1

图 4-4　用一个剖切平面剖切物体

在对称的视图上画剖视图时，也可以以对称线为界，一半画外形图，另一半画剖视图，如图 4-5 所示，这种剖视图称为半剖视图。这时外形图上可不画出虚线。

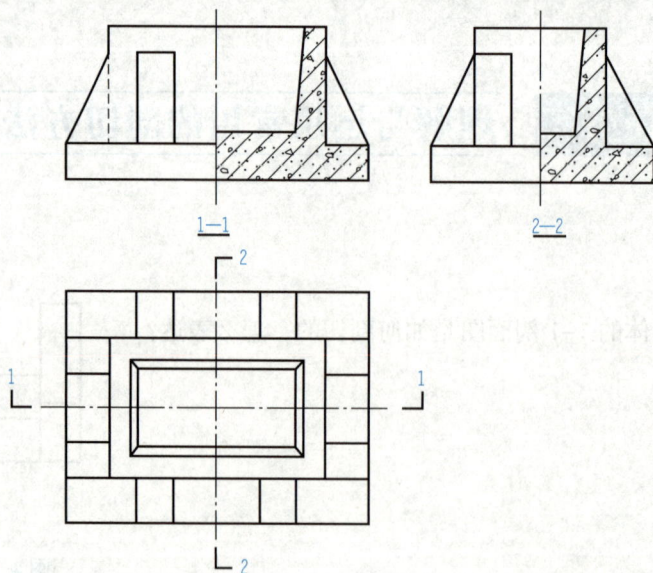

视频：剖面图 2

图 4-5　半剖视图

二、用两个或两个以上平行的剖切平面剖切

当物体内部结构层次较多，用单个平面剖切不能将该物体的内部形状表达清楚时，可用两个或两个以上相互平行的剖切平面按需要将该物体剖开，画出剖视图，如图4-5所示。习惯上将这种剖视图称为阶梯剖视图。

在画这种剖视图时应注意，剖切平面的转折处，在剖视图上规定不画线。平行平面的数量根据所需表达的内容而定。需要转折的剖切位置线，应在转角的外侧加注与该剖视剖切符号相同的编号，如图4-6所示。

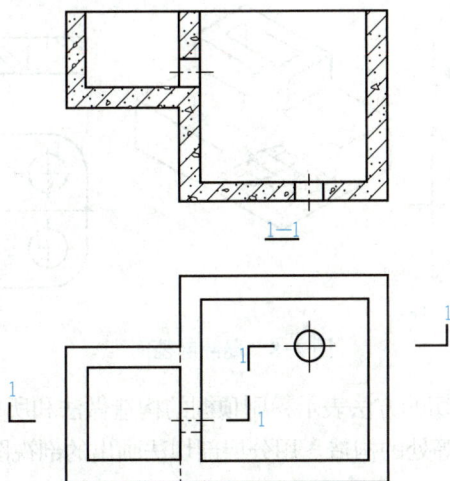

图 4-6　用两个平行的剖切平面剖切

三、用两个或两个以上相交的剖切平面剖切

用两个相交且交线垂直于基本投影面的剖切平面对物体进行剖切，并将其中倾斜的部分旋转到与投影面平行的位置，再进行投影，所得的剖视图习惯上称为旋转剖视图。这时，旋转剖视图的图名后面应加上"展开"二字，如图4-7中的2-2（展开）。

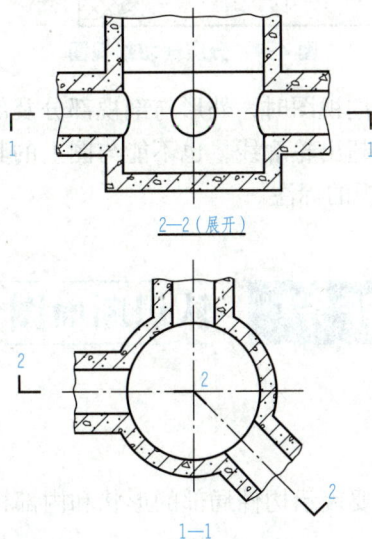

图 4-7　用两个相交的剖切平面剖切

四、局部剖切和分层剖切

当物体的局部内部构造需要表达清楚时，可采用局部剖切的方法。这时所获得的剖视图称为局部剖视图。在如图 4-8（a）所示的杯形基础的平面图中将其局部画成剖视图，从而表明了基础内部钢筋的配置情况。表明钢筋配置的局部剖视图，可不画材料图例。图 4-8（b）中采用了局部剖视图表达零件体左端的圆孔。

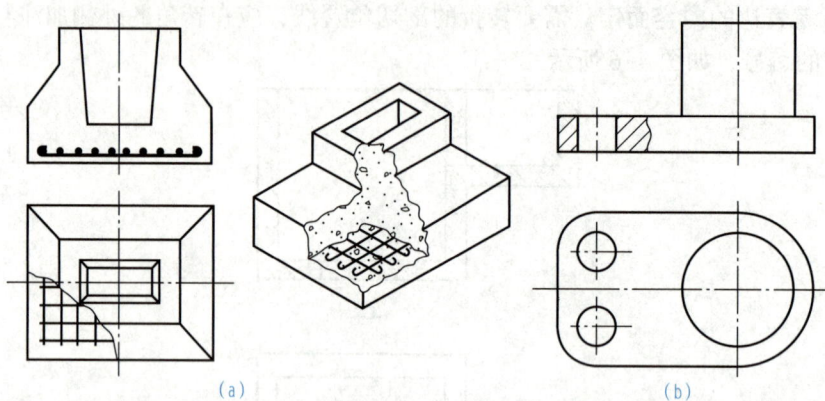

(a)

(b)

图 4-8　局部剖视图

图 4-9 所示是用分层剖切的方法表示粉刷顶棚的构造做法和所用材料的情况，这种方法多用于反映地面、墙面、屋面等处的构造。用分层剖切法画出的剖视图称为分层剖切剖视图。

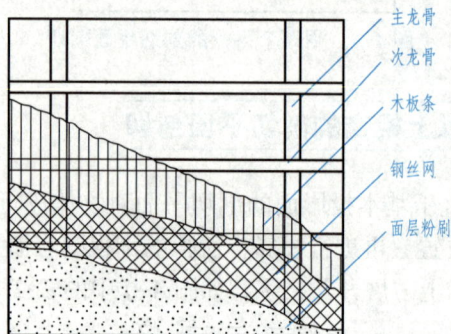

主龙骨
次龙骨
木板条
钢丝网
面层粉刷

图 4-9　分层剖切剖视图

画局部剖视图和分层剖切剖视图时，外形与剖视部分及剖视部分相互之间，是以波浪线为分界线的，波浪线既不能超出轮廓线，也不能与图上的其他线条重合。局部剖视图和分层剖切剖视图不需要进行剖视的标注。

任务三　认识断面图

任务导入

在实际工程中，如果只需要表示构件局部的形状和内部构造，不需要表示构件的整体轮廓，可用哪种图示表达？

一、断面图的形成

用一个平行于某一投影面的剖切面将物体剖切后，仅画出剖切面切割物体所得的切口图形，该图形称为断面图，简称断面，如图4-10所示。

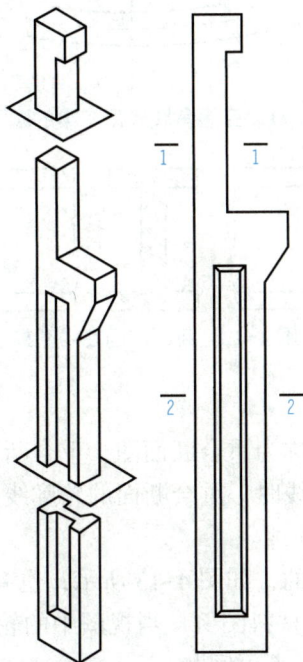

图4-10 断面图的形成

剖视图与断面图两者的意义不同。剖视图是物体被剖切后余下部分的投影，是"体"的投影；断面图是截断面的投影，是"面"的投影。剖视图中包含了断面图。

二、断面图的分类和画法

断面图可分为移出断面图和重合断面图。

视频：断面图

1. 移出断面图

画在视图之外的断面图称为移出断面图。移出断面图的轮廓线用粗实线画出，断面上还要画出断面线（45°的等间隔的细实线）或材料图例，如图4-11所示。

当物体较长而且断面形状相同时，也可把断面图画在视图中间断开处，如图4-12所示。这时不必标注剖切位置符号及编号。

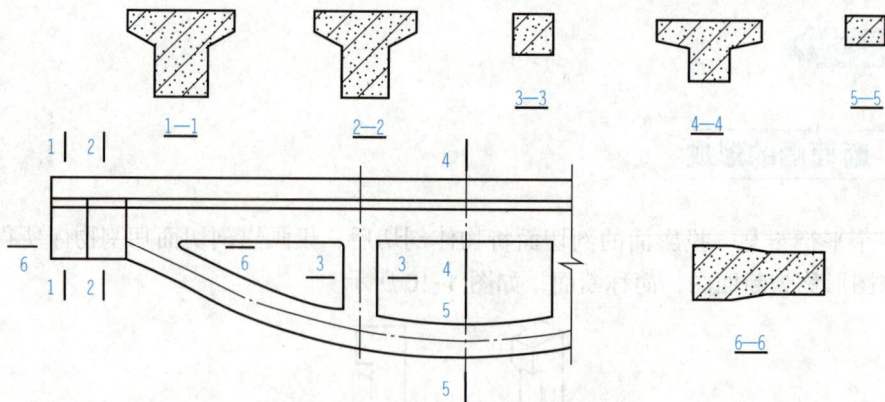

图 4-11 空腹鱼腹式吊车梁的断面图

图 4-12 断面图画在中断处

2. 重合断面图

画在视图轮廓之内的断面图称为重合断面图。重合断面的轮廓线应与物体的轮廓线有所区别：当物体的轮廓线为粗实线时，重合断面的轮廓线用细实线；当物体的轮廓线为细实线时，重合断面的轮廓线用粗实线。

重合断面的断面轮廓有闭合的，如图 4-13 所示；也有不闭合的，如图 4-14 所示，但均应在轮廓的内侧画上断面线或材料图例。当视图中的轮廓线与重合断面的图形重叠时，视图中的轮廓线仍应完整地画出，不可间断。

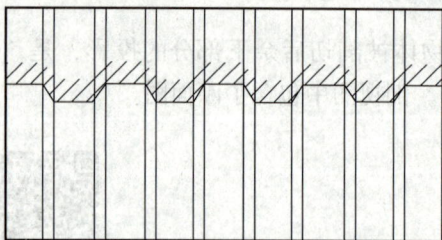

图 4-13 墙上装饰线的断面图

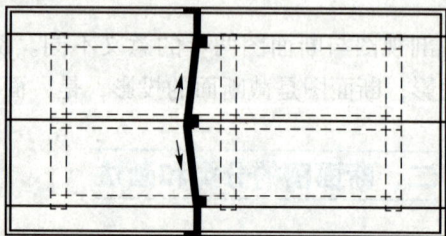

图 4-14 厂房屋面的断面图

三、断面的标注

同剖面图一样，断面图的形状也与剖切位置和投影方向有关。因此，画出的断面图也需要用剖切符号表示剖切位置和投影方向。断面图的剖切位置线是粗实线，长度为 6～10 mm，投影方向是通过编号的注写位置来表示的。如编号写在剖切线的下方，则表示向下投影；编号写在剖切线的左侧，则表示向左投影，如图 4-11 所示。

视频：简化画法

任务导入

当绘制的图形中有大量重复元素或高度对称或单调形体尺寸过大时，如何简明表达？

任务资讯

一、对称图形的简化画法

当物体具有对称的图形时，可只画出该图形的一半并画出对称符号，如图 4-15 所示；也可以超出图形的对称线，此时则不需要画出对称符号，如图 4-16 所示。

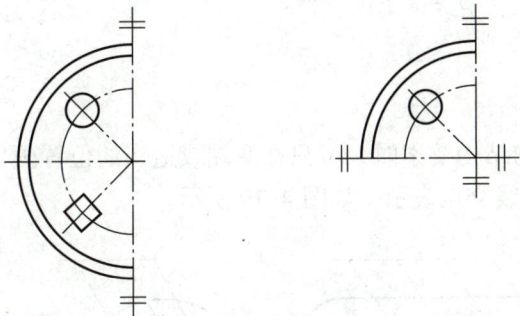

图 4-15　图形简化画法

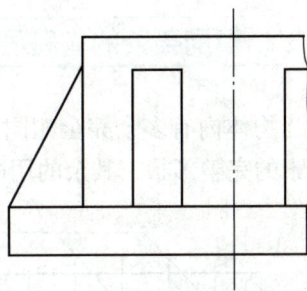

图 4-16　超出对称图形的一半

二、折断省略画法

当只需要表示物体某一部分的形状时，可以只画出该部分的图形，其余部分折去不画，并在折断处画上折断线，如图 4-17 所示。

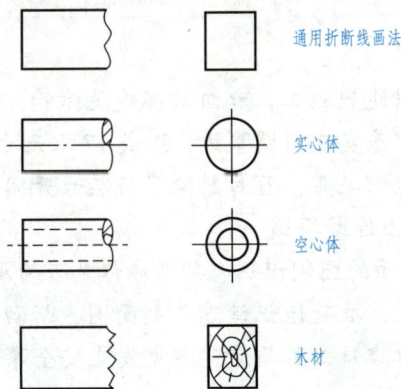

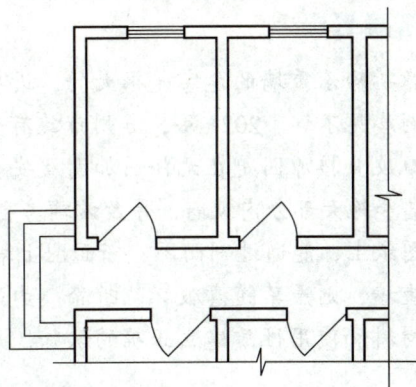

通用折断线画法

实心体

空心体

木材

图 4-17　折断省略画法

对于较长且横断面形状不变或按一定规律变化的物体，可假想将物体中间一段去掉，两端靠拢后画出，在断开处应以折断线表示，如图4-18所示。应当注意的是，虽采取了断开的画法，在标注尺寸时仍应标注物体的真实长度。

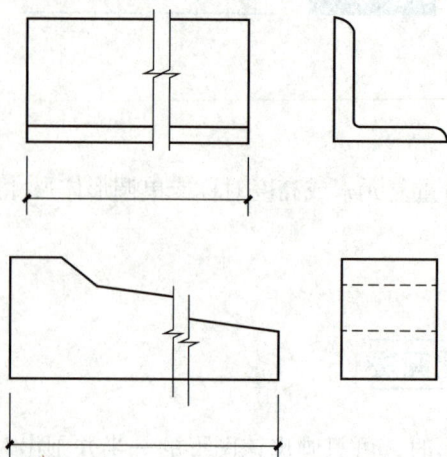

图4-18 断开的画法

三、相同要素的省略画法

当物体内有多个完全相同且连续排列的结构要素时，可只在两端或适当的位置画出这些要素的完整形状，其余的用中心线或中心线交点表示，如图4-19所示。

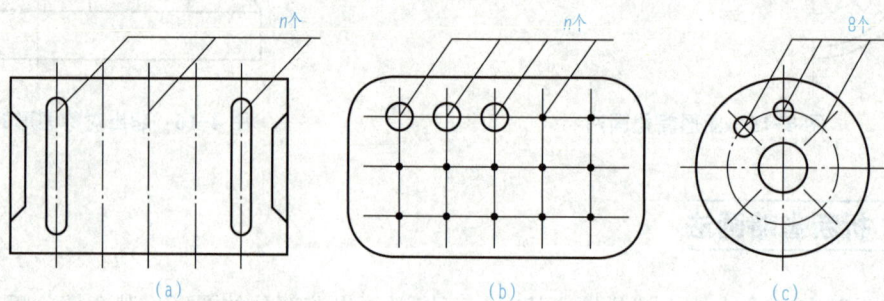

(a)　　　　　　(b)　　　　　　(c)

图4-19 相同要素的省略画法

> **拓展知识**
>
> 随意拆除承重墙的危害是很大的，近年来因违规施工，私自破坏建筑结构，酿成大祸的案例屡见不鲜。2021年，苏州市就有企业辅房发生坍塌事故，造成17人死亡、5人受伤。事故直接原因是在无任何加固及安全措施情况下，盲目拆除了底层六开间的全部承重横墙和绝大部分内纵墙，导致该辅房自下而上连续坍塌。
>
> 在图纸上，能通过剖面图、断面图上墙体截面的图例识别、判断墙体是否为承重墙。若为承重墙，则严禁随意破坏、拆除。由此可见，准确地识读建筑剖面图、断面图，并对构件材料和使用性质建立正确的认知，是保障建筑工程质量、避免发生安全事故的重要基础。

学习评价表

班级：		姓名：		学号：	
项目四		认识和绘制剖面图与断面图			
评价项目	评价标准			分值	得分
剖面的标注与符号	能够根据制图需要正确选择剖切位置，并按照标准进行符号标注			15	
剖面图的识读	能够准确识读剖面图的图例与形体特征，能够理解较为复杂的剖切表达			20	
剖面图的绘制	能够准确而全面地绘制简单形体的剖面图			10	
断面图的识读	能够识读建筑断面图并熟悉常用的断面图例			20	
简化画法	能够理解常见简化画法的用法和表达形式			10	
工作态度	态度端正，没有无故缺勤、迟到、早退的现象			5	
工作质量	能够保质保量完成工作任务			5	
协调能力	与小组成员之间能合作交流、协调工作			5	
职业素质	能做到多角度思考问题，换位思考			5	
创新意识	通过轴测投影原理，思考建筑形体表达的多样性			5	
合计				100	
综合评价	自评（20%）	小组互评（30%）	教师评价（50%）	综合得分	

技 能 训 练

一、简答题

1．常用的剖面图有哪几种？各在什么情况下使用？

2．简述剖面符号的组成和绘制要求。

3．简述剖面图和断面图在画法上的区别。

二、作图题

1. 作出 1-1 剖面图（图 4-20）。

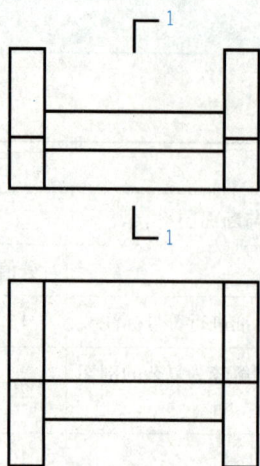

图 4-20　作图题 1

2. 作出 2-2 断面图（图 4-21）。

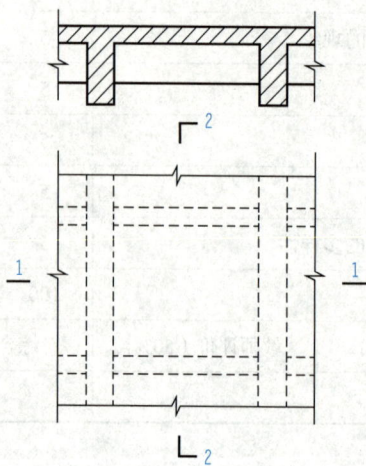

图 4-21　作图题 2

项目五 识读和绘制建筑施工图

项目描述

　　建筑施工图是用来表示建筑的规划位置、外部造型、内部布置、内外装修、细部构造、固定设施及施工要求等的图纸。它包括施工图首页（包含图纸目录、建筑设计总说明等）、建筑总平面图、建筑平面图、建筑立面图、建筑剖面图和建筑详图。

　　一套完整的建筑施工图，图纸内容比较丰富，而且非常专业，作用也不同。其中，图纸目录列出了各个图纸，并对其编号，还有图纸的具体名称，方便查找；建筑设计总说明列出建筑设计的依据、建筑的面积、室内外用料和装修做法的相关说明等；建筑总平面图主要表示整个建筑基地的总体布局，具体展示新建建筑的位置、朝向以及周围环境的基本情况；建筑平面图将新建建筑的墙、门窗、楼梯、地面及内部功能布局等情况展现出来；建筑立面图展现建筑外立面各构造如勒脚、台阶、花池、门窗、雨篷、阳台、檐口、屋顶等及其标高；建筑剖面图表示室内底层地面、各层楼面、顶棚、屋顶、门窗、楼梯、阳台、雨篷、防潮层、室外地面、散水及其他剖切到或能见到的内容，并标注其标高；建筑详图是建筑物上许多细部构造无法表示清楚，根据施工需要，必须另外绘制比例尺较大的图样才能表达清楚。

　　本项目通过介绍一整套建筑施工图的识读和绘制，让学生能够独立完成建筑施工图的识读和绘制。

学习目标

1. 知识目标
（1）了解建筑的组成和作用；
（2）认识施工图的产生及分类；
（3）了解绘制建筑施工图的有关规定；
（4）认识建筑施工图中常见的图例。

2. 技能目标
（1）能准确地识读建筑施工图；
（2）能规范地绘制建筑施工图。

3. 素养目标
（1）培养学生"主动探究、积极好学"的学习态度。
（2）在教学过程中，按照相关规范学习手工绘图规则、方法与步骤，建立学生规范意识。在"一琢一磨"中锻炼意志、培养耐心、积累经验、提高能力。
（3）培养学生"传承规矩、创新创造、专注专研、精益求精"的新时代鲁班精神。
（4）培养学生"匠心治学、知行合一"的职业理念。

项目五 识读和绘制建筑施工图

- 任务一 学习建筑施工图的基本知识
  - 建筑的组成及其作用
    - 基础
    - 墙
    - 柱
    - 楼板
    - 屋顶
    - 楼梯
    - 门窗
    - 其他建筑构配件
  - 施工图的产生及分类
    - 施工图的产生
      - 初步设计阶段
      - 技术设计阶段
      - 施工图设计阶段
    - 施工图的分类
      - 建筑施工图
      - 结构施工图
      - 设备施工图
    - 施工图的图示特点
  - 绘制建筑施工图的有关规定
    - 比例
    - 图线
    - 定位轴线及其编号
    - 标高
    - 索引符号和详图符号
      - 索引符号
      - 详图符号
    - 引出线
    - 对称符号和连接符号
    - 指北针与风玫瑰
      - 指北针
      - 风玫瑰图
    - 变更云线
  - 建筑施工图中的常见图例
    - 建筑总平面图中的常见图例
    - 建筑平、立、剖面图和详图中的常见图例
- 任务二 掌握阅读建筑施工图的方法
  - 阅读建筑施工图应注意的问题
  - 查阅标准图集
- 任务三 掌握识读和绘制建筑施工图的技巧
  - 建筑施工图的内容
    - 图纸目录
    - 设计说明
    - 工程做法表
    - 门窗统计表
  - 建筑施工图首页
  - 建筑总平面图
  - 建筑平面图
  - 建筑立面图
  - 建筑剖面图
  - 建筑详图
  - 设计变更

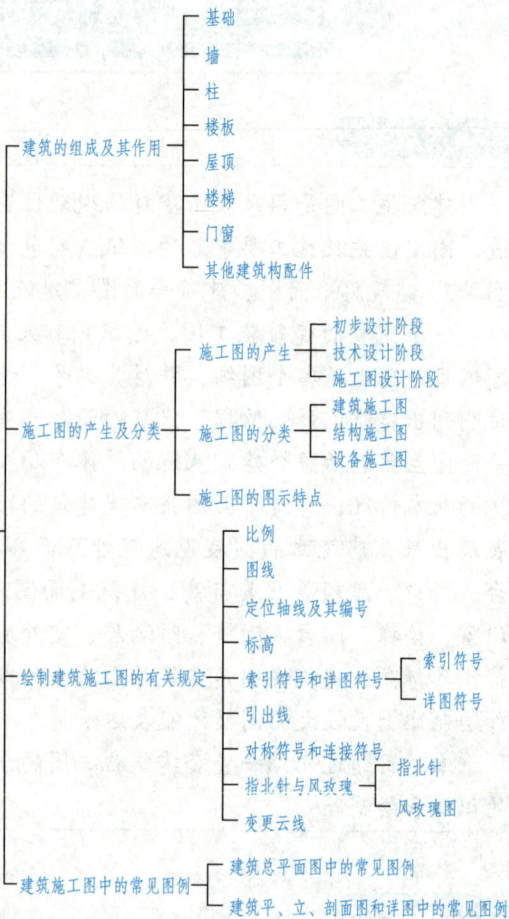

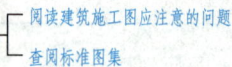

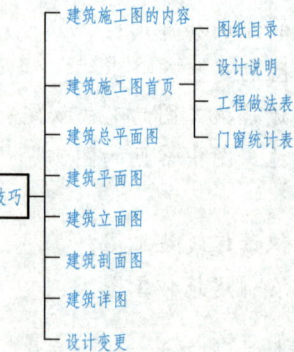

一栋建筑物从设计、施工到装修完成，都需要一套完整的建筑施工图作为指导。图 5-1 所示为一张建筑施工图。该图中的符号表示什么含义？要了解建筑施工图中的符号的含义，就需要学习建筑施工图的相关知识。

一、建筑的组成及其作用

建筑按照使用性质可分为商场、住宅等民用建筑，厂房、库房等工业建筑，粮仓、饲养场等农业建筑。尽管建筑的使用性质不同，但是它们的基本构造是类似的，主要都由基础、墙、柱、楼板、屋顶、楼梯、门窗等部分组成。除此之外，建筑还会有一些其他配件和设施，如散水、明沟、勒脚、雨篷、阳台、雨水管等，如图 5-2 所示。

（一）基础

基础是位于地面以下的承重构件，承受建筑的全部荷载，并将这些荷载传递给地基。

（二）墙

墙位于基础上部，主要起承重、围护和分隔作用。根据受力情况不同，墙可分为承重墙和非承重墙。承重墙承受从屋顶、楼板传来的荷载，是建筑的竖向承重构件。同时，它还起到了围护和分隔的作用，抵抗风、雨、雪对建筑的影响，并将建筑整体大空间划分为若干个局部小空间。非承重墙主要起围护和分隔作用。

（三）柱

建筑的竖向承重构件除墙外，还有柱。承重的柱一般称为结构柱，起增加建筑稳定性和刚度作用的柱，称为构造柱。

（四）楼板

楼板是建筑的水平承重和分隔构件。楼板将所承受的荷载传递给墙或柱，同时对墙体起到水平支撑作用。

（五）屋顶

屋顶是建筑顶部的承重和围护构件，包含承重层、防水层、保温隔热层等。

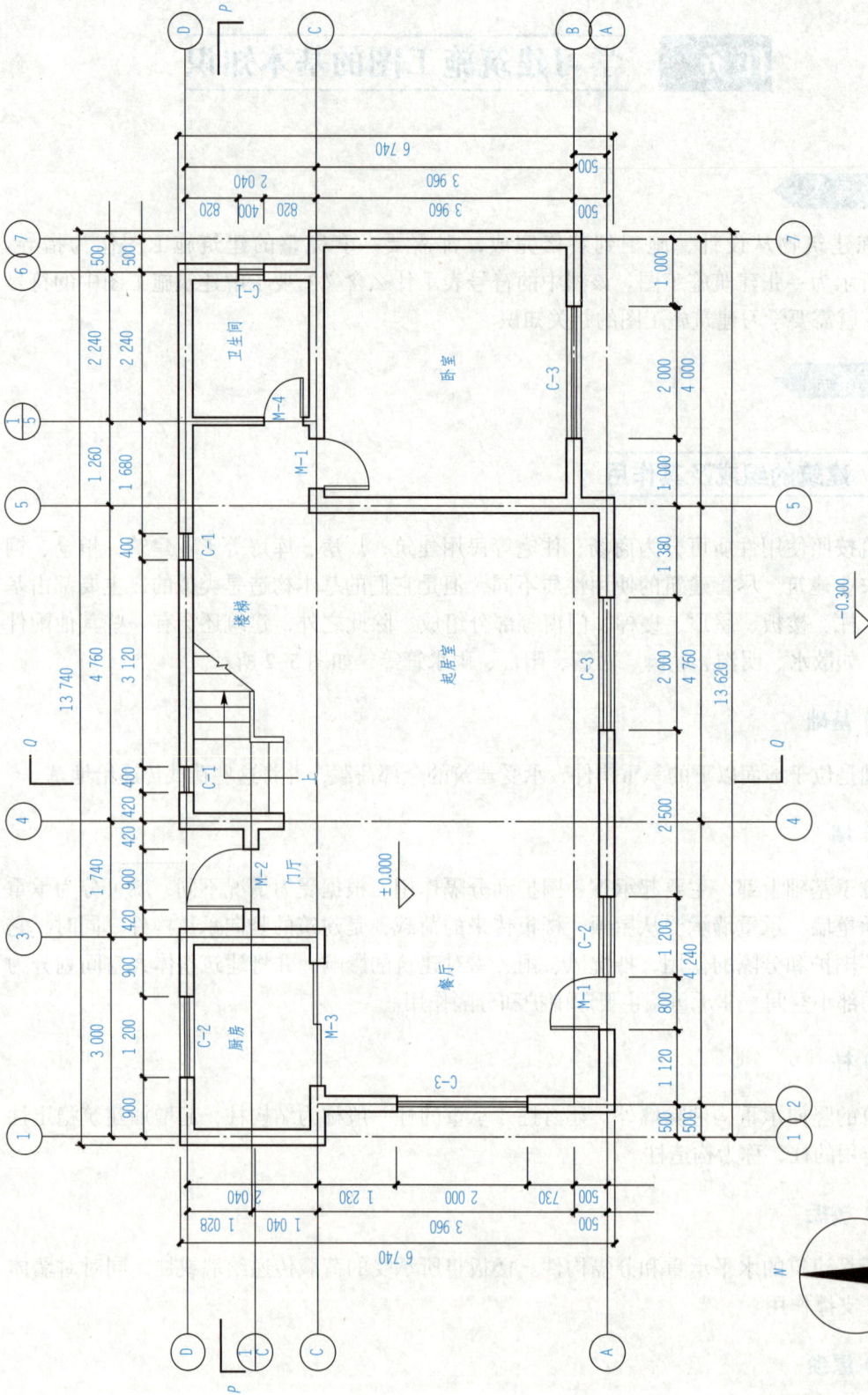

建筑一层平面图 1:50

图 5-1 建筑施工图示例

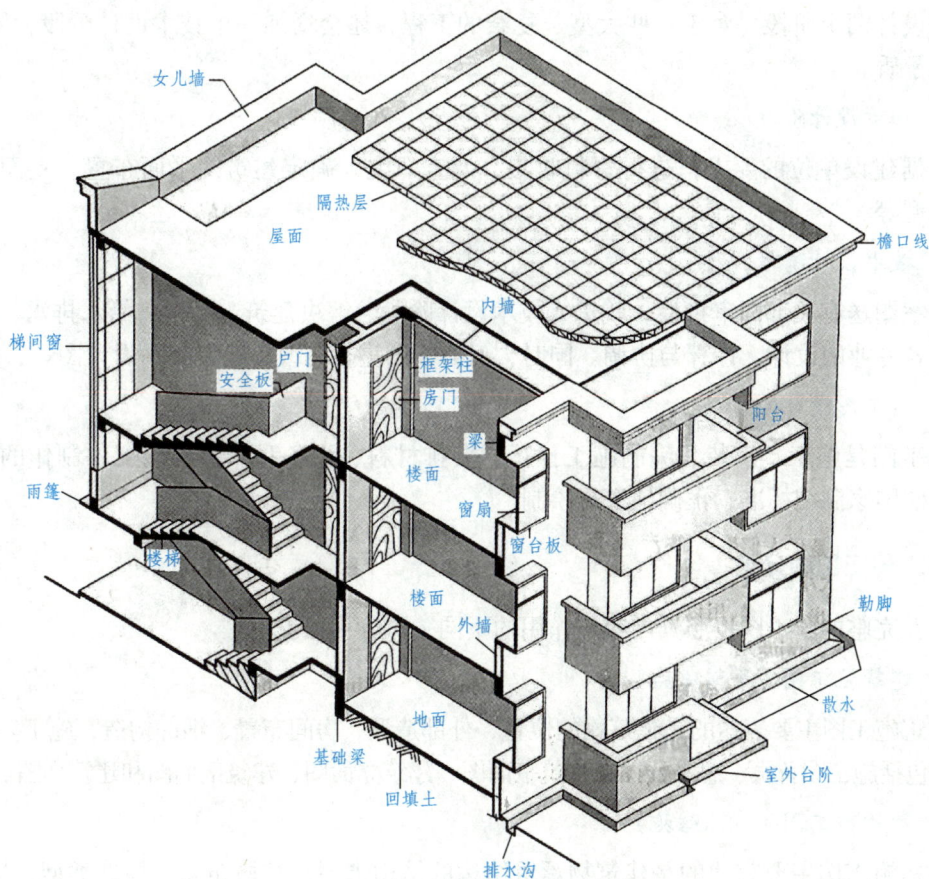

图 5-2 建筑的组成

（六）楼梯

楼梯是建筑的垂直交通设施，可供人们上下楼、搬运家具和货物、紧急疏散等。

（七）门窗

门是建筑的出入口，也可作为建筑的紧急疏散口，兼具通风采光的作用；窗的主要作用是通风采光。

（八）其他建筑配件

除上述主要构件外，还有阳台、走廊、雨篷、勒脚、散水、明沟等构件，以及供暖、通风、照明、消防等系统。

二、施工图的产生及分类

（一）施工图的产生

建造一栋建筑需要经过两个基本过程，即设计和施工。设计过程又可分为初步设计和施工图设计两个阶段，对于一些大型、复杂的工程，还会增加一个技术设计阶段，协调各工种的矛盾。

1. 初步设计阶段

根据建设单位的要求，进行资料收集，调查研究，确定建筑的平面布置、立面处理、结构选型等。

2. 技术设计阶段

方案图送有关部门审批后，就进入技术设计阶段，解决建筑、结构、给水排水、暖通、电气等各专业的设计、计算与协调。同时，对方案图进行修改，绘制技术设计图。

3. 施工图设计阶段

施工图是施工、安装、编制施工预算、安排材料、设备和非标准构配件制作的依据，必须按照国家制图标准，正确地进行绘制。

（二）施工图的分类

一套完整的施工图按照其内容与作用的不同，可分为以下三类。

1. 建筑施工图（简称建施）

建筑施工图主要表达的是建筑物的位置、外部造型、房间布置、细部构造、施工要求等。其主要包括施工图首页、总平面图、建筑平面图、建筑立面图、建筑剖面图和建筑详图。

2. 结构施工图（简称结施）

结构施工图主要表达的是建筑物承重结构的结构类型、结构布置、构件类型、形状尺寸、所用材料及构造做法等。其主要包括基础平面图、基础详图、结构、楼梯结构图和结构构件详图等。

3. 设备施工图（简称设施）

设备施工图主要表达的是管道的布置和走向、构件做法和加工要求等。其主要包括给水排水、采暖通风、电气照明等设备的平面布置图、系统图和施工详图等。

（三）施工图的图示特点

1. 施工图中各图样主要用投影法绘制

一般在 H 面上绘制平面图，V 面上绘制正立面图和背立面图，W 面上绘制侧立面图和剖面图。

2. 施工图一般采用较小的比例绘制

由于建筑的形体较大，建筑总平面图、建筑平面图、建筑立面图、建筑剖面图采用较小的比例绘制（如建筑总平面图采用 1：500 的比例，建筑平面图、立面图、剖面图采用 1：100 的比例）。对于一些构造较复杂的部位，建筑平面图、立面图、剖面图无法表达清楚时，则需要用较大比例（如 1：10、1：20 等）的建筑详图表达。

3. 施工图中采用国家制图标准规定的一系列符号和图例等

为了作图简便，读图方便，国家制图标准规定了一系列的符号和图例来表示建筑构配件、卫生设备、建筑材料等，因此，施工图中往往会出现大量的图例和符号。

三、绘制建筑施工图的有关规定

绘制建筑施工图，除要满足正投影的原理外，为了提高绘图效率，使绘图标准化，绘图时必须遵守制图标准的相关规定。我国现行制图标准主要有《房屋建筑制图统一标准》（GB/T 50001—2017）、《总图制图标准》（GB/T 50103—2010）、《建筑制图标准》（GB/T 50104—2010）、《建筑结构制图标准》（GB/T 50105—2010）等。

（一）比例

由于建筑实体比图纸的尺寸大很多，不可能按建筑实际大小绘制，因此需要按照一定的比例缩小后绘制在图纸上。《建筑制图标准》（GB/T 50104—2010）中对建筑专业制图所选用的比例做了相关的规定，见表5-1。

表 5-1　建筑专业制图所选用比例

图名	比例
建筑物或构筑物的平面图、立面图、剖面图	1：50、1：100、1：150、1：200、1：300
建筑物或构筑物的局部放大图	1：10、1：20、1：25、1：30、1：50
配件及构造详图	1：1、1：2、1：5、1：10、1：15、1：20、1：25、1：30、1：50

一个图样一般选用一个比例，根据专业制图的需要，同一个图样也可选用两种不同的比例，如梁的侧立面与横断面这种长度与宽度相差比较悬殊的构件，就应采用两种不同的比例。

（二）图线

为了使图样重点突出、整洁美观，建筑图通常采用不同线型和线宽的图线来表达。绘制较简单的图样时，可采用两种线宽的线宽组，其线宽比宜为 $b：0.25b$。

根据《建筑制图标准》（GB/T 50104—2010）的规定，建筑专业制图采用图线应符合表5-2的规定。

表 5-2　建筑专业制图所选用图线

名称		线型	线宽	用途
实线	粗	——————	b	1. 平、剖面图中被剖切的主要建筑构造（包括构配件）的轮廓线； 2. 建筑立面图或室内立面图的外轮廓线； 3. 建筑构造详图中被剖切的主要部分的轮廓线； 4. 建筑构配件详图中的外轮廓线； 5. 平、立、剖面的剖切符号

名称		线型	线宽	用途
实线	中粗	——————	0.7b	1. 平、剖面图中被剖切的次要建筑构造（包括构配件）的轮廓线； 2. 建筑平、立、剖面图中建筑构配件的轮廓线； 3. 建筑构造详图及建筑构配件详图中的一般轮廓线
	中	——————	0.5b	小于 0.7b 的图形线、尺寸线、尺寸界线、索引符号、标高符号、详图材料做法引出线、粉刷线、保温层线、地面、墙面的高差分界线
	细	——————	0.25b	图例填充线、家具线、纹样线等
虚线	中粗	– – – – – –	0.7b	1. 建筑构造详图及建筑构配件不可见的轮廓线； 2. 平面图中的梁式起重机轮廓线； 3. 拟建、扩建建筑物轮廓线。
	中	– – – – – –	0.5b	投影线、小于 0.5b 的不可见轮廓线
	细	– – – – – –	0.25b	图例填充线、家具线等
单点长画线	粗	—·—·—·—	b	起重机轨道线
	细	—·—·—·—	0.25b	中心线、对称线、定位轴线
折断线	细	——⌐V———	0.25b	部分省略表示时的断开界线
波浪线	细	∽∽∽∽∽	0.25b	部分省略表示时的断开界线，曲线形构件断开界线、构造层次的断开界线

　　《建筑制图标准》（GB/T 50104—2010）中还给出了平面图、墙身剖面图、详图的线宽选用示例，如图 5-3 ～图 5-5 所示。从图中可知，室外地坪线也可选用加粗（即 1.4b）的线宽。

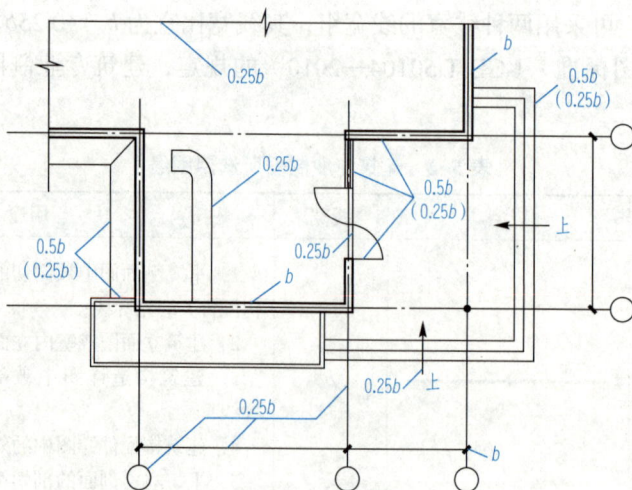

图 5-3　平面图图线宽度选用示例

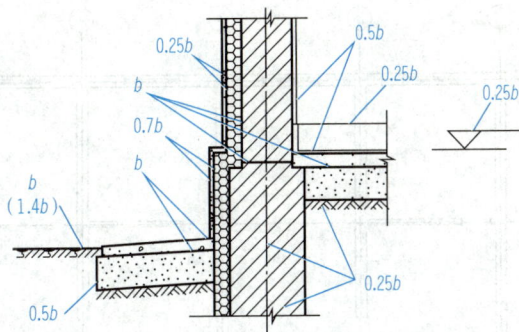

图 5-4　墙身剖面图图线宽度选用示例

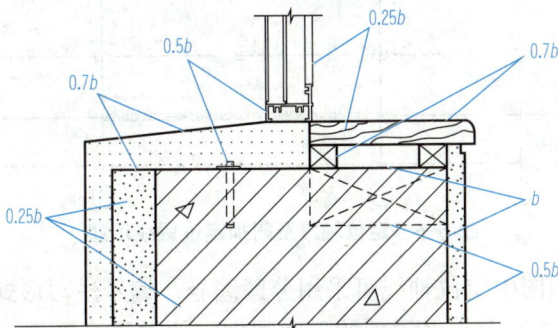

图 5-5　详图图线宽度选用示例

（三）定位轴线及其编号

施工图中的定位轴线是施工定位、放线的重要依据。对于主要承重构件如承重墙、柱子等都应用定位轴线确定其位置。对于非承重墙、次要的承重构件，可采用附加轴线确定其位置。

《房屋建筑制图统一标准》（GB/T 50001—2017）中规定，定位轴线用 $0.25b$ 线宽·（即细线）的单点长画线。定位轴线的编号应注写在轴线端部的圆内，圆应用 $0.25b$ 线宽（即细线）的实线绘制，直径宜为 $8\sim10$ mm，圆心应在定位轴线的延长线上或延长线的折线上。平面图上定位轴线的编号，宜标注在图样的下方及左侧，或在图样的四面标注。横向编号应用阿拉伯数字，从左至右顺序编写；竖向编号应用大写英文字母，从下至上顺序编写，如图 5-6 所示。

附加定位轴线的编号应以分数形式表示，并应符合规定：两根轴线的附加轴线，应以分母表示前一轴线的编号，分子表示附加轴线的编号，编号宜用阿拉伯数字顺序编写，如图 5-6 所示。①号轴线或Ⓐ号轴线之前的附加轴线的分母应以 01 或 0A 表示，$\frac{1}{01}$ 表示①号轴线前面附加的第一根轴线，$\frac{1}{A}$ 表示Ⓐ号轴线后面附加的第一根轴线。

英文字母作为轴线号时，应全部采用大写字母，不应用同一个字母的大小写来区分轴线号。英文字母的 I、O、Z 不得用作轴线编号。当字母数量不够使用时，可增用双字母或单字母加数字注脚。

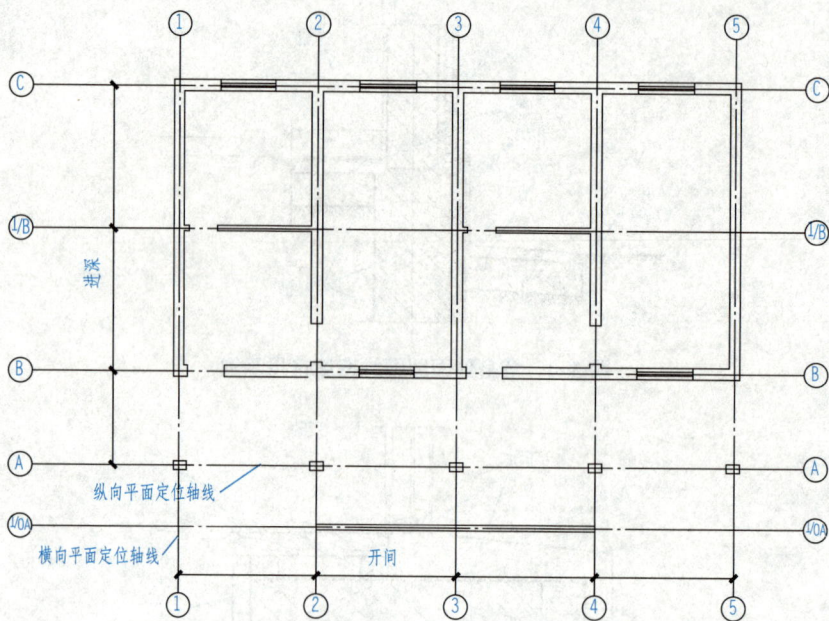

图 5-6　定位轴线及附加定位轴线示意

　　组合较复杂的平面图中定位轴线可采用分区编号，编号注写形式应为"分区号—该分区定位轴线"，如图 5-7 所示。多子项的平面图中定位轴线可采用子项编号，编号的注写形式为"子项号—该子项定位轴线编号"，子项号采用阿拉伯数字或大写英文字母表示，如"1-1""1-A"，或"A-1""A-2"。当采用分区编号或子项编号，同一根轴线有不止一个编号时，相应的编号应同时注明。

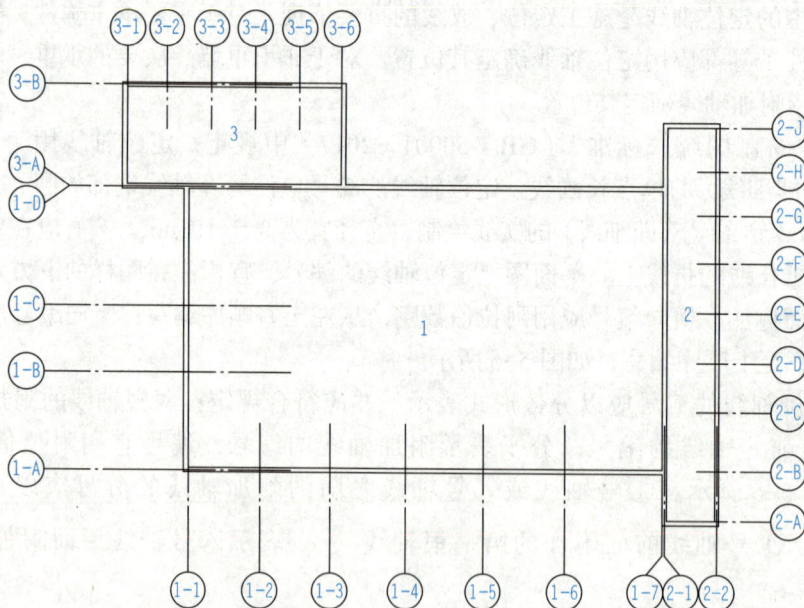

图 5-7　定位轴线的分区编号示意

　　一个详图适用于几根轴线时，应同时注明各有关轴线的编号，如图 5-8 所示。通用详图中的定位轴线，应只画圆，不注写轴线编号。

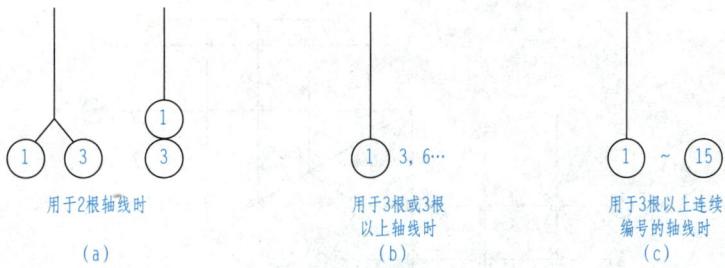

用于2根轴线时　　　　　用于3根或3根　　　　　用于3根以上连续
　　　　　　　　　　　以上轴线时　　　　　　编号的轴线时

(a)　　　　　　　　　(b)　　　　　　　　　(c)

图 5-8　详图轴线编号示意

　　圆形与弧形平面图中的定位轴线，其径向轴线应以角度进行定位，其编号宜用阿拉伯数字表示，从左下角或−90°（若径向轴线很密，角度间隔很小）开始，按逆时针顺序编写；其环向轴线宜用大写英文字母表示，从外向内顺序编写，如图 5-9 和图 5-10 所示。圆形与弧形平面图的圆心宜选用大写英文字母编号（I、O、Z 除外），有不止 1 个圆心时，可在字母后加注阿拉伯数字进行区分，如 P1、P2、P3。

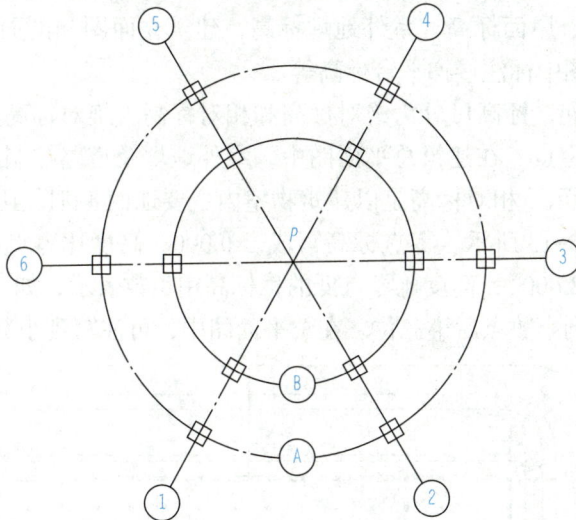

图 5-9　圆形平面定位轴线编号示意

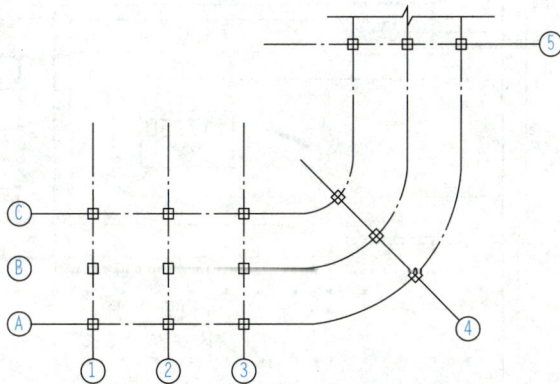

图 5-10　弧形平面定位轴线编号示意

折线形平面图中定位轴线的编号可按图 5-11 所示的形式编写。

067

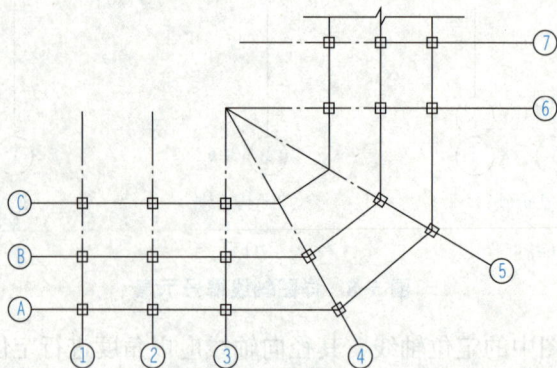

图 5-11　折线形平面定位轴线编号示意

（四）标高

在建筑图样中，需要用标高符号标注某个部位的标高，如在建筑平面图中标注楼地面的标高、屋面标高、室外地坪标高，建筑立面图和剖面图中标注窗台标高，建筑详图中标注楼梯平台标高等。

按照基准点的不同，标高可分为绝对标高和相对标高。绝对标高是以我国青岛附近黄海的平均海平面作为零点。在建筑总平面图中，室外地坪及道路控制点的高度一般采用绝对标高，如图 5-12 所示。相对标高是以建筑物室内主要地面（排除卫生间、阳台等降板部位）作为零点，如图 5-13 所示。零点标高写成 ±0.000；高度比零点高的，标高用正数表示，不标"+"，如"3.000"；高度比零点低的，标高用负数表示，如"-0.600"。标高数字应以米为单位，注写到小数点后第三位。在总平面图中，可注写到小数点后第二位。

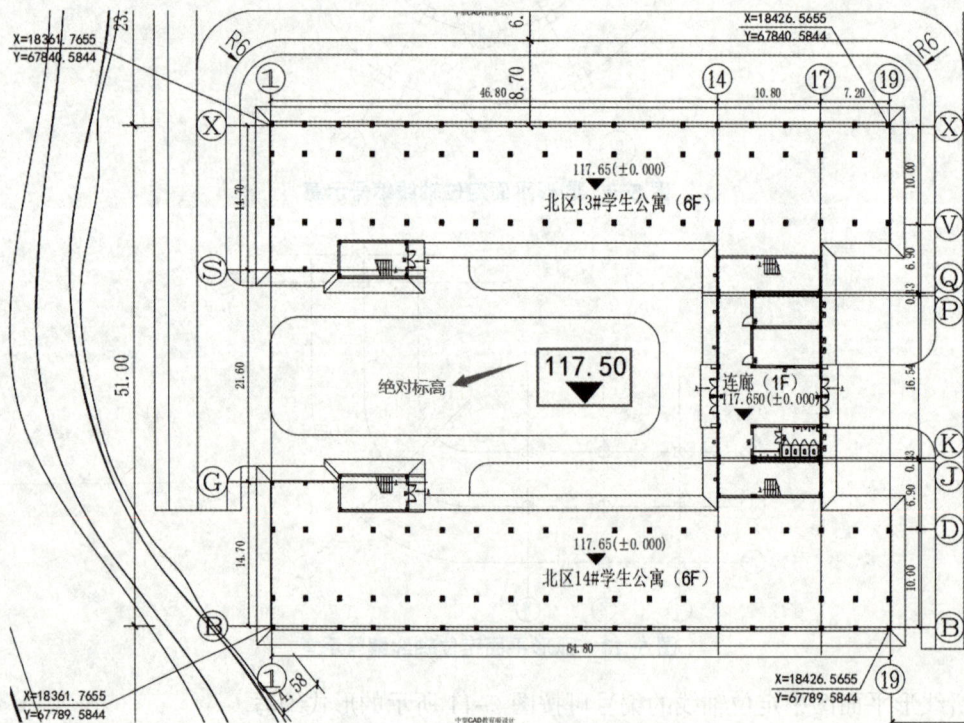

图 5-12　绝对标高示意

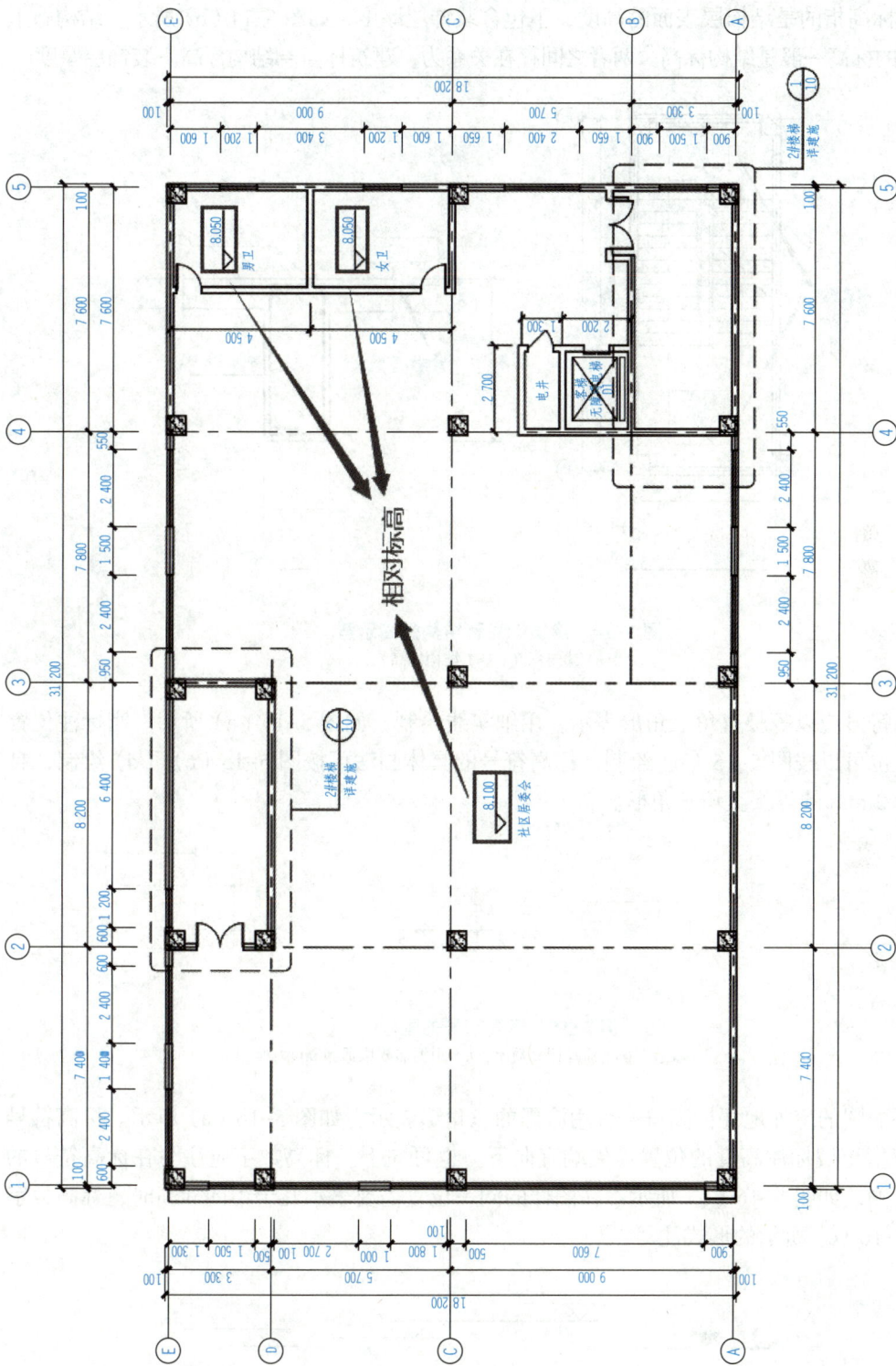

三层平面图 1:100

图 5-13　相对标高示意

标高又可分为建筑标高和结构标高。建筑标高指的是装修完成面的高度，建筑施工图中标注的标高一般是建筑标高，如图 5-14（a）所示。屋面标高比较特殊，一般标注的是结构标高。结构标高指的是结构层表面的高度，不包含装饰层厚度，如图 5-14（b）所示。结构施工图中标注的标高一般是结构标高。两者之间存在关系为：建筑标高＝结构标高＋装饰层厚度。

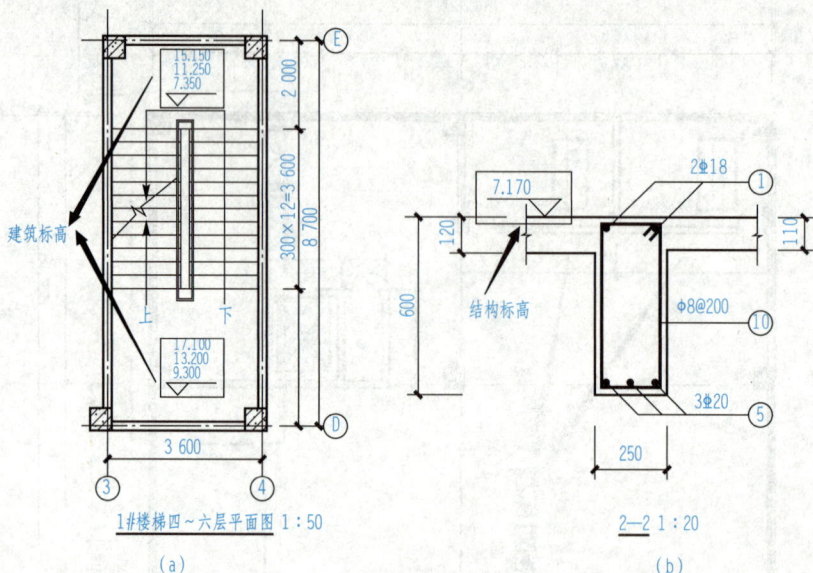

图 5-14　建筑标高和结构标高示意

（a）建筑标高；（b）结构标高

标高符号应以等腰直角三角形表示，用细实线绘制，如图 5-15（a）所示。当标注位置不够时，也可以按图 5-15（b）绘制。标高符号的具体画法可按图 5-15（c）、（d）绘制，且高度约为 3 mm 的等腰直角三角形。

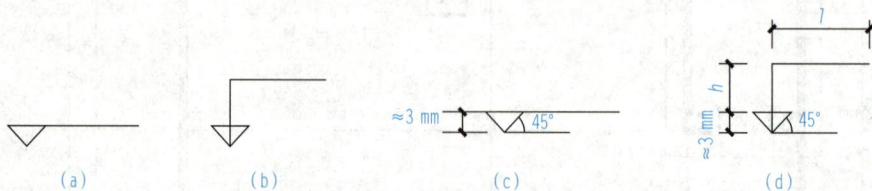

图 5-15　标高符号的画法

l—取适当长度注写标高数字；h—根据需要取适当高度

总平面图的室外地坪标高符号宜用涂黑的三角形表示，如图 5-16（a）所示。标高符号的尖端应指至被标注高度的位置。尖端宜向下，也可向上。标高数字应注写在标高符号的上侧或下侧，如图 5-16（b）所示。在图样的同一位置需要表示几个不同标高时，标高数字可按图 5-16（c）所示的形式注写。

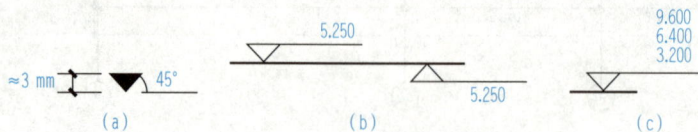

图 5-16　标高符号的表示方法

（a）总平面图室外地坪标高符号；（b）标高符号尖端的指向及数字的注写；（c）同一个位置注写多个标高数字

（五）索引符号和详图符号

1. 索引符号

在施工图中，有时会因为比例问题无法清楚地表达某一局部的构造和尺寸等，为了表达清楚，需另画详图表示，如图5-17所示。索引符号能够注明详图所在图纸编号或图集页码、详图编号。索引符号应由直径为8～10 mm的圆和水平直径组成，圆及水平直径线宽宜用0.25b（即细线）绘制。

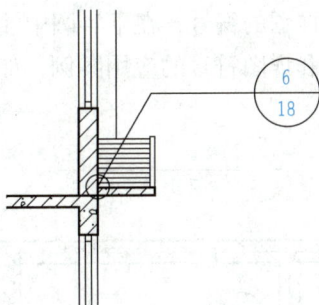

图 5-17 索引符号示例

视频：索引符号和详图符号、引出线、风向频率玫瑰图、指北针

索引符号编写应符合下列规定：

（1）当索引出的详图与被索引的详图同在一张图纸内时，应在索引符号的上半圆中用阿拉伯数字注明该详图的编号，并应在下半圆中间画一段水平细实线，如图5-18（a）所示。

（2）当索引出的详图与被索引的详图不在同一张图纸中时，应在索引符号的上半圆中用阿拉伯数字注明该详图的编号，在索引符号的下半圆用阿拉伯数字注明该详图所在图纸的编号，如图5-18（b）所示。数字较多时，可加文字标注。

（3）当索引出的详图采用标准图时，应在索引符号水平直径的延长线上加注该标准图集的编号，如图5-18（c）所示。需要标注比例时，应在文字的索引符号右侧或延长线下方，与符号下对齐。

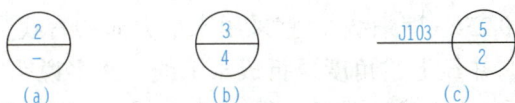

图 5-18 索引符号的表示方法
(a) 详图在本张图纸上；(b) 详图不在本张图纸上；(c) 采用标准图集索引图

当索引符号用于索引剖视详图时，应在被剖切的部位绘制剖切位置线，并以引出线引出索引符号，引出线所在的一侧应为剖视方向，如图5-19所示。

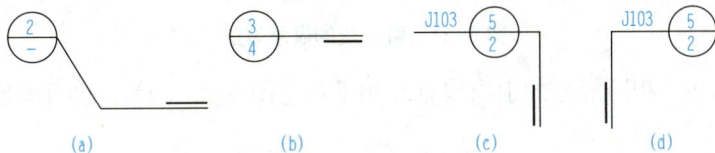

图 5-19 用于索引剖视详图的索引符号
(a) 向上剖视索引；(b) 向下剖视索引；(c) 向左剖视索引；(d) 向右剖视索引

2. 详图符号

详图的编号和位置应与索引符号对应。详图符号的圆直径应为14 mm，线宽为b（即粗线）。

详图编号应符合规定：当详图与被索引的图样同在一张图纸上时，应在详图符号内用阿拉伯数字注明详图的编号，如图5-20（a）所示；当详图与被索引的图样不在同一张图纸上时，应用细实线在详图符号内画一水平直径，在

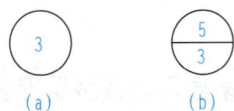

图 5-20 详图符号的表示方法
(a) 详图与被索引图样在同一张图纸上；
(b) 详图与被索引图样不在同一张图纸上

上半圆中注明详图的编号，在下半圆中注明被索引的图纸的编号，如图 5-20（b）所示。

索引符号和详图符号的应用案例，如图 5-21 所示。

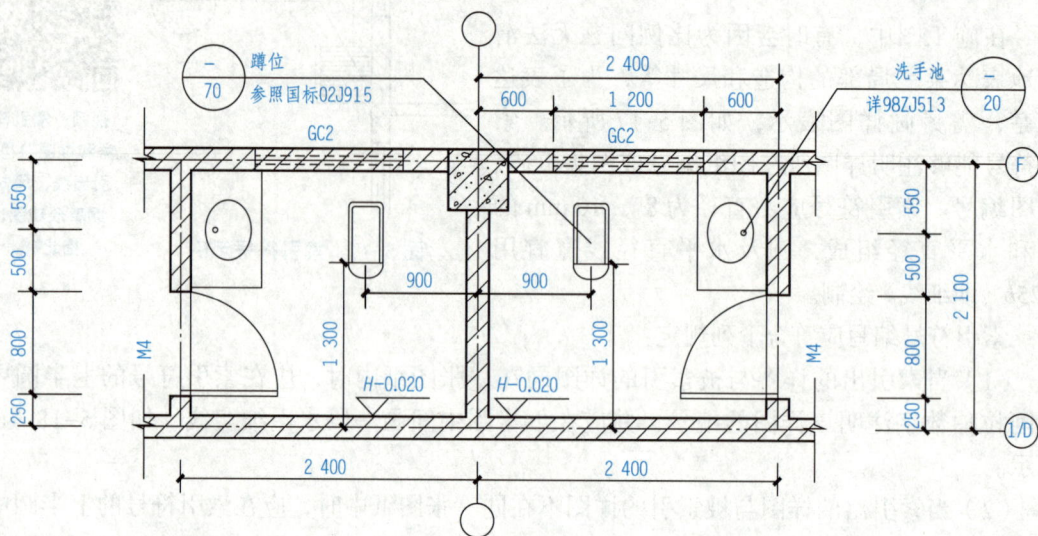

图 5-21　索引符号和详图符号的应用案例

（六）引出线

引出线的线宽应为 0.25b（即细线），宜采用水平方向的直线，或与水平方向成 30°、45°、60°、90° 的直线，并经上述角度再折成水平线。文字说明宜注写在水平线的上方 [图 5-22（a）]，也可注写在水平线的端部 [图 5-22（b）]。索引详图的引出线应与水平直径线相连接 [图 5-22（c）]。

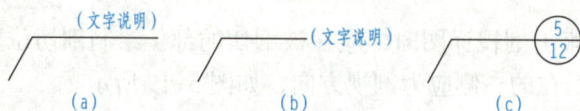

图 5-22　引出线的表示方法

同时引出的几个相同部分的引出线宜互相平行 [图 5-23（a）]，也可画成集中于一点的放射线 [图 5-23（b）]。

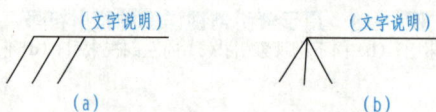

图 5-23　共同引出线的表示方法
(a) 引出线互相平行；(b) 引出线交于一点

多层构造或多层管道共用引出线，应通过被引出的各层，并用圆点示意对应各层次。文字说明宜注写在水平线的上方，或注写在水平线的端部，说明的顺序应由上至下，并应与被说明的层次对应一致，如图 5-24（a）所示；如层次为横向排序，则由上至下的说明顺序应与由左至右的层次对应一致，如图 5-24（b）所示。

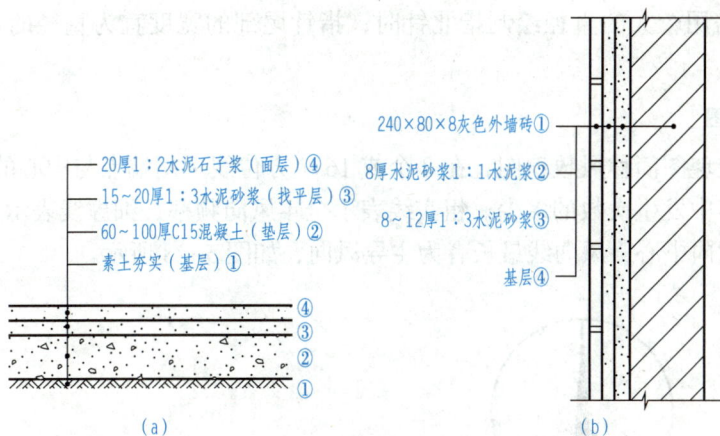

图 5-24 多层构造引出线的表示方法
(a) 竖向构造；(b) 横向构造

（七）对称符号和连接符号

当图形完全对称时，可以利用对称符号，只画出图形的一半，节省图纸篇幅和绘图工作量。对称符号应由对称线和两端的两对平行线组成。对称线应用单点长画线绘制，线宽宜为 $0.25b$（即细线）；平行线应用实线绘制，其长度宜为 $6 \sim 10\,\text{mm}$，每对的间距宜为 $2 \sim 3\,\text{mm}$，线宽宜为中线；对称线应垂直平分于两对平行线，两端超出平行线宜为 $2 \sim 3\,\text{mm}$，如图 5-25 所示。

对于较长的构件，若沿其长度方向形状相同或者按一定规律变化，可断开绘制，断开处用连接符号表示。连接符号用折断线表示需要连接的部位，折断线两端靠图样一侧应标注大写英文字母表示连接编号。两个被连接的图样应用相同的字母编号，如图 5-26 所示。

图 5-25 对称符号的表示方法

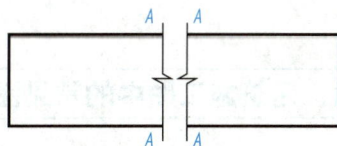

图 5-26 连接符号的表示方法

（八）指北针与风玫瑰

1. 指北针

指北针一般绘制在建筑总平面图或底层建筑平面图上，用以指明建筑物的朝向。指北针圆的直径宜为 $24\,\text{mm}$，用细实线绘制；指针尾部的宽度宜为 $3\,\text{mm}$，指针头部应注"北"

或 "N" 字。需用较大的直径绘制指北针时，指针尾部的宽度宜为直径的 1/8，其画法如图 5-27 所示。

2. 风玫瑰图

风向频率玫瑰图简称风玫瑰图，在 8 个或 16 个方位线上用端点与中心的距离代表当地这一风向在一年中发生次数的多少。粗实线表示全年风向频率，细虚线表示夏季风向频率。风向由各方位吹向中心，风向线最长者为主导风向，如图 5-28 所示。

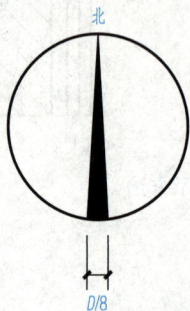

图 5-27　指北针的画法

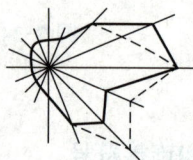

图 5-28　风玫瑰图的表示方法

（九）变更云线

对图纸中局部变更部分宜采用云线，并宜注明修改版次。修改版次符号宜为边长为 0.8 cm 的正等边三角形，修改版次应采用数字表示，变更云线的线宽宜按 0.7b 绘制，如图 5-29 所示。

图 5-29　变更云线的表示方法
注：1 为修改次数

四、建筑施工图中的常见图例

（一）建筑总平面图中的常见图例

《总图制图标准》（GB/T 50103—2010）中规定了建筑总平面图中常见的一些图例，见表 5-3。

表 5-3 建筑总平面图中的常见图例

序号	名称	图例	备注
1	新建建筑物	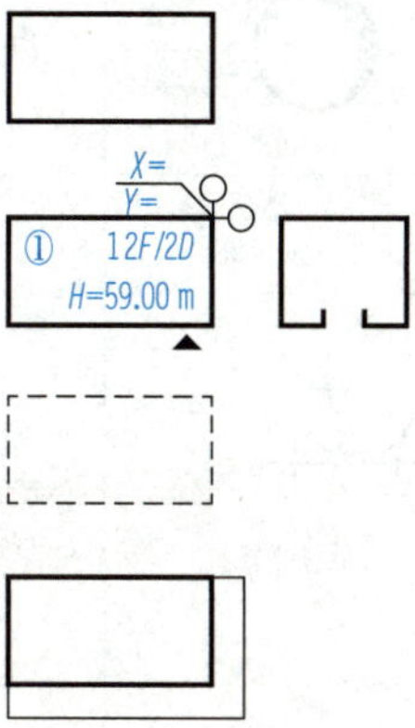 $\frac{X=}{Y=}$ ① 12F/2D H=59.00 m	1. 新建建筑物以粗实线表示与室外地坪相接处 ±0.00 外墙定位轮廓线。 2. 建筑物一般以 ±0.00 高度处的外墙定位轴线交叉点坐标定位。轴线用细实线表示,并标明轴线号;根据不同设计阶段标注建筑编号,地上、地下层数,建筑高度,建筑出入口位置(两种表示方法均可,但同一图纸采用一种表示方法)。 3. 地下建筑物以粗虚线表示其轮廓。 4. 建筑上部(±0.00 以上)外挑建筑用细实线表示;建筑物上部连廊用细虚线表示并标注位置
2	原有建筑物	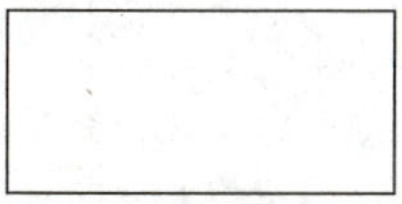	用细实线表示
3	计划扩建的预留地或建筑物		用中粗虚线表示
4	拆除的建筑物	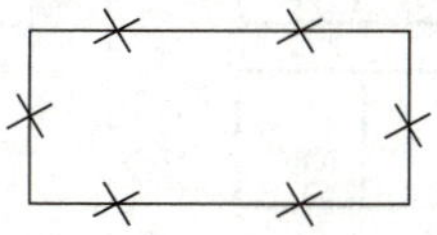	用细实线表示
5	建筑物下面的通道	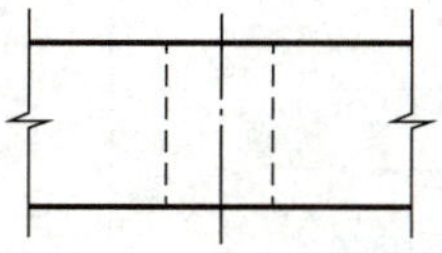	—
6	散装材料露天堆场	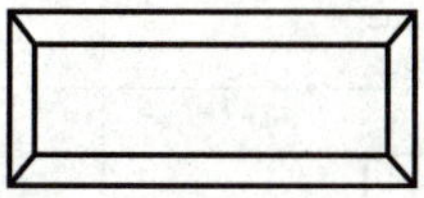	需要时可注明材料名称
7	其他材料露天堆场或露天作业场	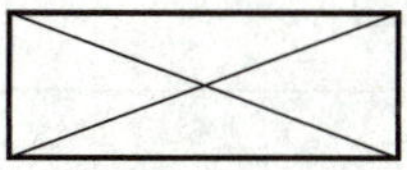	需要时可注明材料名称
8	铺砖场地	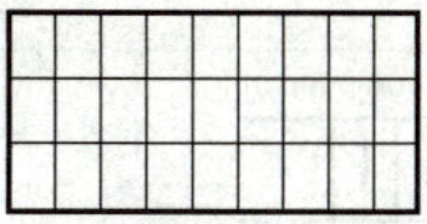	—
9	敞棚或敞廊	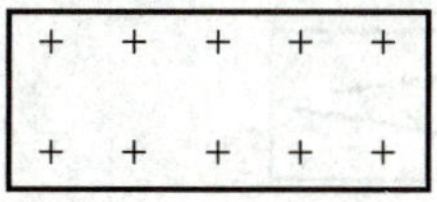	—

序号	名称	图例	备注
10	水池、坑槽		也可以不涂黑
11	烟囱	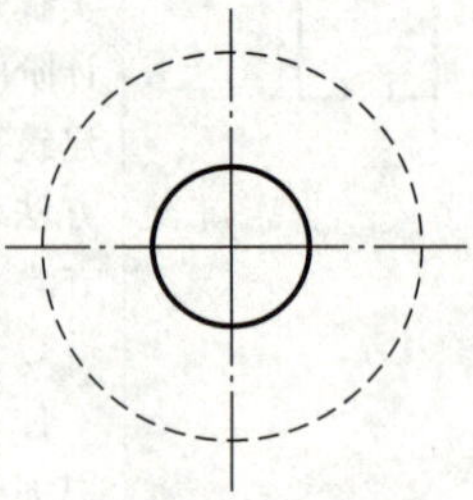	实线为烟囱下部直径，虚线为基础，必要时可注写烟囱高度和上、下口直径
12	围墙及大门	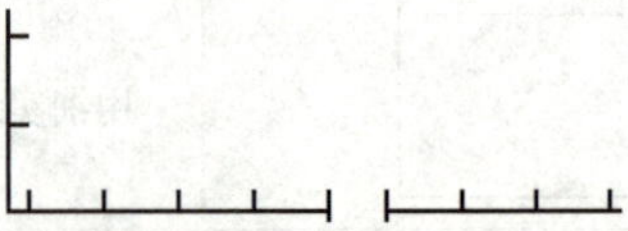	—
13	台阶及无障碍坡道	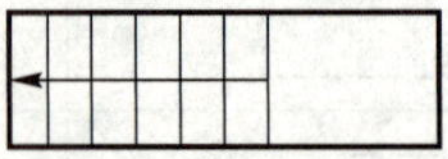 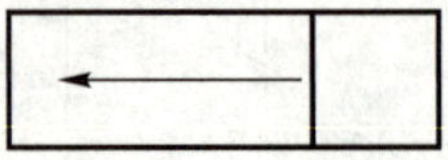	1. 表示台阶（级数仅为示意）。 2. 表示无障碍坡道
14	坐标	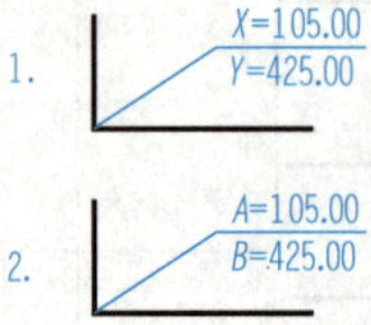 $X=105.00$ $Y=425.00$ / $A=105.00$ $B=425.00$	1. 表示地形测量坐标系。 2. 表示自设坐标系。 坐标数字平行于建筑标注
15	室内地坪标高	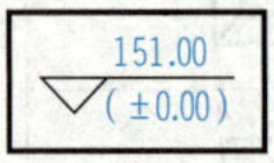 151.00 (±0.00)	数字平行于建筑物书写
16	室外地坪标高	 143.00	室外标高也可采用等高线
17	盲道		—
18	地下车库入口	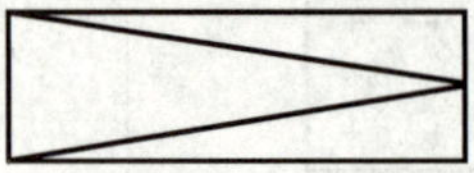	机动车停车场

序号	名称	图例	备注
19	地面露天停车场	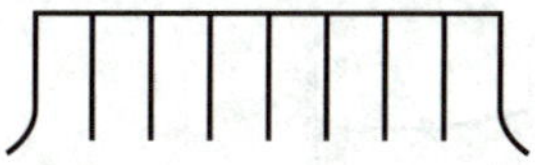	—
20	露天机械停车场	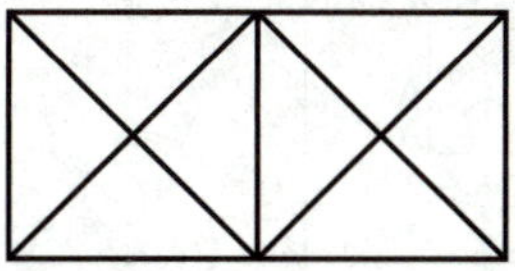	露天机械停车场

（二）建筑平、立、剖面图和详图中的常见图例

《建筑制图标准》（GB/T 50104—2010）中规定了建筑平、立、剖面图和详图中常见的一些图例，见表5-4。

表5-4 建筑平、立、剖面图和详图中的常见图例

序号	名称	图例	说明
1	墙体	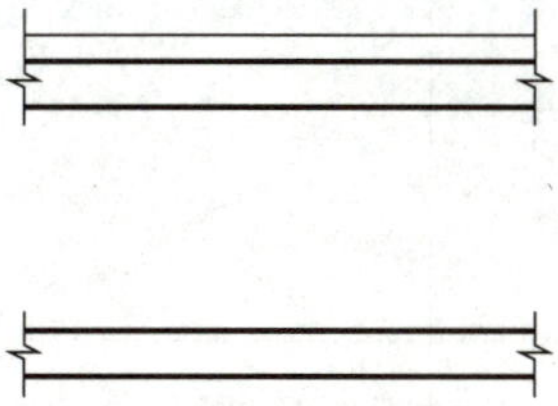	1. 上图为外墙，下图为内墙。 2. 外墙细线表示有保温层或有幕墙。 3. 应加注文字或涂色或图案填充表示各种材料的墙体。 4. 在各层平面图中，防火墙宜着重以特殊图案填充表示
2	隔断		1. 加注文字或涂色或图案填充表示各种材料的轻质隔断。 2. 适用于到顶与不到顶隔断
3	玻璃幕墙		幕墙龙骨是否表示由项目设计决定
4	栏杆		—
5	楼梯	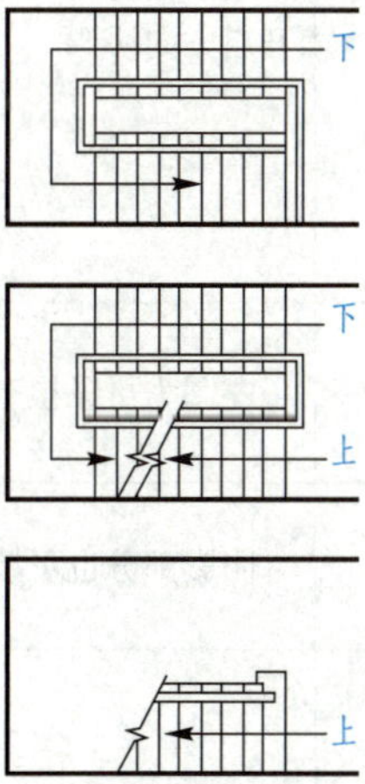	1. 上图为顶层楼梯平面，中图为中间层楼梯平面，下图为底层楼梯平面。 2. 需设置靠墙扶手或中间扶手时，应在图中表示

序号	名称	图例	说明
6	坡道	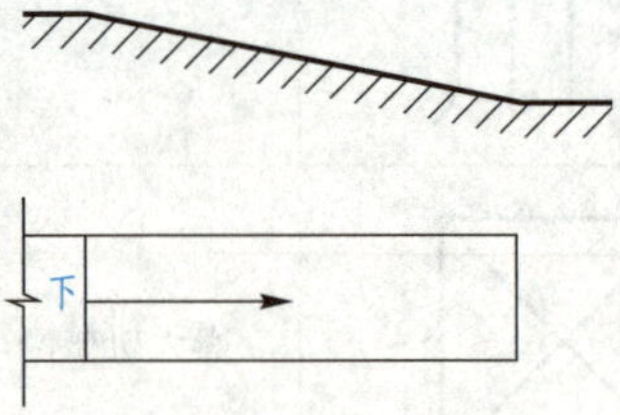	长坡道
		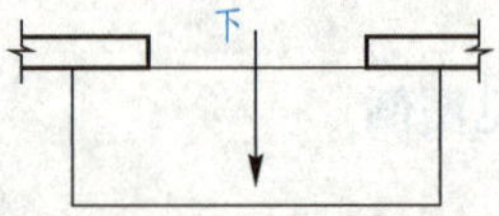 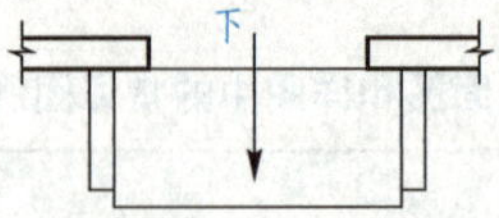 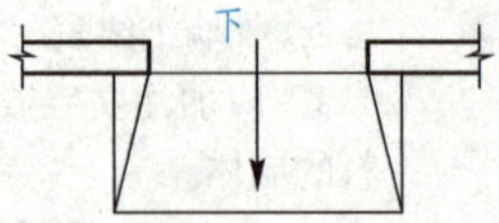	上图为两侧垂直的门口坡道，中图为有挡墙的门口坡道，下图为两侧找坡的门口坡道
7	台阶	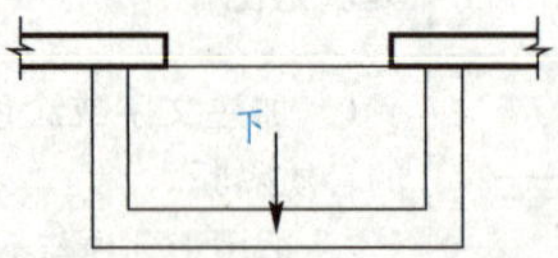	—
8	平面高差	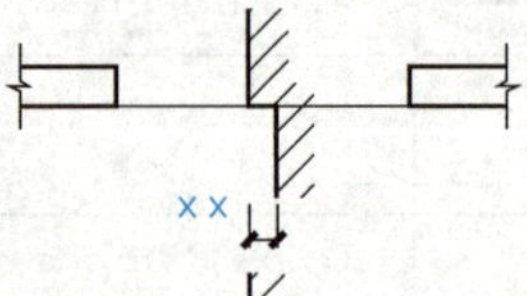 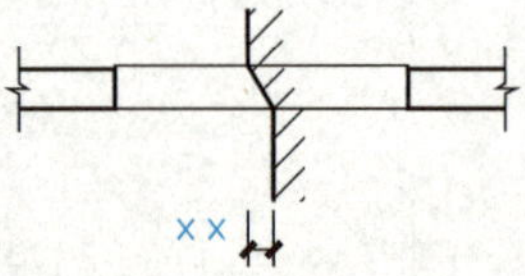 ×× ××	用于高差小的地面或楼面交接处，并应与门的开启方向协调
9	检查孔	 	左图为可见检查孔，右图为不可见检查孔
10	孔洞		阴影部分也可填充灰度或涂色代替
11	坑槽	 	—

序号	名称	图例	说明
12	烟道	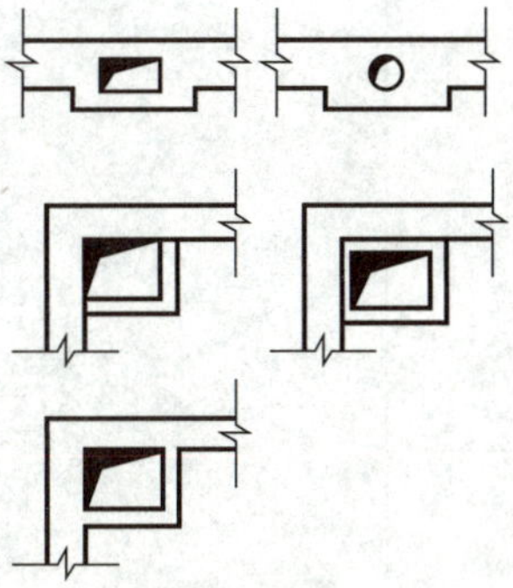	1. 阴影部分亦可填充灰度或涂色代替。 2. 烟道、风道与墙体为相同材料，其相接处墙身线应连通。 3. 烟道、风道根据需要增加不同材料的内衬
13	风道	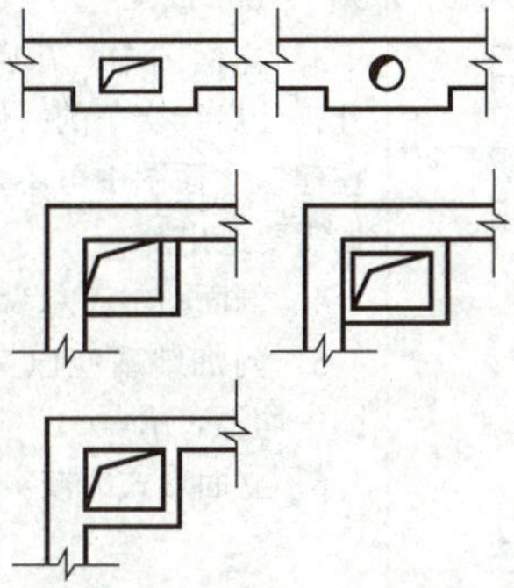	
14	单面开启单扇门（包括平开或单面弹簧）	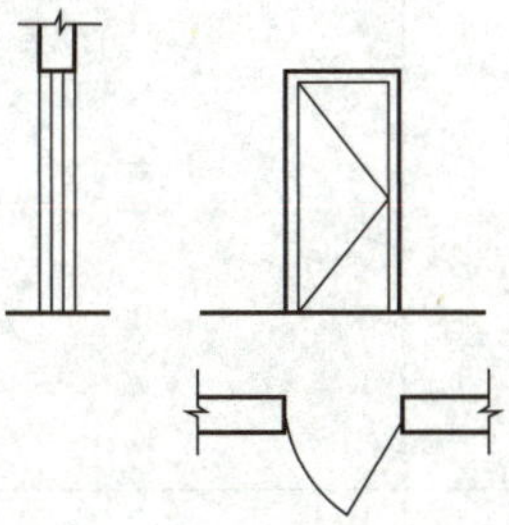	1. 门的名称代号用 M 表示。 2. 平面图中下为外，上为内。门开启线为90°、60° 或 45°。 3. 立面图中，开启线实线为外开，虚线为内开；开启线交角的一侧为安装合页一侧；开启线在建筑立面图中可不表示，在立面大样图中可根据需要绘出。 4. 剖面图中，左为外，右为内。 5. 附加纱扇应以文字说明，在平、立、剖面图中均不表示。 6. 立面形式应按实际情况绘制
	双面开启单扇门（包括双面平开或双面弹簧）	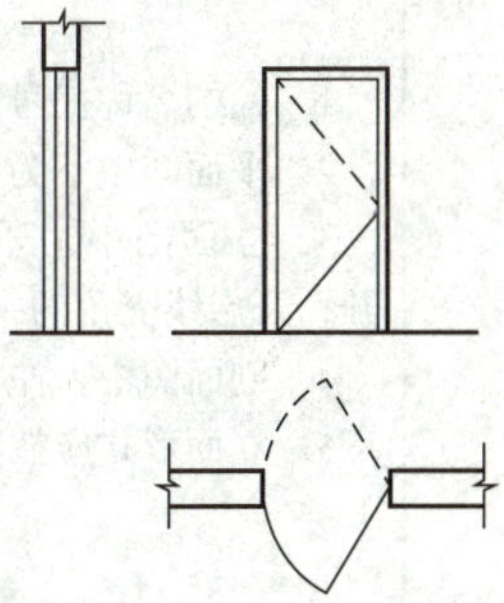	

序号	名称	图例	说明
14	双层单扇平开门	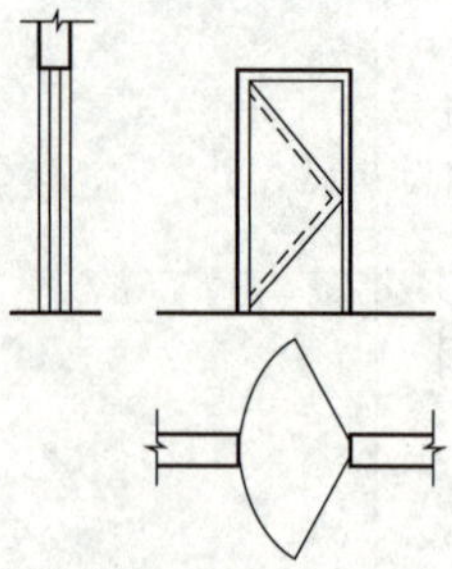	
15	单面开启双扇门（包括平开或单面弹簧）	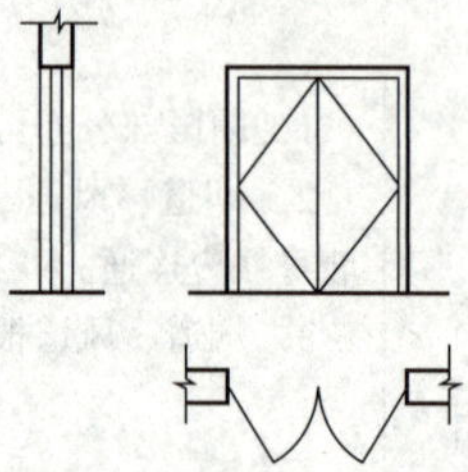	1. 门的名称代号用 M 表示。 2. 平面图中下为外，上为内。门开启线为 90°、60° 或 45°。 3. 立面图中，开启线实线为外开，虚线为内开；开启线交角的一侧为安装合页一侧；开启线在建筑立面图中可不表示，在立面大样图中可根据需要绘出。 4. 剖面图中，左为外，右为内。 5. 附加纱扇应以文字说明，在平、立、剖面图中均不表示。 6. 立面形式应按实际情况绘制
	双面开启双扇门（包括双面平开或双面弹簧）	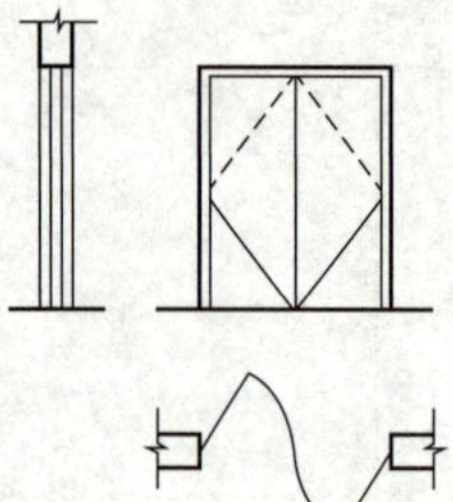	
	双层双扇平开门	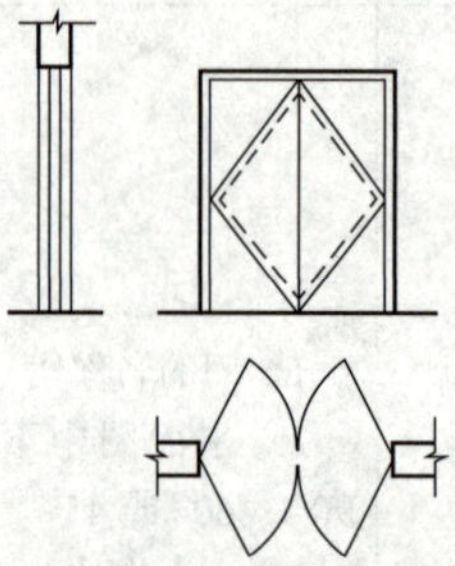	
16	折叠门	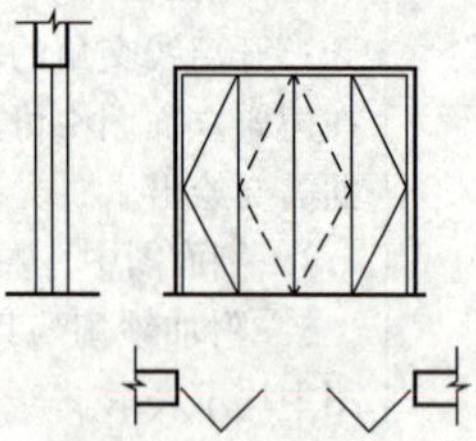	1. 门的名称代号用 M 表示。 2. 平面图中下为外，上为内。 3. 立面图中，开启线实线为外开，虚线为内开；开启线交角的一侧为安装合页一侧。 4. 剖面图中，左为外，右为内。 5. 立面形式应按实际情况绘制
	推拉折叠门	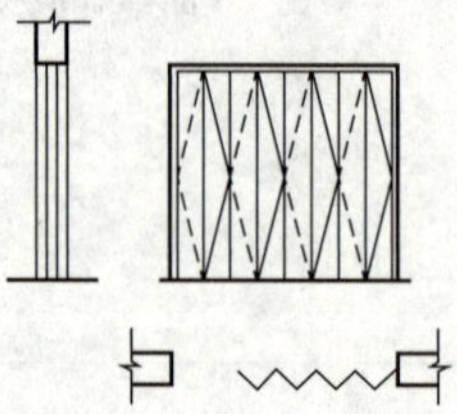	

序号	名称	图例	说明
17	墙洞外单扇推拉门	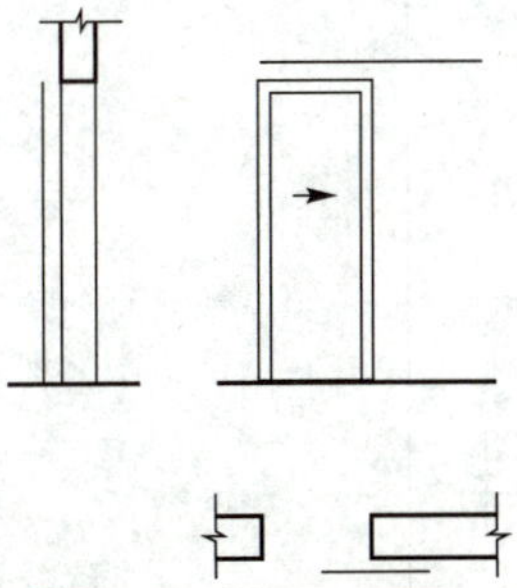	1. 门的名称代号用 M 表示。 2. 平面图中下为外，上为内。 3. 剖面图中，左为外，右为内。 4. 立面形式应按实际情况绘制
	墙洞外双扇推拉门		
	墙中单扇推拉门	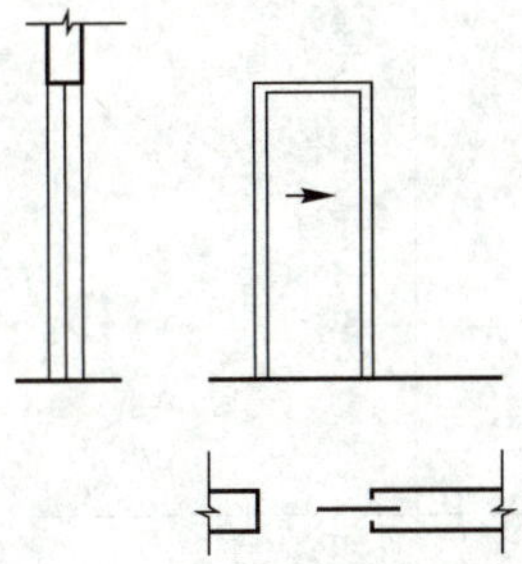	1. 门的名称代号用 M 表示。 2. 立面形式应按实际情况绘制
	墙中双扇推拉门		
18	门连窗	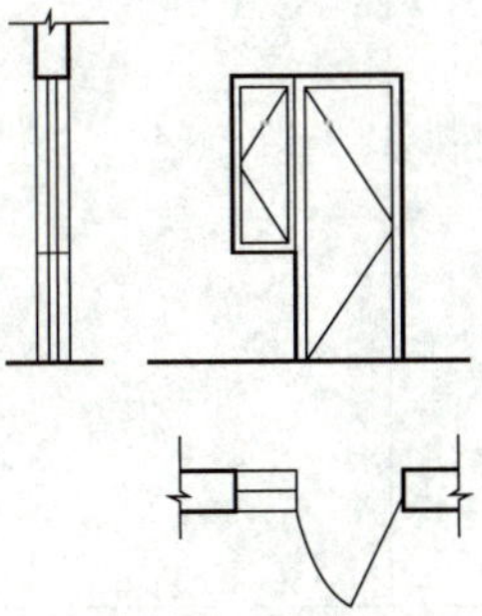	1. 门的名称代号用 M 表示。 2. 平面图中下为外，上为内。门开启线为 90°、60° 或 45°。 3. 立面图中，开启线实线为外开，虚线为内开；开启线交角的一侧为安装合页一侧；开启线在建筑立面图中可不表示，在室内设计立面大样图中可根据需要绘出。 4. 剖面图中，左为外，右为内。 5. 立面形式应按实际情况绘制

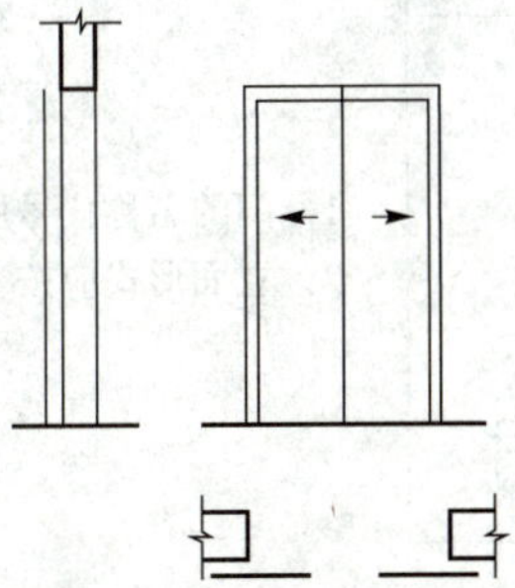

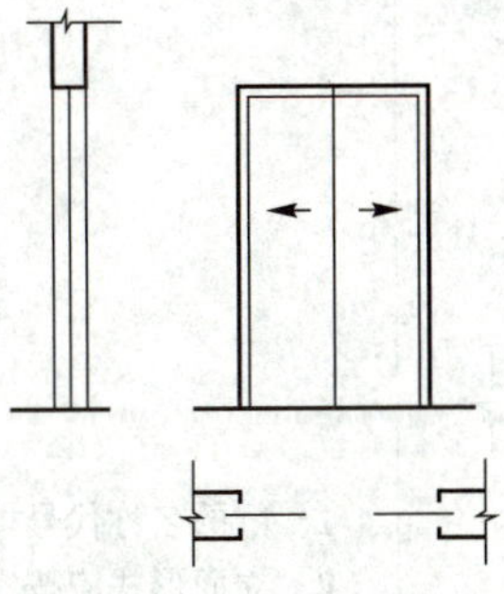

序号	名称	图例	说明
19	旋转门		
20	自动门	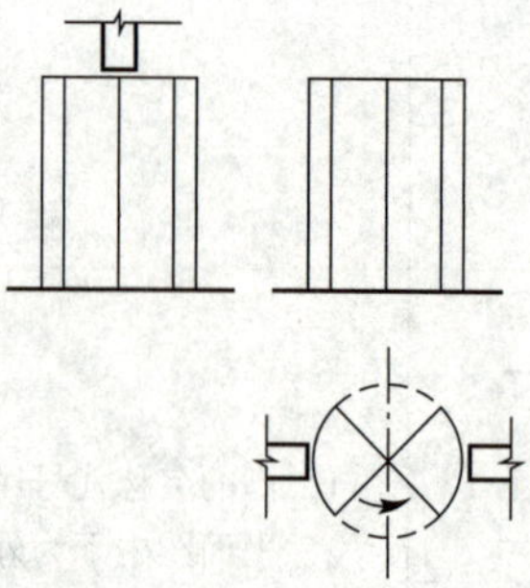	1. 门的名称代号用 M 表示。 2. 立面形式应按实际情况绘制
21	提升门		
22	人防单扇 防护密闭门 人防单扇 密闭门	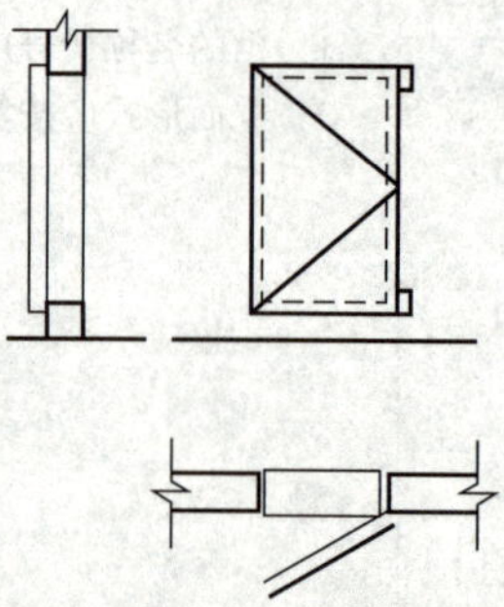	1. 门的名称代号按人防要求表示。 2. 立面形式应按实际情况绘制

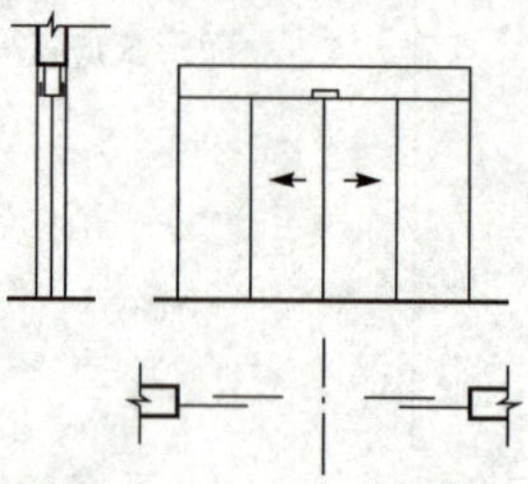

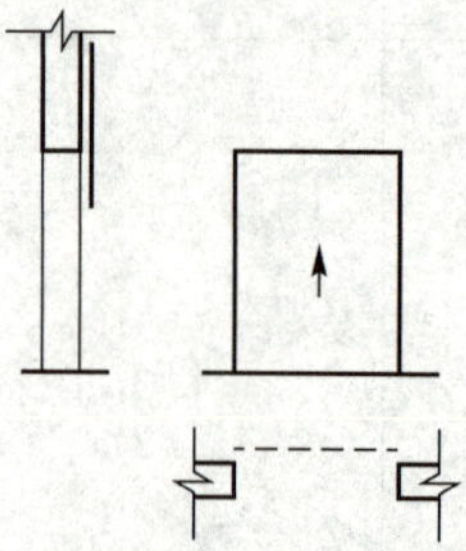

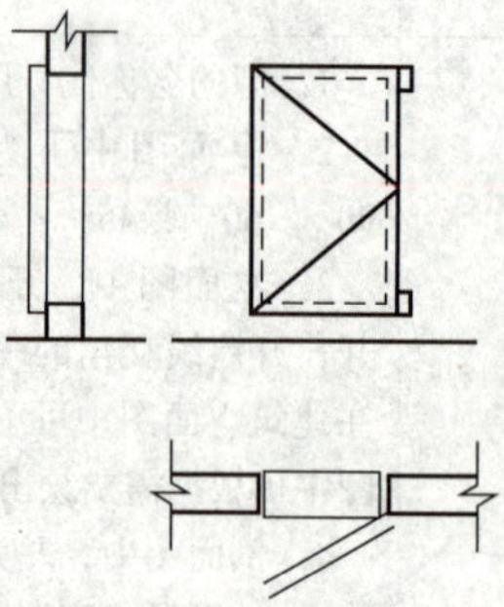

序号	名称	图例	说明
23	人防双扇防护密闭门	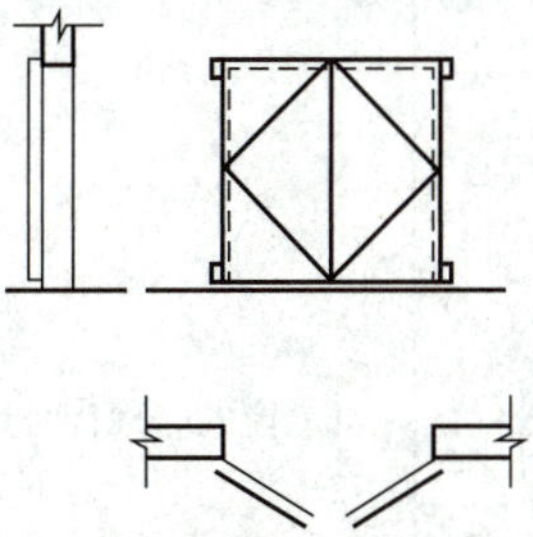	1. 门的名称代号按人防要求表示。 2. 立面形式应按实际情况绘制
	人防双扇密闭门	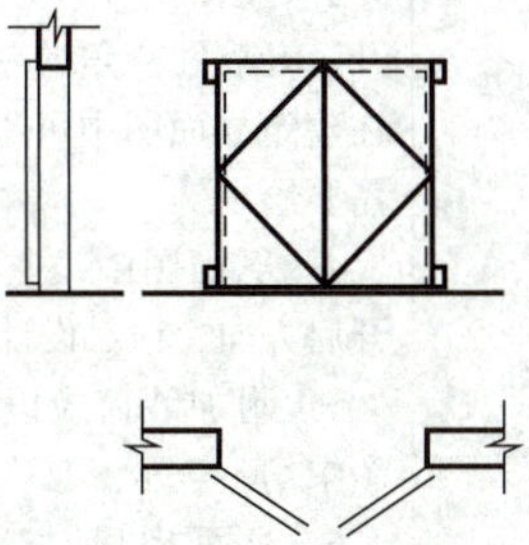	
24	竖向卷帘门	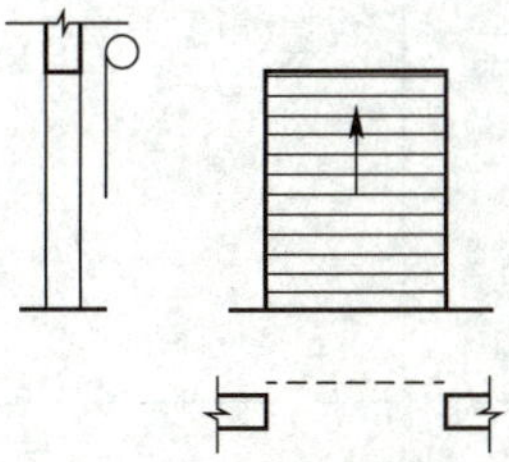	—
25	固定窗	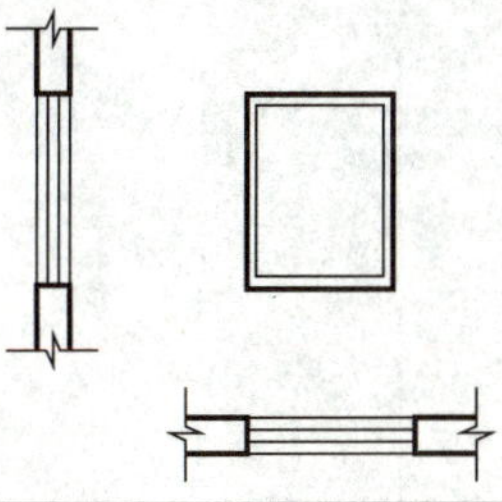	1. 窗的名称代号用 C 表示。 2. 平面图中，下为外，上为内。 3. 立面图中，开启线实线为外开，虚线为内开。开启线交角的一侧为安装合页一侧。开启线在建筑立面图中可不表示，在立面大样图中根据需要绘出。 4. 剖面图中，左为外，右为内。虚线仅表示开启方向，项目设计不表示。 5. 附加纱窗应以文字说明，在平、立、剖面图中均不表示。 6. 立面形式应按实际情况绘制
26	上悬窗	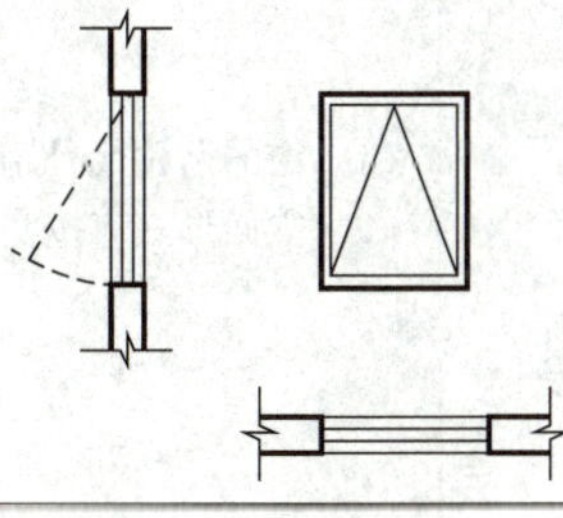	
27	立转窗	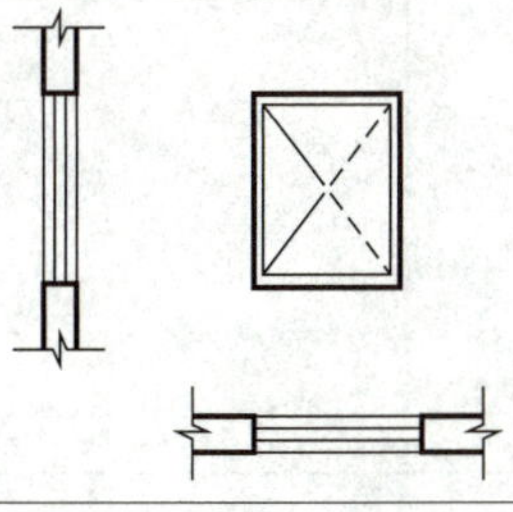	

序号	名称	图例	说明
28	单层外开平开窗	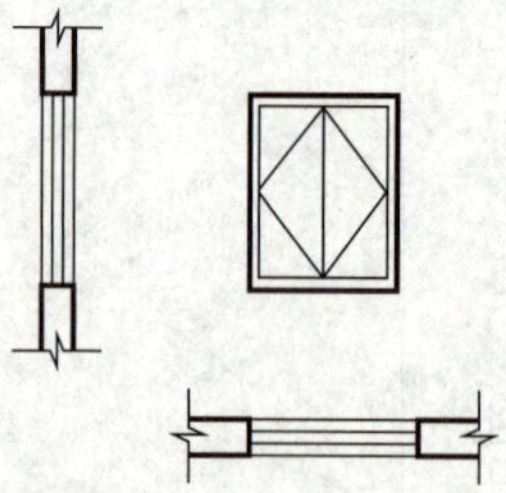	1. 窗的名称代号用 C 表示。 2. 平面图中，下为外，上为内。 3. 立面图中，开启线实线为外开，虚线为内开。开启线交角的一侧为安装合页一侧。开启线在建筑立面图中可不表示，在立面大样图中根据需要绘出。 4. 剖面图中，左为外，右为内。虚线仅表示开启方向，项目设计不表示。 5. 附加纱窗应以文字说明，在平、立、剖面图中均不表示。 6. 立面形式应按实际情况绘制
	单层内开平开窗	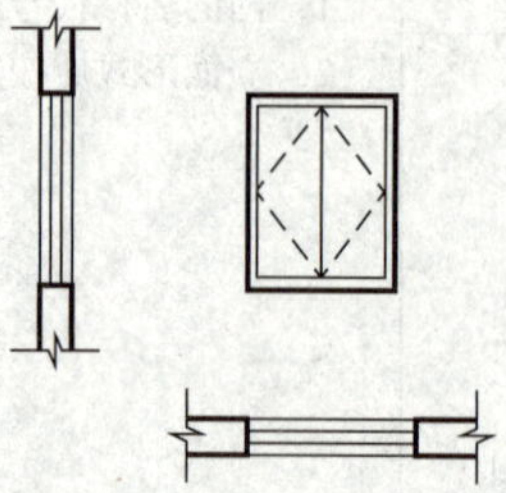	
	双层内外开平开窗	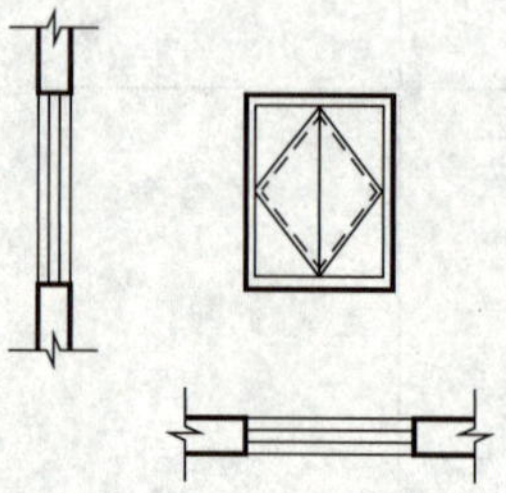	
29	单层推拉窗	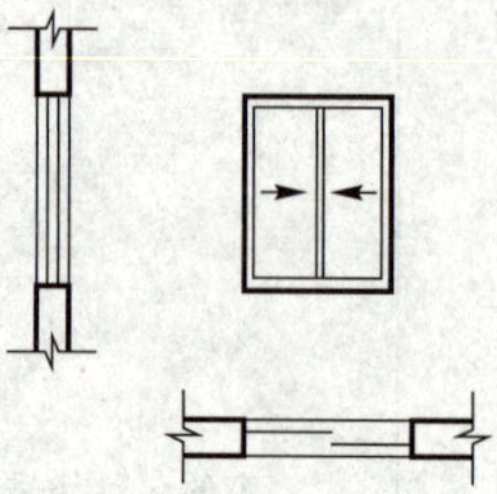	
	双层推拉窗	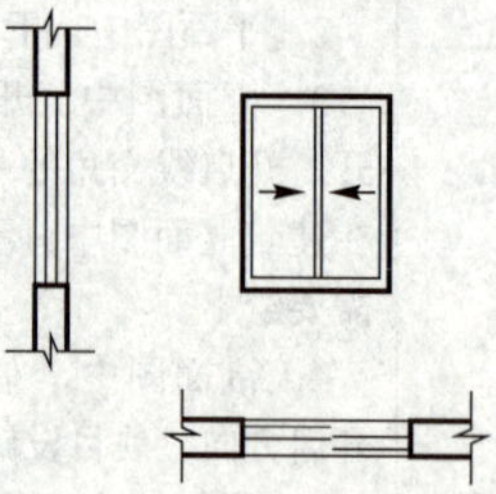	1. 窗的名称代号用 C 表示。 2. 立面形式应按实际情况绘制
30	上推窗	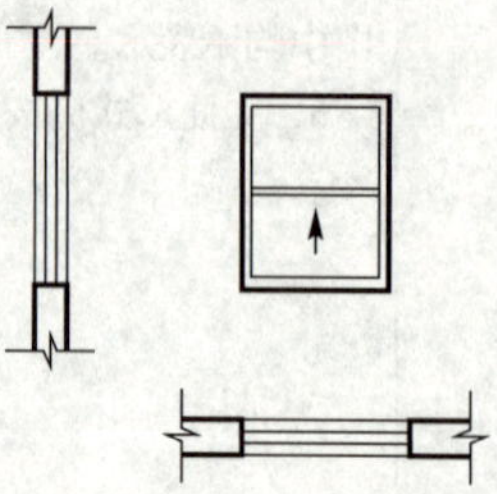	

序号	名称	图例	说明
31	百叶窗	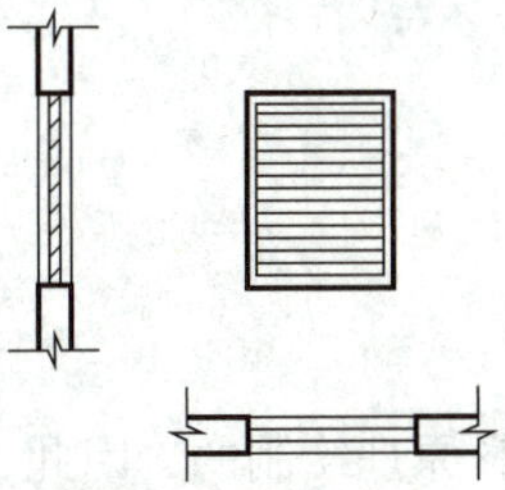	1. 窗的名称代号用 C 表示。 2. 立面形式应按实际情况绘制
32	高窗	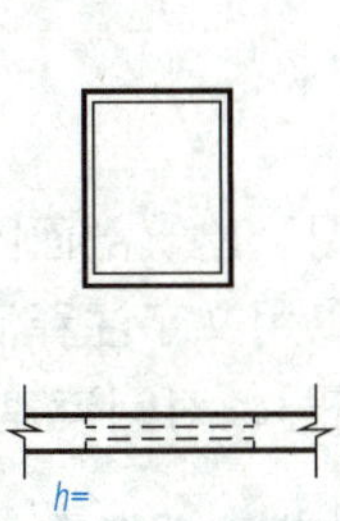 $h=$	1. 窗的名称代号用 C 表示。 2. 立面图中，开启线实线为外开，虚线为内开。开启线交角的一侧为安装合页一侧。开启线在建筑立面图中可不表示，在立面大样图中根据需要绘出。 3. 剖面图中，左为外，右为内。 4. 立面形式应按实际情况绘制。 5. h 表示高窗底距本层地面高度。 6. 高窗开启方式参考其他窗型
33	电梯	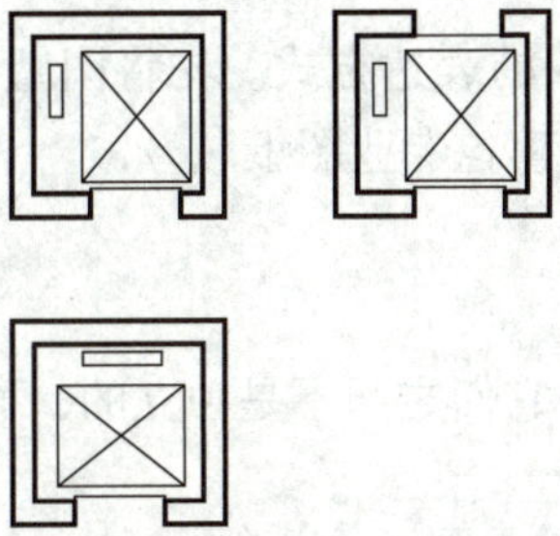	1. 电梯应注明类型，并按实际绘出门和平衡锤或导轨的位置。 2. 其他类型电梯应参照本图例按实际情况绘制
34	自动扶梯	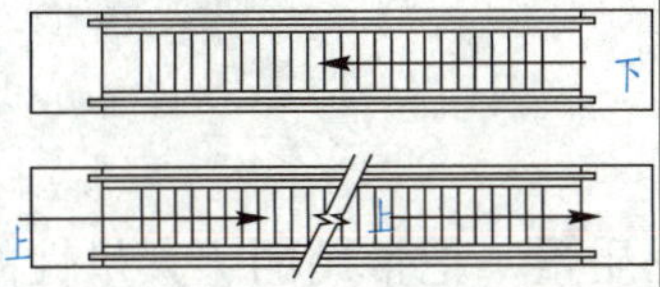 下 上 上	箭头方向为设计运行方向
35	自动人行道		
36	自动人行坡道	 上	

任务二　掌握阅读建筑施工图的方法

任务导入

图纸是工程界的语言，那么如何阅读建筑施工图呢？接下来，从以下几点了解阅读建筑施工图的方法。

一、阅读建筑施工图应注意的问题

(一)熟练掌握正投影原理

建筑工程图都是按一定的比例采用正投影原理绘制的,因此,掌握正投影原理对阅读建筑工程图非常重要。

(二)熟悉常用的图例符号

建筑总平面图、建筑平面图、建筑立面图、建筑剖面图的绘图比例较小,建筑的一些细部形状构造及材料等无法表达清楚,也难以用文字注释清楚,因此,在建筑工程图中会采用一些图例和符号表达。熟悉常用的图例符号,对阅读建筑工程图是非常重要的。

(三)读图的时候要先看整体后看局部,先粗看后细看

各类图纸都是从整体到局部、逐渐深入的表达方式。先将图纸粗略浏览一遍,了解工程使用功能、规模、结构类型等,再仔细阅读各专业图纸。

(四)各专业图纸综合读图

一套完整的施工图包括各专业的图纸,它们之间不是独立的,而是互相联系的。因此,在读图的时候,要各专业图纸结合起来看。

二、查阅标准图集

为了加快设计和施工速度,提升工程质量,把常用的、大量性的构配件按统一模数、不同规格设计出的系列施工图装订成册,称为标准图集。设计部门和施工企业可以直接选用标准图集里的图纸,加快设计和施工速度。

标准图集按适用范围不同,可分为以下四类。

(一)国家标准

中华人民共和国国家标准简称国家标准。国家标准可分为强制性国家标准和推荐性国家标准。强制性国家标准由国务院有关行政主管部门负责项目提出、组织起草、征求意见和技术审查,国务院标准化行政主管部门负责立项审查、立项、编号和对外通报,最后由国务院批准发布或授权批准发布;推荐性国家标准由国务院标准化行政主管部门制定并发布。国家标准是在全国范围内使用的标准图集。

(二)行业标准

行业标准是指对没有国家标准而又需要在全国某个行业范围内统一的技术要求所制定

的标准。行业标准不得与有关国家标准相抵触。有关行业标准之间应保持协调、统一，不得重复。行业标准在相应的国家标准实施后，即行废止。行业标准由行业标准归口部门统一管理，是在某个行业使用的标准。

（三）地方标准

地方标准是由地方（省、自治区、直辖市）标准化主管机构或专业主管部门批准、发布，在某一地区范围内统一的标准。我国地域辽阔，各省、市、自治区和一些跨省市的地理区域，其自然条件、技术水平和经济发展程度差别很大，对某些具有地方特色的建筑材料等，或只在本地区使用的产品，或只在本地区具有的环境要素等，有必要制定地方性的标准。制订地方标准一般有利于发挥地区优势，有利于提高地方产品的质量和竞争能力，同时，也使标准更符合地方实际，有利于标准的贯彻执行。

（四）企业标准

企业标准是在企业范围内需要协调、统一的技术要求、管理要求和工作要求所制定的文件，是企业组织生产、经营活动的依据。国家鼓励企业自行制定严于国家标准或者行业标准的企业标准。企业标准由企业制定，并由企业法人代表或法人代表授权的主管领导批准、发布。企业标准一般以"Q"开头。

各层次之间有一定的依从关系和内在联系，形成一个覆盖全国又层次分明的标准体系。建筑行业的标准图集按照工种的不同，对应不同的代号，如建筑标准图集（J）、结构标准图集（G）、给水排水标准图集（S）、通风标准图集（T）、采暖标准图集（N）、电气标准图集（D）等。

任务三　掌握识读和绘制建筑施工图的技巧

任务导入

之前已经介绍过建筑施工图的相关规定及常用的图例符号，那么如何运用这些知识识读和绘制建筑施工图呢？

任务资讯

一、建筑施工图的内容

建筑施工图表示的是建筑物的总体布局、外部造型、内部布置、细部构造等。一套建筑施工图包含图纸目录、设计说明、工程做法表、门窗统计表、建筑总平面图、建筑平面图、建筑立面图、建筑剖面图、建筑详图等。

二、建筑施工图首页

对于一些中小型工程，图纸目录、设计说明、工程做法表、门窗统计表等绘制在一张图上时，这张图称为施工图首页。

（一）图纸目录

图纸目录的作用是快速地查找图纸。图纸目录一般绘制成表格的形式，说明施工图的种类，每类施工图各有多少张，每张图纸的图名、图号、图幅等。因为整套施工图最终折叠装订成 A4 大小，所以图纸目录一般绘制在 A4 图幅的图纸上，并置于整套图的首页。

表 5-5 为某工程图纸目录实例（建施部分）。

表 5-5　某工程图纸目录

序号	图别	图号	图纸名称	图幅	备注	采用标准图或重复使用图纸	
						图集编号 或设计号	图集名 或图号
1	建施	1	建筑总平面图	A2			
2	建施	2	建筑设计总说明；工程做法表	A1			
3	建施	3	建筑节能说明	A2			
4	建施	4	一层平面图；教室平面布置；节点大样	A1			
5	建施	5	二层平面图；三～五层平面图；办公室卫生间大样	A1		11ZJ001《建筑构造用料做法》 11ZJ201《平屋面》 11ZJ401《楼梯栏杆》 1ZJ901《室外装修及配件》 02ZJ915《公用卫生间》 98ZJ721《铝合金窗》 02J503-1《常用建筑色》	
6	建施	6	屋顶层平面图；楼梯间屋面平面图	A1			
7	建施	7	①～⑱轴立面图；⑱～①轴立面图	A1			
8	建施	8	①~Ⓕ轴立面图；Ⓕ~①轴立面图	A2+			
9	建施	9	1# 楼梯及厕所平面大样；2# 楼梯平面大样	A2+			
10	建施	10	1-1 剖面图；2-2 剖面图；门窗大样；门窗统计表	A2+			

（二）设计说明

对于用图样不易表达的内容，如设计依据、工程概述、构造做法等，可以放在设计说明里，用文字加以说明，如图 5-30 所示。

视频：建筑设计总说明及总平面图

建筑施工图设计说明

一、主要设计依据

1. 建设工程设计合同。

2. 用地红线图。

3. 方案设计批复文件，业主提供的有关资料及设计要求。

4. 业主提供的岩土工程勘察报告。

5. 国家及地方现行有关设计规范、法规、通则及规定：

《民用建筑设计统一标准》(GB 50352—2019)；

《建筑设计防火规范（2018 年版）》(GB 50016—2014)；

《公共建筑节能设计规范》(DB45/T 392—2007)；

《中小学校设计规范》(GB 50099—2011)；

《屋面工程技术规范》(GB 50345—2012)；

《建筑地面设计规范》(GB 50037—2013)；

《公共建筑节能设计标准》(GB 50189—2015)；

《无障碍设计规范》(GB 50763—2012)。

二、工程概况

1. 工程名称：建筑技术实训基地——建筑实训综合楼，建设单位：广西××××职业技术学院，建设地点：广西××市××县。

2. 工程规模：总建筑面积：5 574.73 m^2，建筑基底面积：1 170.25 m^2。

3. 建筑层数和建筑高度：地上 5 层，建筑高度 21.00 m。

4. 本工程设计标高 ±0.000，相对于绝对标高 120.65 m。

5. 本工程为二级建筑，耐火等级为二级，框架结构。抗震设防烈度：七度，设计地震分组第一组。

6. 本工程屋面防水等级为二级，结构设计合理使用年限 50 年。

7. 本工程图纸尺寸单位除总平面图及标高为"米"外，其余均为"毫米"。

8. 本设计的总平面图仅供建筑物定位用，小区内的道路、绿化配置小品等另行设计。

三、墙体

1. 内墙：均采用 190 厚混凝土小型砌块，砂浆种类及强度等级详见结施图；外墙：外墙及楼梯间墙均采用 190 厚页岩烧结多孔砖、砂浆种类及强度等级详见结施图。

2. 所有内外墙（有钢筋混凝土地梁除外）除特别注明外，均应在室内地坪以下－0.060 标高处做 20 厚 1：2 水泥砂浆加 5% 防水粉防潮层。

3. 卫生间等有水房间隔墙根部及所有女儿墙，屋面山墙根部浇筑 200 高 C20 混凝土，厚度与墙同。

4. 屋面女儿墙高度为钢筋混凝土，有压顶，做法详见结施图。女儿墙压顶及泛水做法参见 11ZJ201 $\frac{1}{11}$、$\frac{3}{11}$、$\frac{b}{12}$，屋顶高 100，女儿墙厚度为 150。所有墙体与框架梁柱相接处应增设钢丝网抹灰等措施，防止表面开裂。

5. 门窗周边，室外排水管边的空心砖均要灌芯。

四、防水做法

1. 楼层防水

卫生间采用一道 1.5 厚金雨伞 CPS 复合高分子防水卷材，内墙四周卷起高度≥360，管根嵌防水胶，凡管道穿讨卫牛间，须预坪套管，高出地面 30；预留洞边做混凝土坎边，高 100 或同踢脚高。

2. 屋面防水

本工程屋面防水等级为Ⅱ级，二道防水设防，采用金雨伞 CPS 自粘聚酯胎防水卷材，局部小面积屋面采用防水涂膜涂料。所有防水层，四周均涂卷至泛水高度，屋面竖井及女儿墙阴阳角转角处应增加铺卷材，垂直与水平方向各加长 300，穿板面管道或泛水以下外墙穿管，安装后严格用细石混凝土封严，管根四周加嵌防水胶，与防水层闭合。

图 5-30 某工程设计说明示例

五、屋面及楼地面

1. 本设计走道楼地面比除厕所外相邻室内楼地面低20，厕所楼地面比走廊楼地面低40。

2. 屋面：除楼梯间屋面外，按上人屋面处理，用防滑地砖铺砌。屋面采用有组织排水，建筑找坡，雨水管铺设详水施图。

3. 屋面保护层、找平层、刚性防水层应设分格缝，其纵横间距以不大于6 000为宜，缝宽为30，缝内用密封材料嵌填，做法参照11ZJ2014 $\frac{-}{27}$。

4. 从高屋面往低屋面排水时，在雨水管下端的低屋面上应设置水簸箕，水簸箕做法详见11ZJ201 $\frac{c}{32}$。

六、门窗工程

1. 本工程外窗为铝合金窗，采用优质白色铝合金窗框配无色透明中空玻璃，厕所窗采用磨砂玻璃。门窗框料尺寸由厂家根据门窗立面规格，高度经风压计算后确定，各部位玻璃均应满足《建筑安全玻璃管理规定》（发改运行〔2001〕2116号）。门窗五金配件由厂家提供样品及构造大样，经业主和建筑师认可后安装。当窗墙比小于0.40时，3.20标高以下玻璃的可见光透射比不应小于0.4。

2. 建筑外窗的物理性能应满足以下标准：

（1）抗风压性能等级应满足《建筑外门窗气密、水密、抗风压性能检测方法》（GB/T 7106—2019）3级以上的标准。

（2）水密性能等级应满足《建筑外门窗气密、水密、抗风压性能检测方法》（GB/T 7106—2019）3级以上的标准。

（3）外窗气密性不应低于《建筑外门窗气密、水密、抗风压性能检测方法》（GB/T 7106—2019）规定的6级。

（4）隔声性能应满足《民用建筑隔声设计规范》（GB 50118—2010）3级的标准。

3. 木门油调和漆，用油灰膏嵌缝。砂纸打磨平整，内外同色，底油一道，面油淡黄色调和漆两道。

4. 玻璃使用应符合《建筑安全玻璃管理规定》（发改运行〔2003〕2116号）。

七、内外装修

1. 本工程外墙采用优质涂料设计，具体颜色及位置详立面图。为避免外墙雨水渗漏，外墙抹灰中加聚丙烯抗裂抗渗纤维，掺量为每立方米砂浆中添加1.2 kg纤维，并应保证外墙砂浆饱满，垂直和水平缝中均不得有漏浆现象。外墙不同材料交接处在找平层中附加金属网，网的宽度宜为200～300。

2. 本工程内外墙钢筋混凝土柱面应先刷内掺水重3%～5%的801胶素水泥浆一道。

3. 室内外装修做法详工程做法表。本设计不含二次装修，进行二次装修时，不应危及结构，损害水电系统，并要满足消防要求。

4. 室内外装修（不含二次装修部分）材料的规格、颜色、质地选择须通过产品样品和施工样板由业主和建筑师共同确定。外立面装修前，施工方必须与设计方沟通，确保材料、色彩的位置准确。

八、所有砖砌（或砌块）管道井内壁均用1：2.5水泥砂浆抹面，厚度为20，无法二次抹灰的竖井，均用砂浆随砌随抹平、赶光。

九、凡入墙柱预埋铁件经除锈后油红丹漆一道（含露明铁件）露明铁件面涂银灰色磁漆两道，凡与砖（砌块）或混凝土接触的木材表面均须做防腐处理，满涂水柏油两道。

十、楼梯栏杆详见11ZJ401 $\frac{W}{14}$、$\frac{17}{37}$、$\frac{12}{38}$，保证竖向栏杆间净空≤110、室内楼梯栏杆扶手高度，自踏步前缘量起不应小于900，水平扶手高度为1 100，栏杆下部离地100高度不应留空。

十一、本工程施工及验收应严格执行国家现行的建筑安装工程施工及验收规范以及××市的有关建筑工程法规。本设计所有引自标准图集的工程做法构造均应以标准图集中相对应的说明作为施工依据。本说明未尽之处，在施工中各方协商配合，共同解决。

图 5-30 某工程设计说明示例（续）

(三) 工程做法表

对建筑的屋面、楼地面、顶棚、内外墙面、踢脚、墙裙、散水、台阶等建筑细部，其构造做法可以用详图表示，也可以用表格的方法集中加以说明，这种表格称为工程做法表。工程做法表的内容一般包括工程构造的部位、名称、做法、适用范围及备注说明等，见表5-6。

表 5-6 某工程做法表示例

项目	编号	做法名称	所用图集及用料做法	适用范围及备注
墙身砌体		涂料外墙	190厚页岩烧结多孔砖砌块	所有外墙及楼梯间墙
		内墙	190厚混凝土小型砌块	所有内墙
台阶		地砖面台阶	11ZJ001 台7	室外台阶
坡道		坡道	11ZJ001 坡1A	弧形坡道
散水		水泥砂浆散水	详建施–04 散水大样	室外散水
屋面	屋1	防滑地砖屋面	1. 8～10厚防滑地砖铺平拍实，缝宽为5～8，1∶1水泥砂浆填缝 2. 25厚1∶4干硬性水泥砂浆，面上撒素水泥 3. 40厚C30HEA补偿收缩细石混凝土刚性防水层，表面压光，内配Φ14钢筋双向中距150 4. 满铺0.4厚PE膜 5. 30厚绝热挤塑聚苯乙烯保温隔热板 6. 1.5厚金雨伞CPS自粘聚酯胎防水卷材两道 7. 40厚（最薄处）页岩陶粒混凝土找坡2% 8. 20厚1∶2.5水泥砂浆找平层 9. 钢筋混凝土屋面板，表面清扫干净 10. 15厚混合砂浆	上人屋面（有保温层）
	屋2	细石混凝土屋面	1. 40厚C20细石混凝土保护层 2. 1.5厚金雨衣牌CPS自粘聚酯胎防水卷材两道 3. 20厚1∶2.5水泥砂浆找平 4. 20厚（最薄处）1∶3页岩陶粒混凝土找坡2% 5. 钢筋混凝土板，表面清扫干净	入口雨篷
	屋3	细石混凝土屋面	1. 40厚C20细石混凝土保护层 2. 1.5厚金雨衣牌CPS自粘聚酯胎防水卷材两道 3. 20厚1∶2.5水泥砂浆找平 4. 20厚（最薄处）1∶3页岩陶粒混凝土找坡2% 5. 钢筋混凝土板，表面清扫干净	楼梯间屋面
	屋4	水泥砂浆屋面	1. 20厚（最薄处）1∶3水泥砂浆找坡2%，加5%防水剂抹面 2. 素水泥浆结合层一道 3. 钢筋混凝土屋面板，表面清扫干净	雨篷

项目	编号	做法名称	所用图集及用料做法	适用范围及备注
地面	地1	玻化砖地面	1. 600 mm×600 mm 白色玻化地面砖铺平拍实，水泥浆擦缝 2. 3 厚 1：4 干硬性水泥砂浆 3. 素水泥浆结合层一道 4. 100 厚 C15 混凝土 5. 素土夯实	除厕所外的室内房间及走廊地面
	地2	防滑地砖地面	1. 8～10 厚防滑地砖，白色素水泥擦缝 2. 撒素水泥面（洒适量清水） 3. 20 厚 1：2.5 水泥砂浆保护结合层 4. 陶粒混凝土垫层（用于下沉部分） 5. 20 厚 1：2.5 水泥砂浆保护层 6. 1.5 厚金雨伞 CPS 复合高分子防水卷材，沿墙根卷高度≥360 7. 素水泥砂浆结合层一遍 8. 60 厚 C20 细石混凝土防水层找坡 1%，最薄处 30 9. 80 厚 C15 混凝土 10. 素土夯实	厕所地面
楼面	楼1	玻化砖楼面	1. 600 mm×600 mm 白色玻化地面砖铺平拍实，水泥浆擦缝 2. 20 厚 1：2 水泥砂浆内掺 5% 防水剂找平结合层 3. 25 厚 1：4 干硬性水泥砂浆 4. 素水泥浆结合层一道 5. 钢筋混凝土现浇板面清扫干净	除厕所外的室内房间及走廊楼面
	楼2	防滑地面楼面	1. 8～10 厚防滑地砖，白色素水泥擦缝 2. 20 厚 1：2 水泥砂浆内掺 5% 防水剂找平结合层 3. C20 细石混凝土找坡 1%，最薄处不小于 20 4. 陶粒混凝土垫层（用于下沉部分） 5. 20 厚 1：2.5 水泥砂浆保护层 6. 1.5 厚金雨伞 CPS 复合高分子防水卷材，沿墙根卷高度≥360 7. 刷基层处理剂一道 8. 钢筋混凝土现浇板面清扫干净	厕所楼面
	楼3	防滑地面楼面	成品防滑地砖	楼梯间楼面
外墙面	外1	涂料外墙面	1. 喷或滚刷涂料两遍 2. 喷或滚刷涂料一遍 3. 20 厚水泥砂浆 4. 190 厚页岩烧结多孔砖 5. 25 厚 EVB 保温砂浆 6. 5 厚抗裂砂浆	位置及颜色详见立面图

项目	编号	做法名称	所用图集及用料做法	适用范围及备注
内墙面	内1	腻子墙面	1. 满刮腻子2厚 2. 5厚1：0.5：3水泥石灰砂浆 3. 15厚1：1：6水泥石灰砂浆打底 4. 墙体	用于各层内墙面，柱面，混凝土柱面须先刷素水泥浆一道
	内2	瓷砖墙面	1. 8～10厚釉面瓷砖，白水泥擦缝 2. 3～4厚水泥浆结合层，内掺5%水重的801胶 3. 刷素水泥浆一道 4. 15厚1：3水泥砂浆抹平，加3%防水剂 5. 墙体	用于厕所内墙面及厕所外洗手池周边墙面，瓷砖贴到顶
顶棚	顶1	腻子顶棚	1. 钢筋混凝土现浇板底面清理干净 2. 7厚1：3水泥砂浆抹平，内掺水3%～5%801胶 3. 5厚1：2水泥砂浆压光 4. 满刮腻子3厚	所有顶棚
踢脚板	踢1	面砖踢脚（高150）	11ZJ001 第45页踢5	所有踢脚
变形缝	外墙	不锈钢板	11ZJ001 $\frac{29}{A-2}$、$\frac{5}{B-7}$	适用部分详见各平面图
	地面	不锈钢板	11ZJ001 $\frac{1}{B-8}$	
	楼面	不锈钢板	11ZJ001 $\frac{1}{B-8}$	
	顶棚	不锈钢板	11ZJ001 $\frac{5}{B-7}$	
	屋面	不锈钢板	11ZJ001 $\frac{3}{A-12}$、$\frac{6}{A-12}$	
	女儿墙	不锈钢板	11ZJ001 $\frac{3}{A-14}$、$\frac{4}{A-14}$	

（四）门窗统计表

门窗统计表用于说明门窗的类型，每种类型的名称、洞口尺寸、每层数量和总数量、采用图集及备注等，见表5-7。

表 5-7　某工程门窗统计表示例

种类	门窗编号	洞口尺寸		数量							采用标准图集及编号	备注
		宽	高	一层	二层	三层	四层	五层	屋顶层	合计		
门	M1	2 500	2 100	3						3		无框玻璃门
	M2	1 000	2 100	8	12	12	12	12		56		成品防盗门
	M2	1 000	2 100	2						2		成品木门
	M3	1 000	2 100	2	2	2	2	2		10		塑钢门
	M4	800	2 400		4					4		塑钢门
	M5	1 200	2 100						2	2		成品防盗门
	JLM1	4 500	2 500	2						2		卷帘门
	TLM1	2 000	2 100		4					4		玻璃推拉门
窗	C1	3 000	2 100	10	10	10	10	10		50	本图	普通铝合金玻璃窗
	C2	1 800	2 100	12	18	22	22	22	1	97	本图	
	C3	2 400	2 100	7	6	6	6	6		31	本图	
	C4	7 500	2 400		3	3	3	3		12	本图	
	C5	2 250	3 300	2						2	本图	
	C6	2 000	2 100		1	1	1	1		4	本图	
	GC1	1 800	900	2	2	2	2	2		10	本图	
	GC2	1 200	900		4					4	本图	

注：1. 本工程所采用的各类门窗除注明外，仅给出门窗的类型、洞口大小、开启形式及分格示意。具体尺寸及构造用料由承建商负责提供。

　　2. 铝合金窗与墙体的连接构造参照《铝合金窗》(98ZJ721)。

　　3. 铝合金窗框料及玻璃规格由专业资质公司设计确定，技术要求须符合国家相关的安全与防火规范，并由设计人员确认。

　　表中的 M 指的是门，C 代表的是窗。M1 指的是 1 号门，门洞口的宽度为 2 500 mm，门洞口的高度为 2 100 mm，即门洞口的尺寸为 2 500 mm×2 100 mm。一层的数量为 3 樘，总数量为 3 樘，为无框玻璃门。C1 指的是 1 号窗，窗洞口的宽度为 3 000 mm，窗洞口的高度为 2 100 mm，即窗洞口的尺寸为 3 000 mm×2 100 mm。一层的数量为 10 樘，二层的数量为 10 樘，三层的数量为 10 樘，四层的数量为 10 樘，五层的数量为 10，樘总数量为 50 樘。窗均为普通铝合金玻璃窗。

　　值得注意的是，还有一些比较特殊的门，如门连窗（图 5-31），一般列在门一项里。防火门（图 5-32）用 FM 表示，卷帘门（图 5-33）用 JLM 表示，推拉门（图 5-34）用 TLM 表示。表中的 GC 代表的是高窗（图 5-35），一般设置在卫生间等位置，用于采光通风，可避开人的视线，保护隐私。

图 5-31　门连窗示例

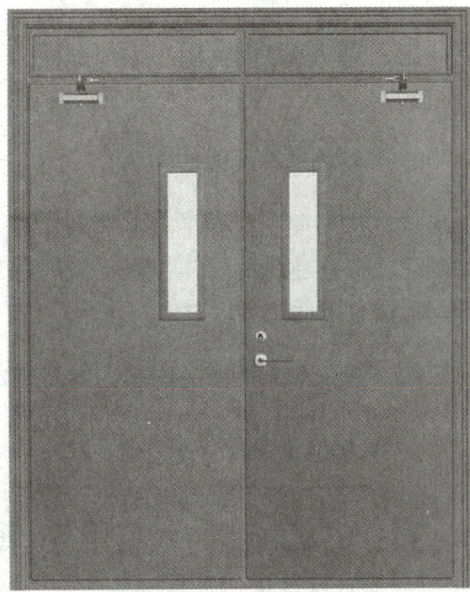

图 5-32　防火门示例

图 5-33　卷帘门示例

图 5-34　推拉门示例

图 5-35　高窗示例

三、建筑总平面图

（一）建筑总平面图的作用

建筑总平面图反映的是新建、拟建工程的总体布局，原有建筑物和构筑物的情况等，如新建、拟建建筑的具体位置、与周边道路及原有建筑的位置关系、标高、原始地形地貌等。根据总平面图可以对建筑进行定位、施工放线、填挖土方、施工等。

（二）建筑总平面图的图示内容与规定画法

1. 用地红线范围

在电子版图纸上，用地红线一般使用红色粗实线表示。用地红线是各类建筑工程项目用地的使用权属范围的边界线，用地红线内土地面积即取得使用权的用地范围。

2. 新建建筑物

以 ±0.000 标高处的外墙轮廓线表示新建建筑物，需要时可用▲表示出入口，在图形右上角用点（●）数或数字表示层数。

3. 定位

定位表示原有建筑及道路的位置，作为新建建筑的定位依据，如利用道路的转折点或建筑的某个拐点作为定位依据。

4. 绿化

绿化包括树木、草地、花坛、绿篱等。

5. 其他地物和设施

其他地物和设施如消火栓、管线、水井、电线杆等，当对工程有重要影响时，需要绘出。

6. 标注

标注主要有相对尺寸、坐标、标高和坡度。相对尺寸和坐标用于平面定位，只在水平方向进行度量；标高用于竖向定位；坡度则显示了连续变化的竖向关系，多用于道路、场地、坡道等。总图中的坐标、标高、距离宜以米为单位，并应至少取至小数点后两位，不足时以"0"补齐。

7. 文字说明和其他符号

文字说明有图名、比例、建筑物名称或编号、道路名称等。总图中应绘制指北针或风玫瑰图。

（三）建筑总平面图的识读

下面以图 5-36 为例，介绍建筑总平面图的识读。

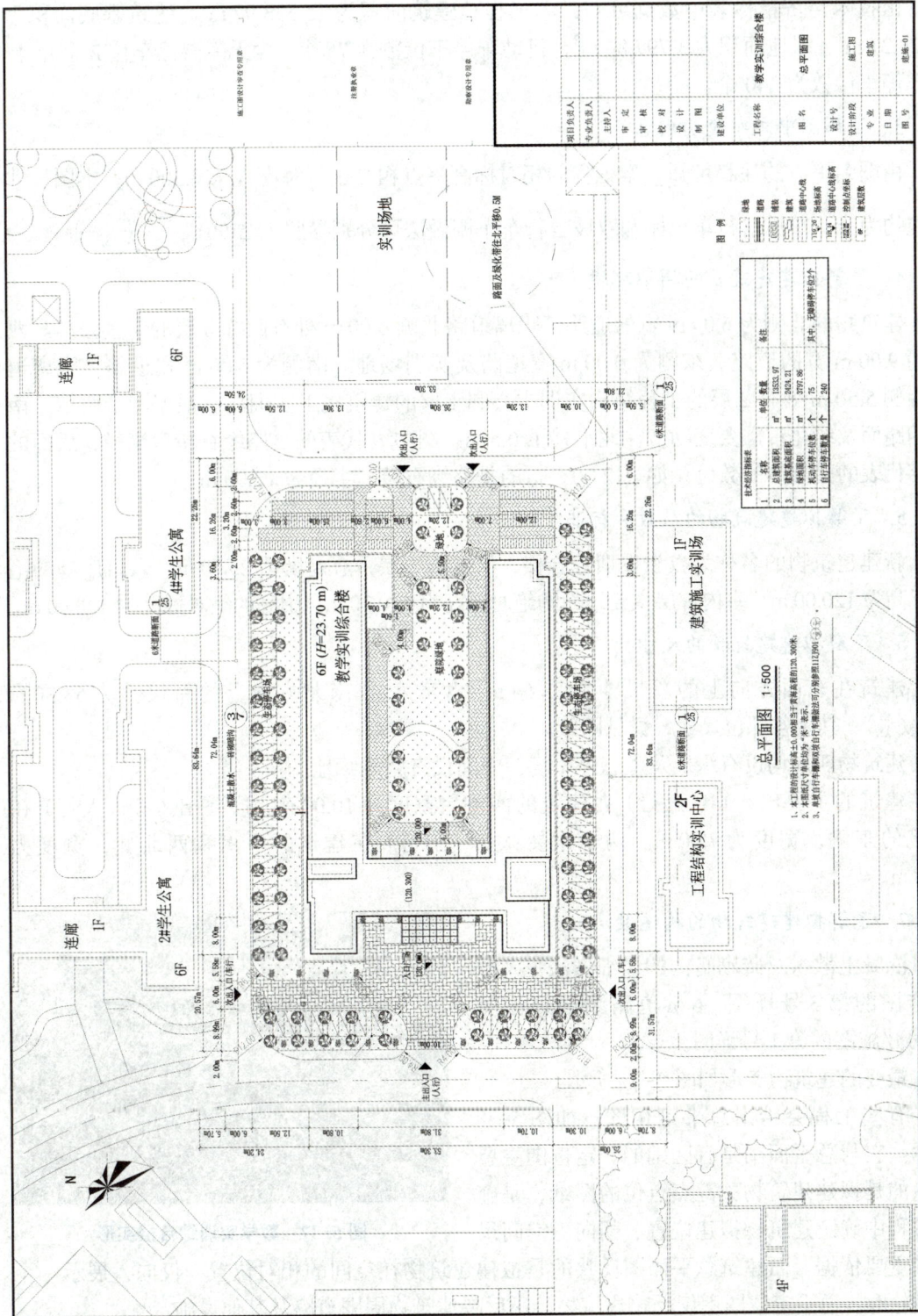

图 5-36 总平面图示例

1. 了解图名、比例

从图名可知该图为总平面图，比例为 1 ∶ 500。

2. 了解工程技术经济指标

由技术经济指标表中数据可知，本工程总建筑面积为 13 533.97 m²，建筑基底面积为 2 424.21 m²，绿地面积为 3 797.86 m²，机动车停车位数为 75 个（含无障碍停车位 2 个），自行车停车位数为 240 个。

3. 了解图中文字说明内容

由图名下方的注释可知，本工程的相对标高零点相当于黄海高程 120.300 m，本图尺寸单位均为 m。单坡自行车车棚和双坡自行车车棚做法可分别参照 11ZJ901 $\frac{-}{36}$ $\frac{-}{37}$。

4. 了解拟建建筑物的周边环境

建筑物的北侧为 6.00 m 宽的道路，距离道路北侧 6.00 m 处有两栋 6 层的学生公寓。西侧为 9.00 m 宽的道路。东侧为 6.00 m 宽道路及实训场地。南侧为 6.00 m 宽道路，距离道路南侧 5.50 m 处有 2 层的工程结构实训中心和 1 层的建筑施工实训场。根据图纸所示，南侧的路面及绿化带需要变动，往北平移了 0.5 m。图中 R 代表的是路缘石转弯半径，后面的数字代表的是具体的数值，如 R12.00，指的是路缘石转弯半径为 12.00 m。

5. 了解拟建建筑物的层数和标高

新建建筑物的名称为教学实训综合楼，层数为 6 层，总高度为 23.70 m。入口广场的绝对标高为 120.00 m，室内首层主要地面的绝对标高为 120.30 m，中庭的绝对标高为 120.00 m。

6. 了解拟建建筑物的尺寸

建筑在东西方向上的总尺寸为 83.64 m（含散水），南北方向上的总尺寸为 53.30 m（含散水）。其余各部位尺寸，详见图纸。

建筑物四周均设有绿地及生态停车场，中间设有庭院绿地。

建筑的主要出入口（人行）在建筑的西侧，宽度为 10.00 m。次要出入口（人行）在建筑的东侧，宽度为 7.00 m。两个次要入口（车行）在建筑的西南和西北侧，宽度为 6.00 m。

7. 了解拟建建筑物的构造做法

混凝土散水及砖砌暗沟的详细做法见 7 号建施图的第 3 号详图，6 m 道路断面详图见 25 号建施图的第 1 号详图。

最终的建筑物实形如图 5-37 所示。

有些工程会给出总平定位图，如图 5-38 所示。它与总平面图是有区别的。定位图主要反映的是拟建建筑物关键点点位的图纸，是施工过程中确定建筑物拟建位置、朝向、空间尺寸的重要依据。而建筑总平面图反映的是拟建建筑物在空间的相对位置，仅向人展示一个相对轮廓。总平定位图不仅反映建筑物，还反映建筑物周围道路及其他设施。

图 5-37　教学实训综合楼实形

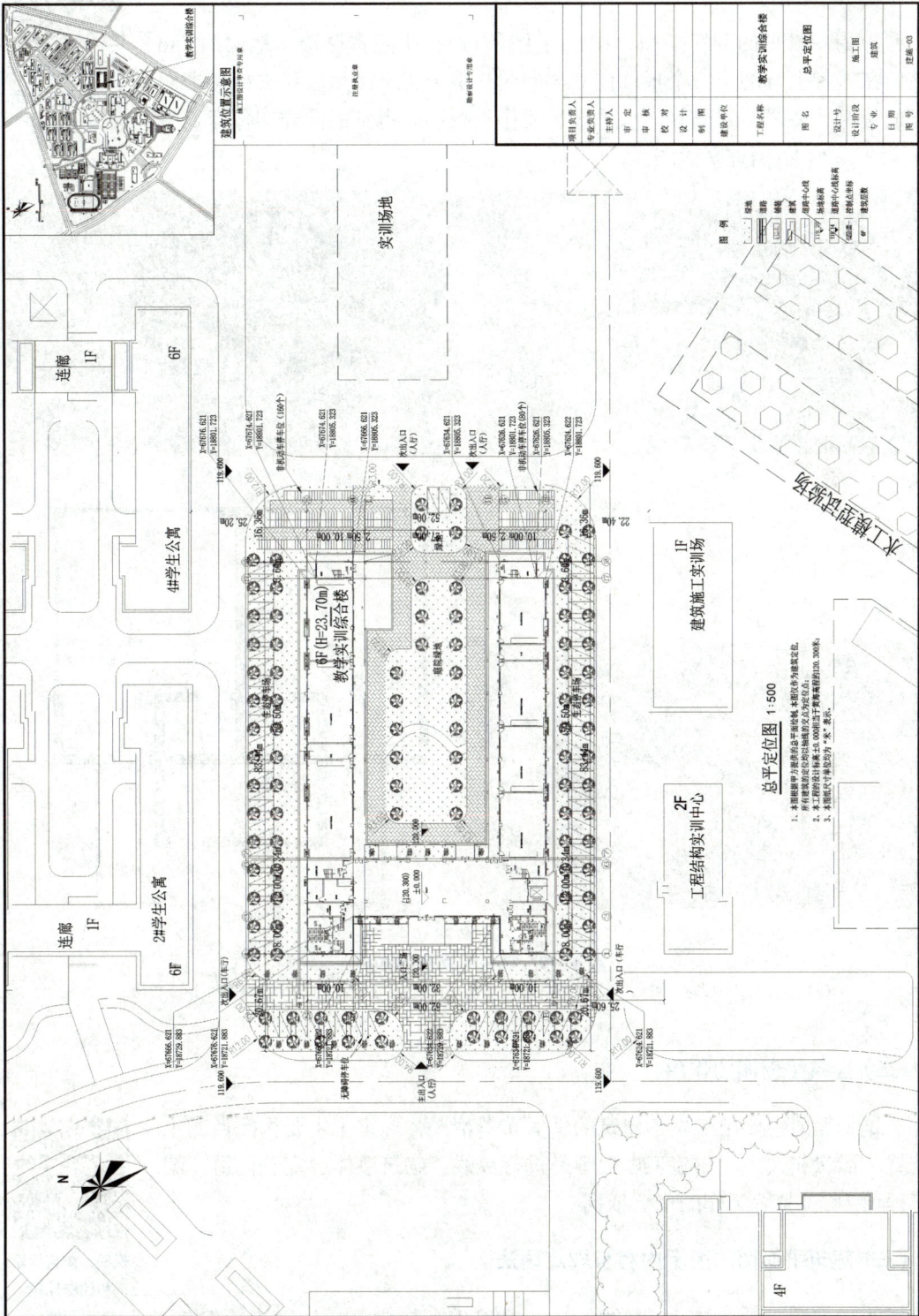

图 5-38 总平定位图示例

四、建筑平面图

（一）建筑平面图的形成

假想用一水平的剖切平面，在窗台上沿（通常距离本层楼、地面约 1 m 左右，在楼梯上行的第一个梯段内）水平剖开整个建筑，然后移去剖切平面上方的建筑，将留下的部分向水平投影面作正投影所得到的图样叫作建筑平面图（图 5-39），简称平面图。

视频：建筑平面图的形成和作用、相关规定

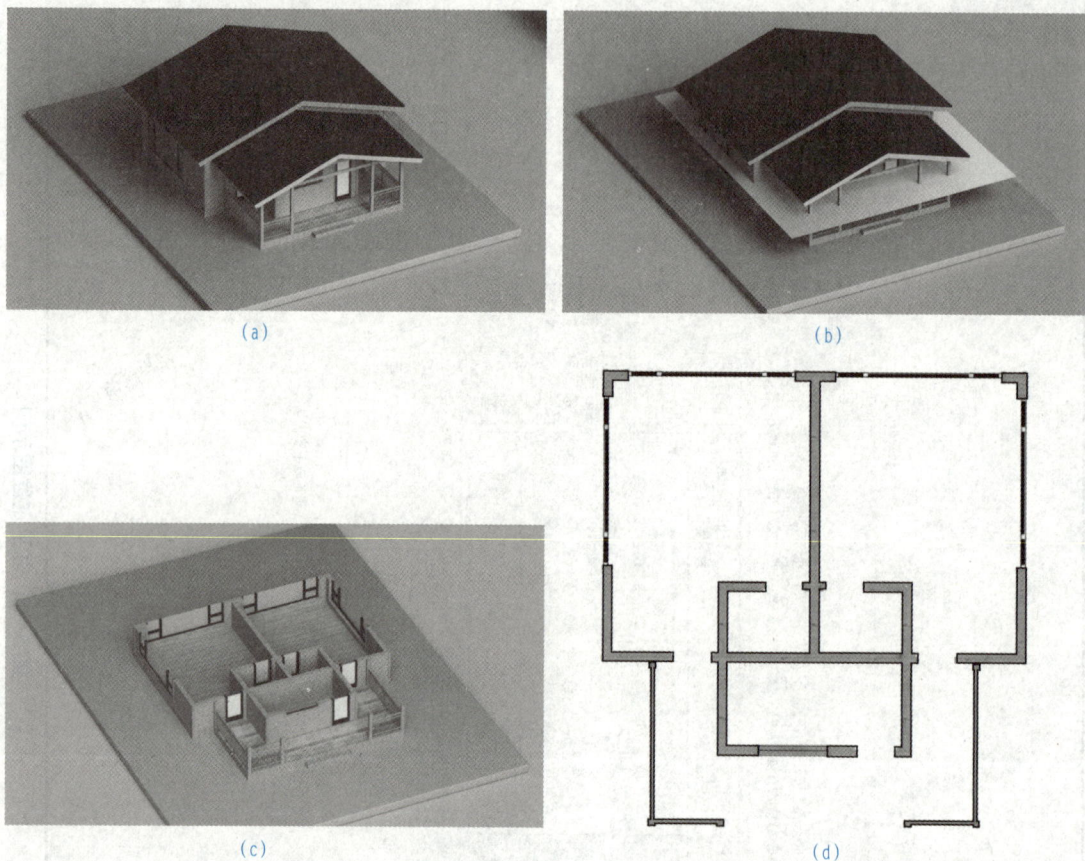

(a)

(b)

(c)

(d)

图 5-39　建筑平面图的形成

（a）某工程立体示意；（b）假想水平的剖切平面剖切；（c）移去上部；（d）在水平面上形成投影

（二）建筑平面图的作用

建筑平面图主要用来表达建筑的平面布置情况，标定了主要构配件的水平位置、形状和大小，在施工过程中是进行放线、砌筑墙体、安装门窗、编制工程预（结）算等工作的重要依据。

（三）建筑平面图的图示内容与规定画法

建筑平面图一般采用 1 ∶ 100 ～ 1 ∶ 200 的比例绘制。当内容较少时，

视频：如何识读和绘制建筑平面图

屋顶平面图常按1：200的比例绘制。局部平面图根据需要，可采用1：100、1：50、1：20等比例绘制。

1. 底层平面图和中间层平面图图示内容与规定画法

（1）轴线及其编号。定位轴线是确定建筑构配件位置及相互关系的基准线，主要承重构件一般直接位于轴线上，其他构配件也可以通过标注与定位轴线之间的距离进行定位。通过定位轴线，可以看出房间的开间、进深和规模。

（2）墙体和柱。墙体是指各种材料的承重墙和非承重墙，包括轻质隔断。柱是指各种材料的承重柱、构造柱等。墙体和柱应按真实投影进行绘制，图线分为剖切轮廓线（粗实线）和可见轮廓线（中实线）。不同比例的平面图，其抹灰层、材料图例的画法不同。

1）比例大于1：50的平面图，应画出抹灰层，并宜画出材料图例。

2）比例等于1：50的平面图，抹灰层的面层线应根据需要而定。

3）比例小于1：50的平面图，可不画出抹灰层。

4）比例为1：100～1：200的平面图，可画出简化的材料图例（如砖砌体墙涂红、钢筋混凝土涂黑等）。

5）比例小于1：200的平面图，可不画材料图例，面层线可不画出。

（3）门窗及其编号。门窗实际是墙体上的洞口，多数可以被剖切到，绘制时将此处墙线断开，以相应的图例显示。对于不能剖切到的高窗，则不断开墙线，窗用虚线绘制，如图5-40所示。

图 5-40　高窗图例

门窗应编号，编号直接注写于门窗旁边。如门的编号：M1、M2或M-1、M-2等；窗的编号：C1、C2或C-1、C-2等。也可以用门窗洞口的尺寸给门窗进行编号，如M0921，C1518，分别代表的是门的编号是M0921，门洞口的宽度为900 mm，门洞口的高度为2 100 mm；窗的编号是C1518，窗洞口的宽度为1 500 mm，窗洞口的高度为1 800 mm。同一规格的门或窗均各编一个号，以便统计。

同时，还要标注门的开启方向，在平面图中，下为外，上为内。门的开启线为90°、60°或45°。

（4）楼梯。楼梯的形式多样，按楼层一般分为底层、中间层和顶层。因为楼梯竖向贯穿楼层，所以除顶层外，楼梯段在每层都会被剖断。楼梯剖切在第一个梯段，位于休息平台下方（图5 41），一般从楼面以上1 m左右的位置进行水平剖切（尽可能剖切到门窗洞口），然后移去上部，向下作正投影。剖断处以折断线示意。中间层梯段被剖断后，向下投影还可见下层楼梯，而底层则没有。

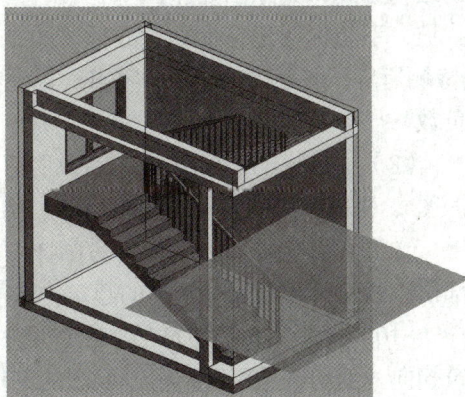

楼梯参照《建筑制图标准》（GB/T 50104—2010）中的图例绘制。其中，楼梯段、休息平台、楼梯井、踏步和扶手应为真实投影线。此外，还包括折断线和指示行进方向的箭头与文字，如图5-42所示。对于标准层平面图，折断线两侧的梯段不是同一个梯段，在识读的时候尤其要注意。

图 5-41　楼梯剖切位置

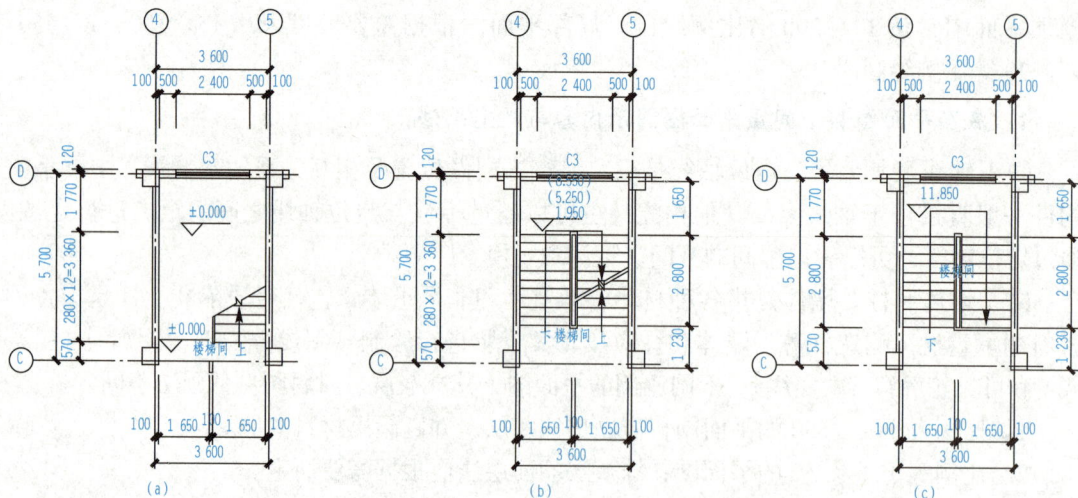

图 5-42　楼梯平面图

（a）底层平面图；（b）标准层平面图；（c）顶层平面图

（5）其他建筑构配件。常见的有卫生洁具、门口线（门槛）、设备基座、雨水管、阳台等。底层平面图还会有散水、明沟、花坛、台阶、坡道等，楼层平面图还要表示下一层的雨篷顶面（一般画在二层平面图上）、窗楣和局部屋面等。

某些不可见或位于水平剖切面之上的构配件，当需要表达时，应使用虚线绘制，如高窗、吊柜等。

在建筑施工图中，各种设备管线、电气设施等无须绘制，家具按需要绘制。

（6）尺寸标注。建筑施工图的尺寸标注可分为外部尺寸和内部尺寸。

在建筑物四周，沿外墙应标注三道尺寸，即外部尺寸。最靠近建筑物的一道是表示外墙的细部尺寸，如门窗洞口、洞间墙、墙垛的宽度，定位尺寸等；中间一道用于标注轴线之间的尺寸；最外一道标注建筑总尺寸（局部平面图不标注总尺寸）。

除外部尺寸外，图上还应当有必要的局部尺寸，即内部尺寸。如墙体厚度和位置、室内门窗洞口位置和宽度、柱的位置和大小、室内固定设备的位置和大小等。凡是在图上无法确定位置和大小，又未经专门说明的，都应标注其定位尺寸和定形尺寸。

（7）标高。在建筑施工图中，标高一般标注的是建筑标高。其中，屋面标高标注的是结构标高，其原因是屋面上一般设置有保温、刚性屋面层、面层等构造，加上排水需要找坡，不易标明建筑标高，故标注的是结构标高。在平面图中，一般将室内首层主要地面（除厕所等）作为相对标高的零点，标注为 ±0.000，首层以上标高为正数，首层以下标高为负数。

（8）文字说明。常见的文字说明有图名（一般有首层平面图、标准层平面图、屋顶平面图）、比例、房间名称、门窗编号、构配件名称、做法引注等。

（9）索引符号。图中如需另画详图或引用标准图集来表达局部构造，应在图中的相应部位以索引符号索引。相同的建筑构造或配件，索引符号可仅在一处绘制出。

（10）指北针和剖切符号。在首层平面图应绘制指北针和剖切符号。指北针用于确定建筑朝向，剖切符号用于指示剖面图的剖切位置及剖视方向。

（11）其他符号。箭头多用于指示坡度和楼梯走向。指示坡度箭头应指向下坡方向，指示楼梯走向时以图样所在楼层为起始面。

此外，还有折断线、连接符号、对称符号等。

2. 屋顶平面图图示内容与规定画法

（1）轴线及其编号。屋顶平面图内容较少，可只绘制端部和主要转折处的轴线及编号。

（2）屋面构配件。平屋面一般包括女儿墙、挑檐、檐沟、上人孔、天窗、水箱、烟囱、通气道、爬梯等。坡屋面一般包括屋面瓦、屋脊线、挑檐、檐沟、天沟、天窗、老虎窗、烟囱、通气道等。

（3）排水组织。平屋面应绘制出排水方向和坡度、分水线位置。有组织排水还应确定雨水口位置。坡屋面采用有组织排水时，应绘制出檐沟的排水方向和坡度，分水线、雨水口位置。

（4）尺寸标注。屋顶平面图四周可只画两道尺寸，即细部尺寸和总尺寸，可省略轴线尺寸。局部尺寸主要是屋面构配件和分水线、雨水口的定位和定形尺寸。

（5）文字说明及索引符号。文字说明主要有图名、比例、构配件注释、做法引注等。

（四）建筑平面图的识读

下面以图 5-43 为例，选取其中一层平面图的部分，介绍建筑平面图的识读。

1. 了解平面图的图名、比例

从图中可知该平面图是一层平面图，比例是 1∶100。从图名下方的注释可知，本层建筑面积为 1 128.17 m^2，总建筑面积为 5 574.73 m^2。

2. 了解建筑的朝向

从图中指北针可知，建筑坐北朝南。

3. 了解定位轴线、内外墙的位置

在该平面图中，横向定位轴线从①～⑱，共 18 道轴线；纵向定位轴线从Ⓐ～Ⓕ，共 6 道轴线。定位轴线确定了墙体、柱子的位置，也可以表示房间的开间、进深，确定房间的大小。

4. 了解建筑的平面布置情况

从图中可了解到该图出五个房间、两个楼梯间、两个厕所、一个门厅、一个楼层大厅（电梯所在的区域）、一个电梯井和一个配电房组成。五个房间分别为实训成果展览室、两个办公室、两个建材库房。实训成果展览室的开间为 24 000 mm，进深为 10 000 mm；两个办公室的开间为 8 000 mm，进深为 10 000 mm；两个建材库房的开间为 12 000 mm，进深为 10 000 mm；两个楼梯间的开间为 3 600 mm，进深为 8 700 mm；男厕的开间为 3 650 mm，进深为 6 000 mm，其前室的开间为 3 650 mm，进深为 2 700 mm；女厕的开间为 4 350 mm，进深为 6 000 mm，其前室的开间为 4 350 mm，进深为 2 700 mm；门厅的开间为 8 000 mm，进深为 10 000 mm；楼层大厅的开间为 8 000 mm，西侧进深为 8 700 mm，东侧进深为 7 150 mm；电梯井的开间为 2 400 mm，进深为 1 550 mm；配电房的开间为 1 500 mm，进深为 1 550 mm。

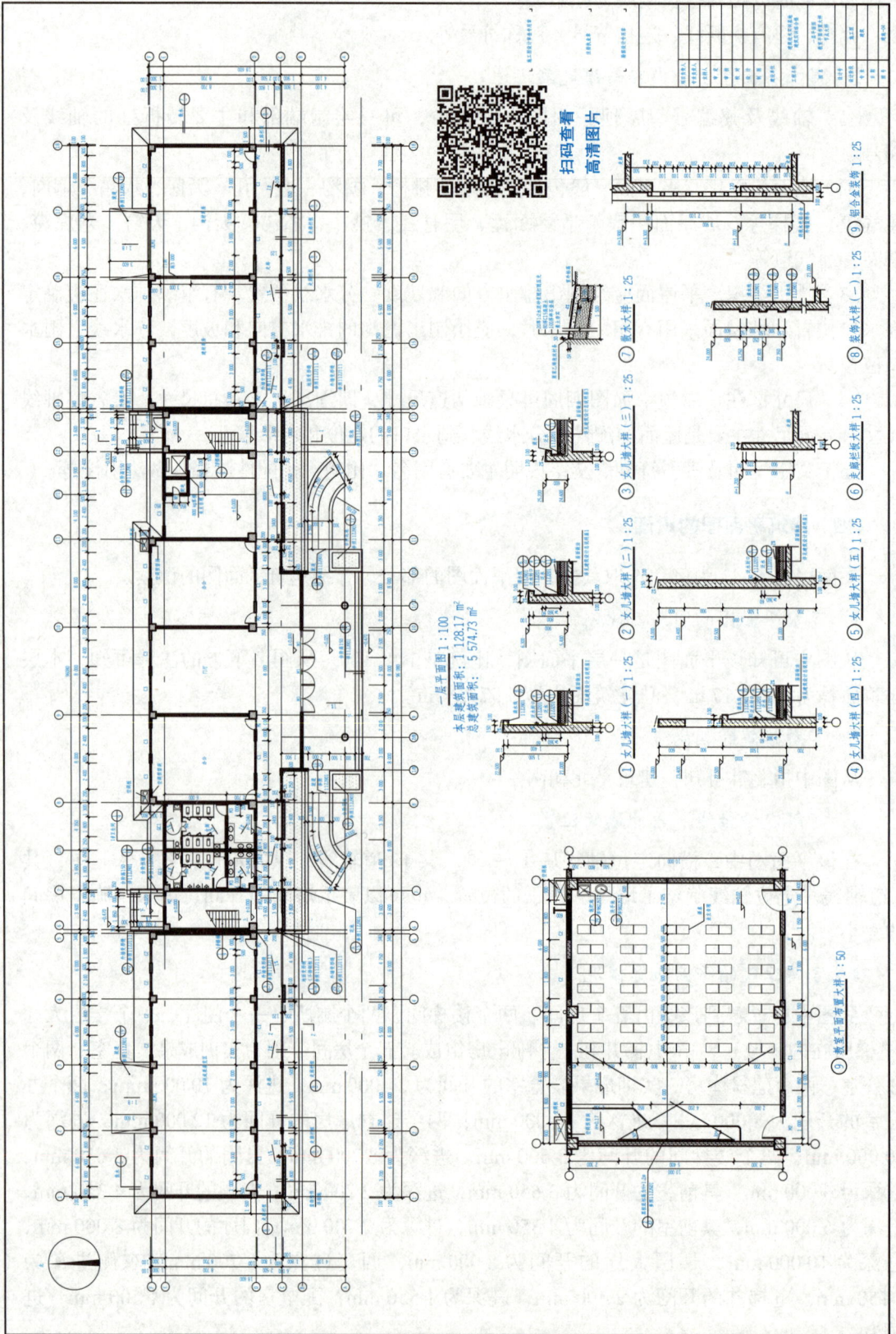

图 5-43　建筑平面图识读示例

5. 了解各个房间的开间、进深、外墙与门窗的大小和位置

外部尺寸从外向里分别为：第一道尺寸表示外轮廓的总尺寸，图中建筑总长为 96 080 mm、总宽为 18 600 mm；第二道尺寸表示轴线间的距离，即房间的开间和进深尺寸，如 6 000 mm、3 600 mm、8 000 mm 等；第三道尺寸表示各细部的尺寸，以实训成果展览室Ⓕ轴在①～②轴线间的尺寸为例，①轴与左边 C2 的距离为 900 mm，C2 窗洞口的宽度为 1 800 mm，两个 C2 之间的距离为 900 mm，右边 C2 窗洞边距离②轴为 600 mm。

6. 了解门窗的位置及编号

从图中可以看到门窗的类型、编号和位置。如Ⓑ轴上有 3 个 M1；Ⓒ轴上有 1 个 C5；Ⓓ轴上有 10 个 C1 和 8 个 M2；距离Ⓓ轴 2 700 mm 处有两个 M3；男、女厕内两个 M4 的具体位置详见厕所平面大样图；Ⓔ轴有两个 M2，两个 GC1 和 1 个 C3；Ⓕ轴有 12 个 C2、两个 JLM1 和 6 个 C3；②/11 轴上有 1 个 M6。

7. 了解建筑物中各组成部分的标高情况

在平面图中，对于建筑物各组成部分，如楼地面、室内外地坪面，一般都分别注明标高。这些标高均采用相对标高，并将建筑物的室内地坪面的标高定为 ±0.000；男厕和女厕前室的标高为本层地面标高减去 0.040 m，即 –0.040 m；室外台阶平台处标高为 –0.020 m；室外标高为 –0.470 m。

8. 了解建筑物各组成部分的坡度情况

在平面图中，对于建筑物各组成部分，如走廊、坡道、台阶、卫生间等，由于排水的需要，都会设置坡度，并标注坡度的大小，坡度的大小可以用百分数、比例和比值表示。⑧～⑪ 轴之间的主要出入口和⑥～⑦轴、⑫～⑬ 轴两处的次要出入口的台阶平台的坡道均为 1%；⑦～⑧轴、⑪～⑫ 轴两处的坡道坡度为 1∶15；Ⓒ～Ⓓ轴的走廊坡度为 1%，坡向地漏；男、女厕及其前室的坡度为 1%，坡向地漏；②～③轴、⑯～⑰ 轴两处的坡道坡度为 1∶8。

9. 了解其他构配件情况

该建筑入口有三处，其中在主入口处有室外平台，平台处有两个独立柱，平台紧贴建筑外墙，共 3 级台阶。两侧有两个较小的矩形花池、两个弧形坡道、两个较大的矩形花池。两个次入口处有室外平台，平台紧贴建筑外墙，共 3 级台阶。除出入口和坡道外，建筑四周设有散水。建筑背面设置有两个坡道。男、女厕各设有一个无障碍卫生间。

构配件细部尺寸详见图纸。

10. 了解建筑物各组成部分的详细做法

由于篇幅有限，无法在一张图纸上表示出所有构造的做法，并且有些构造的做法参考的是标准图集，因此会用索引符号进行索引，方便查阅。如散水的详细做法见本张图纸的第 7 号详图；建筑背立面两处坡道的做法参照标准图集 11ZJ901 的第 19 页第 7 号详图；1 号楼梯详细尺寸和构造详见第 9 号建施图的第 1 号详图。

11. 了解建筑剖面图的剖切位置

图中在 ⑫ ~ ⑬ 轴线间和③~④轴线间分别标明了剖切符号 1-1 和 2-2，表示剖面图的剖切位置。1-1 剖视方向向右，2-2 剖视方向向左，以便与剖面图对照查阅。

12. 图例说明

如 ⊘ 表示的是地漏；虚线范围为无障碍卫生间轮椅转弯范围，如图 5-44 所示。

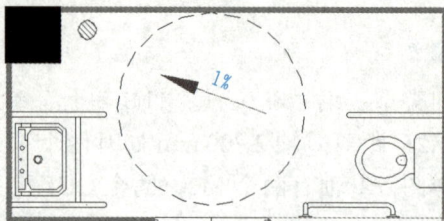

图 5-44　无障碍卫生间轮椅转弯范围示例

（五）建筑平面图的绘图步骤

1. 定比例，选图幅

根据建筑的规模和复杂程度确定绘图比例，建筑平面图最常用的比例为 1：100。然后按图样大小选择合适的图幅，除按照所定绘图比例计算出建筑绘制在图纸上的图样大小以外，还应将外部尺寸和轴线编号一并考虑在内。除图纸目录常用 A4 幅面外，一套图的图幅数不宜多于两种，因此在确定图幅的时候，尽量保持一致。

2. 绘制底稿

底稿使用稍硬的铅笔按如下顺序绘制，如图 5-45 所示。

（1）绘制图框和标题栏，均匀布置图面，绘出定位轴线。先定横向和纵向最外两道轴线，再根据开间和进深定出中间各轴线。

（2）绘出全部墙、柱断面和门窗洞口，补全未定轴线的次要的非承重墙。在定门窗洞口位置时，应从轴线往两边定，有些门窗宽度就自然而然地定出来了。

（3）绘出建筑的细部，如窗台、阳台、楼梯、雨篷、室内外台阶、坡道、散水、卫生器具的图例或外形轮廓等细部。

（4）书写文字、标注尺寸和符号。对轴线编号圆、尺寸标注、门窗编号、标高符号、文字说明如房间名称等位置进行标注和调整。先标外部尺寸，再标内部和细部尺寸。

底层平面图需要画出指北针和剖切位置符号及其编号。指北针用于确定建筑物朝向；剖切符号与剖面图对应，便于对照识读剖面图。

轴线编号圆、标高符号、指北针等可利用绘图模板进行绘制。

（5）校核。底稿完成后，需要仔细地校核，在校核无误后，再上墨或加深图线。

(a)

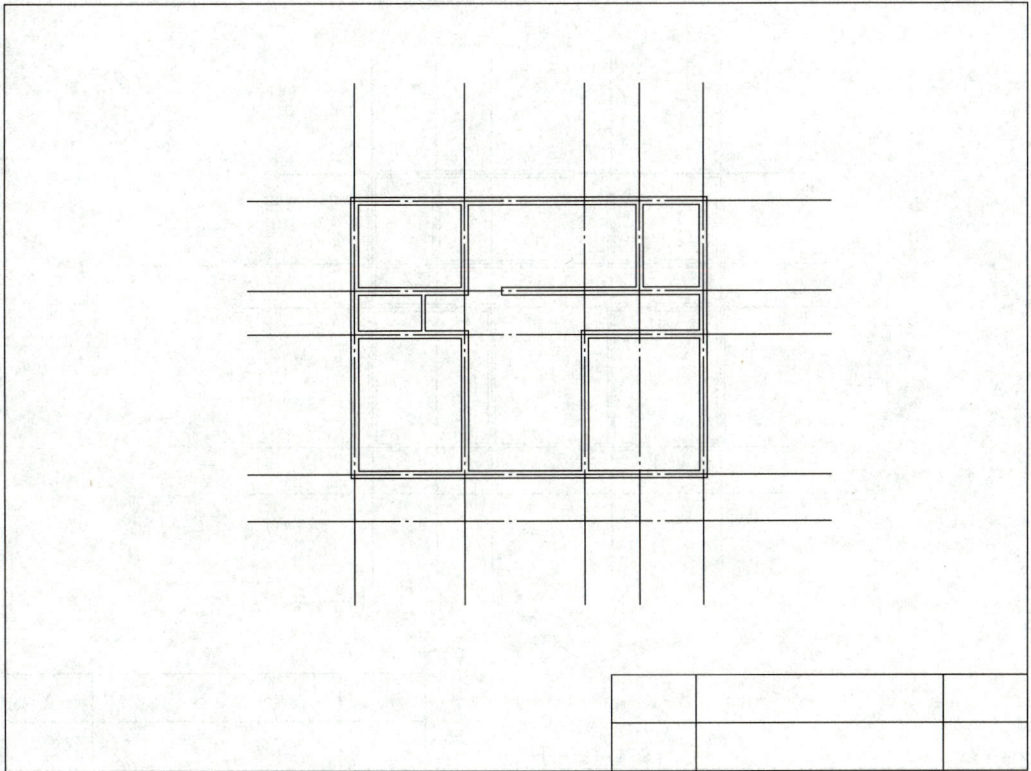

(b)

图 5-45 建筑平面图绘图步骤
(a) 绘制图框、标题栏、定位轴线；(b) 绘制墙体、柱的边线

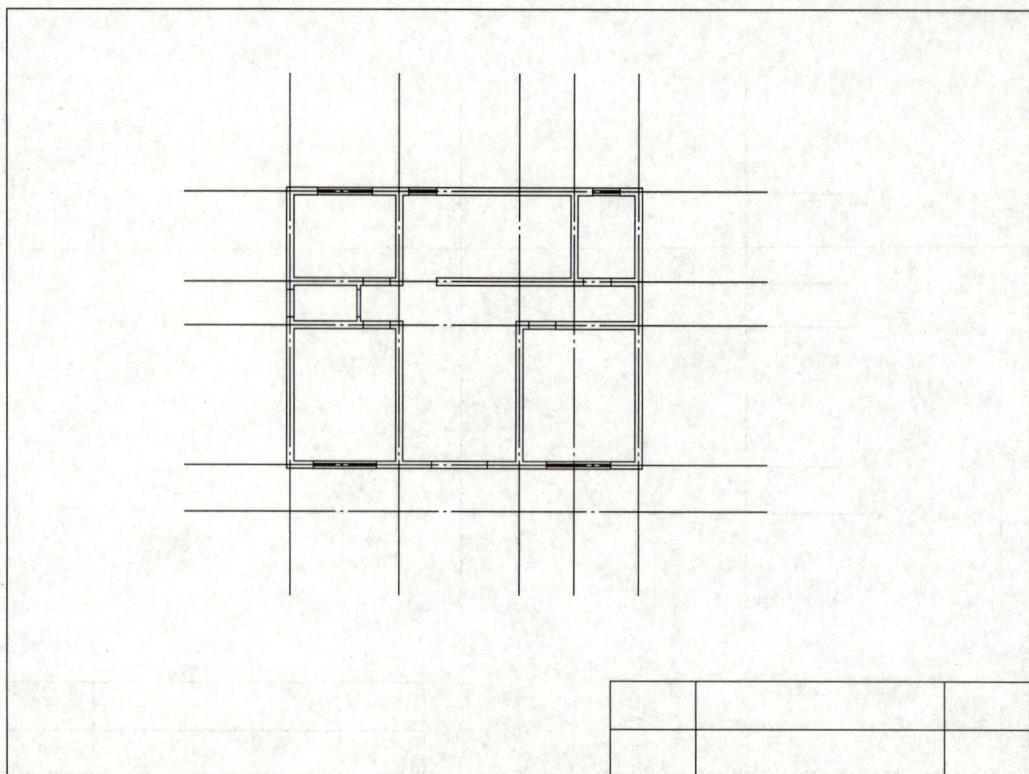

(c)

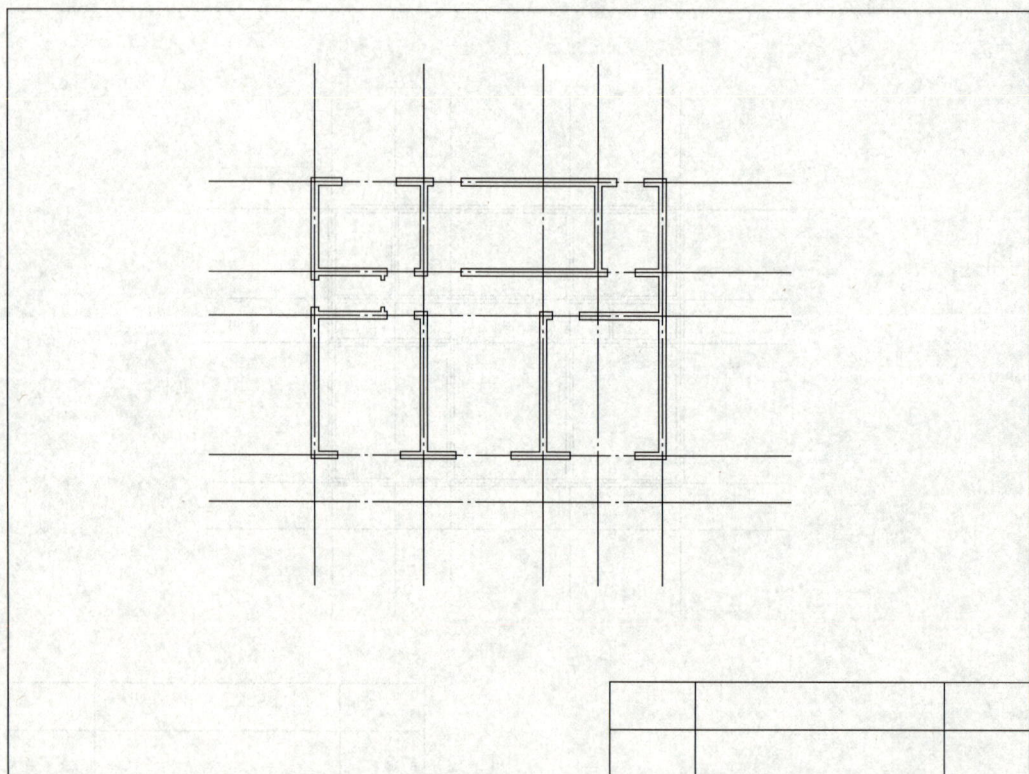

(d)

图 5-45　建筑平面图绘图步骤（续）

（c）确定门窗洞口边线；（d）确定门窗洞口位置

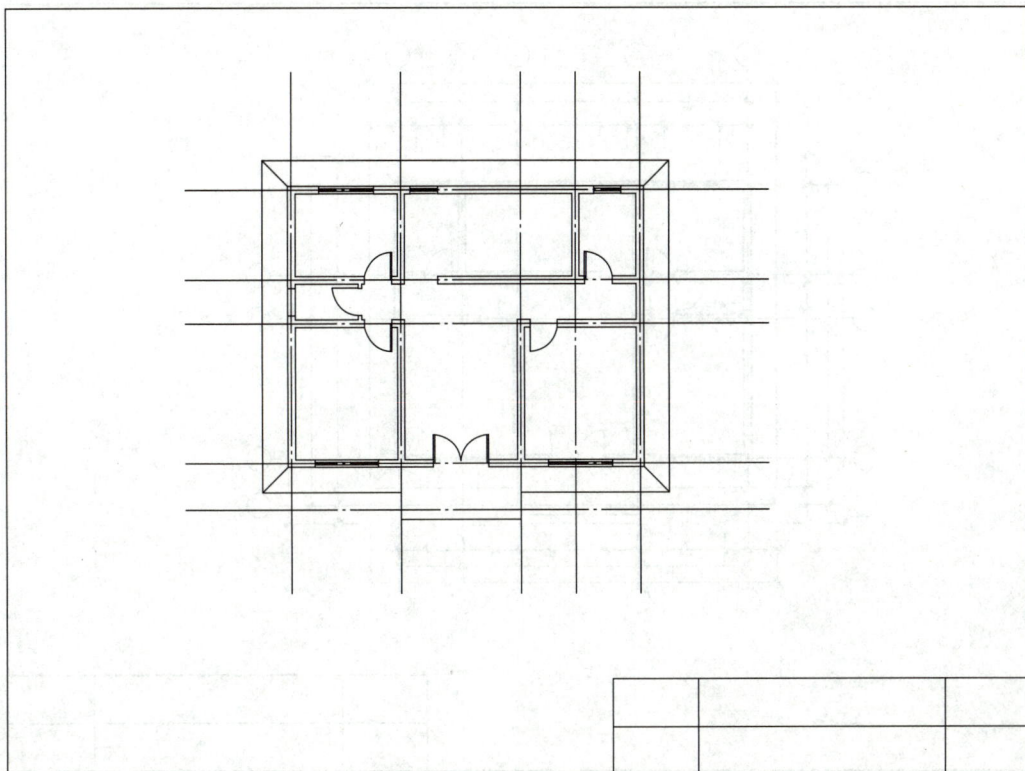

(e)

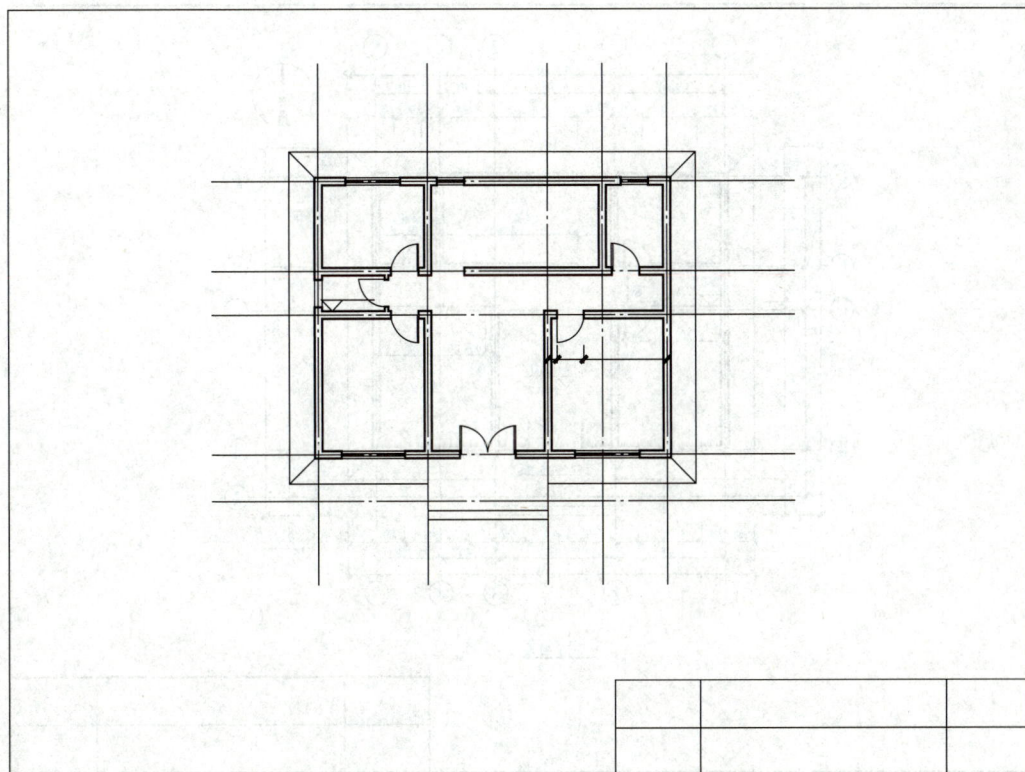

(f)

图 5-45　建筑平面图绘图步骤（续）

（e）绘制门窗图例、窗台、室外台阶边线；（f）加深图线

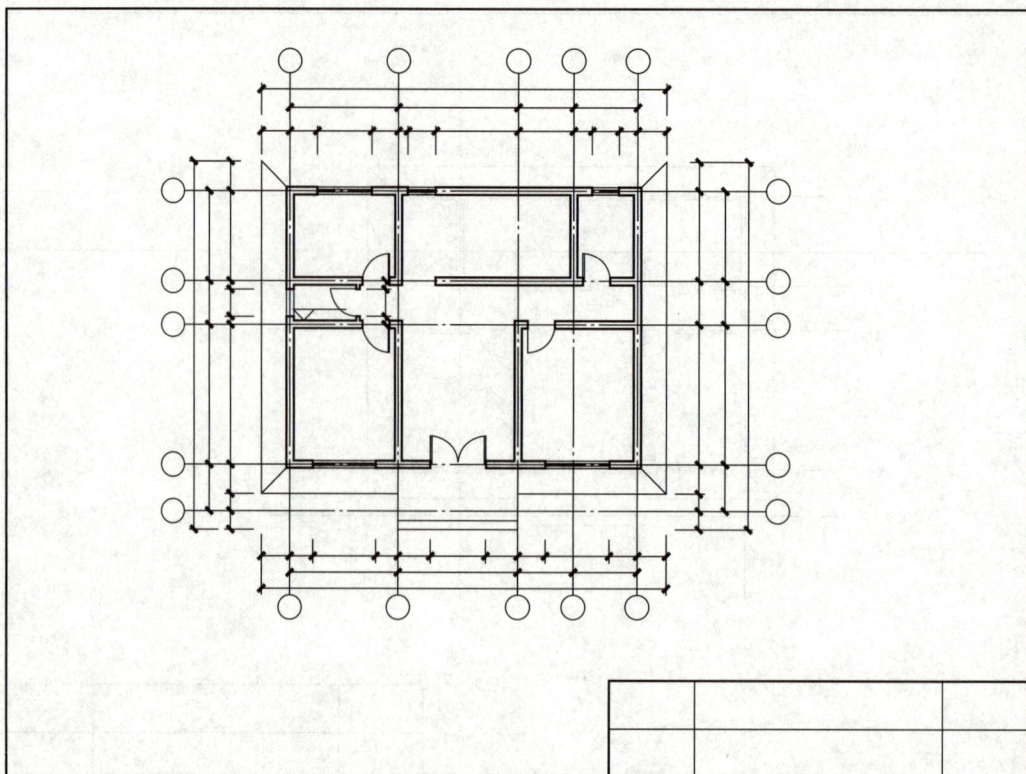

(g)

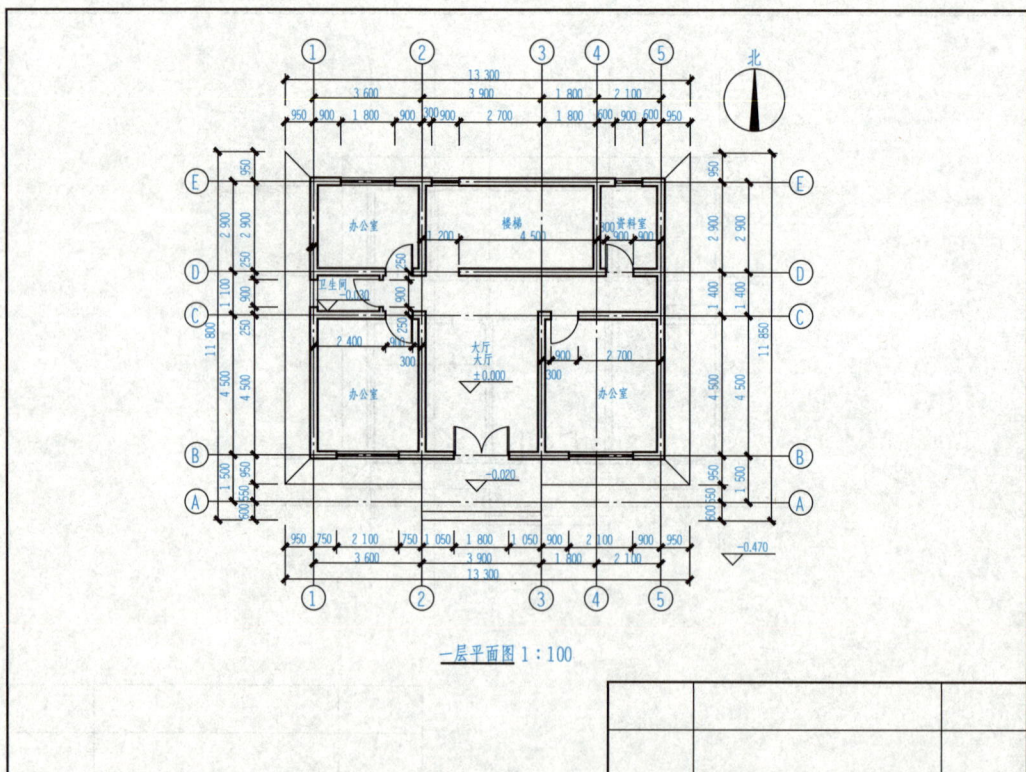

一层平面图 1:100

(h)

图 5-45　建筑平面图绘图步骤（续）

（g）标注定位轴线、标注尺寸；（h）标注指北针、门窗编号、轴线编号、尺寸数字、标高、房间名称、文字说明等

3. 绘制正图

正规的建筑施工图应使用墨线绘制在描图纸上，称为底图。底图并不能直接使用，而是需要经过晒图处理，影印到白纸上才能交付施工。因为影印后的图线呈深蓝色，所以又称为蓝图。作为平时练习的施工图，也可以用铅笔描深，方法和要求与使用墨线相同。

绘制正图应按照从上到下、从左到右、从细线到粗线的步骤进行，作为最终的成果图。

五、建筑立面图

（一）建筑立面图的形成

假设在建筑物四周放置四个竖直投影面，即 V 面、W 面、V 面的平行面和 W 面的平行面，将建筑物向这四个投影面作正投影所得到的图样，统称为建筑立面图，简称立面图。如图 5-46 所示为建筑立面图的形成。

(a)

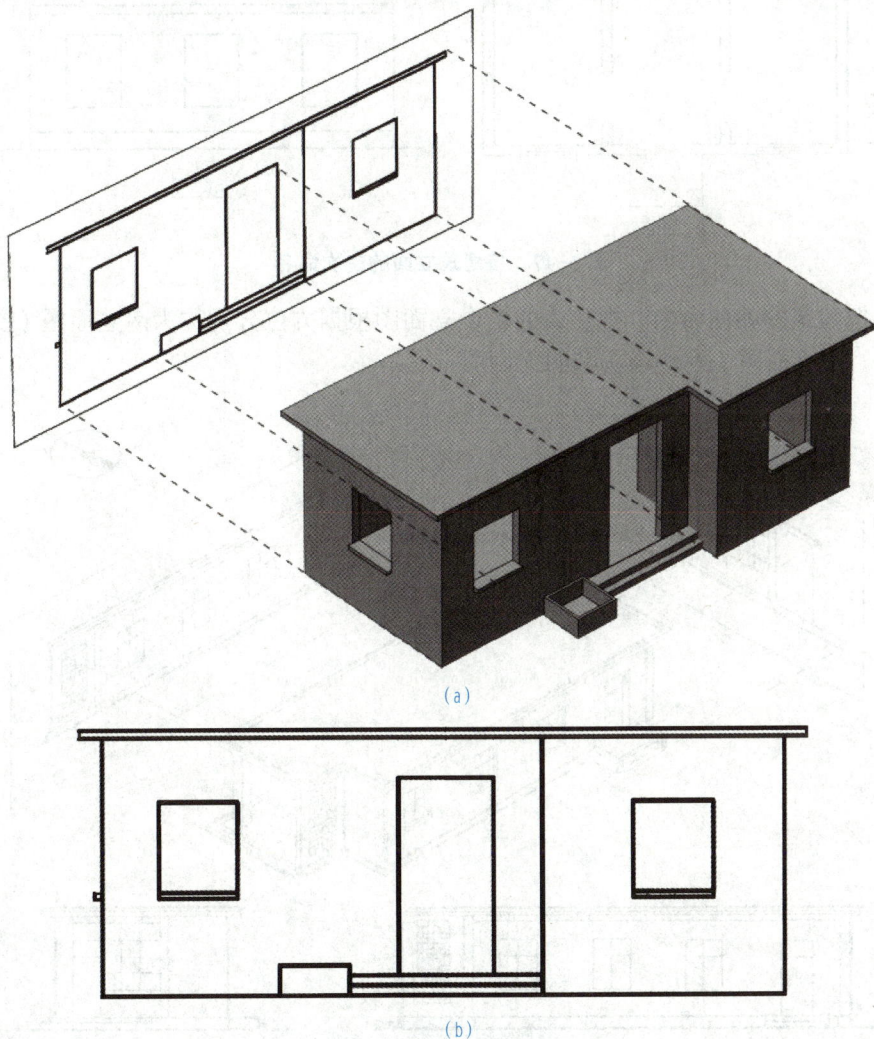

(b)

图 5-46　建筑立面图的形成
(a) 向投影面投影；(b) 形成正投影

（二）建筑立面图的名称

建筑立面图的名称通常有以下三种命名方式：

（1）按建筑立面的主次命名。把建筑的主要出入口或反映建筑外貌主要特征的立面图称为正立面图，与其相对的立面图称为背立面图，另外两个分别称为左侧立面图和右侧立面图，如图5-47所示。

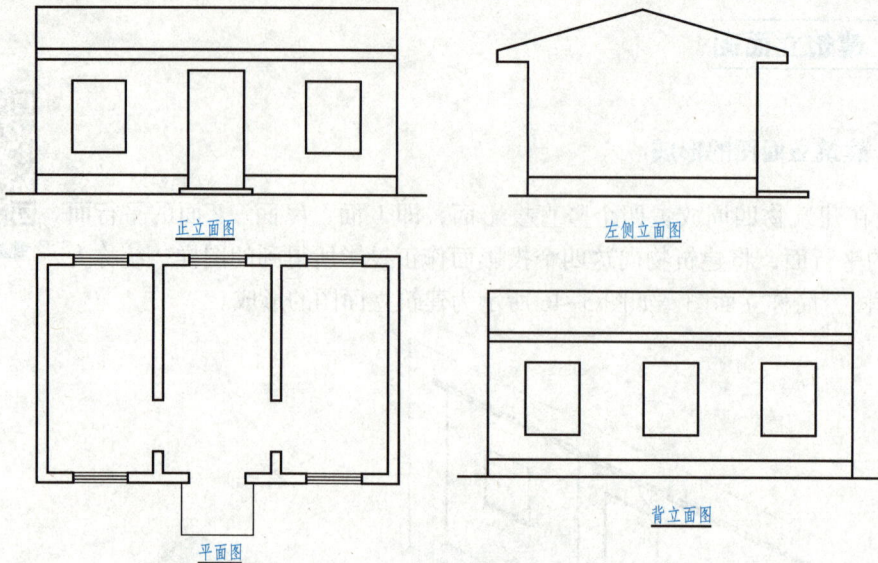

正立面图

左侧立面图

平面图

背立面图

图5-47　按建筑立面的主次命名

（2）按建筑的朝向命名。把建筑的各个立面图根据方位分别称为南立面图（图5-48）、北立面图、东立面图（图5-48）和西立面图。

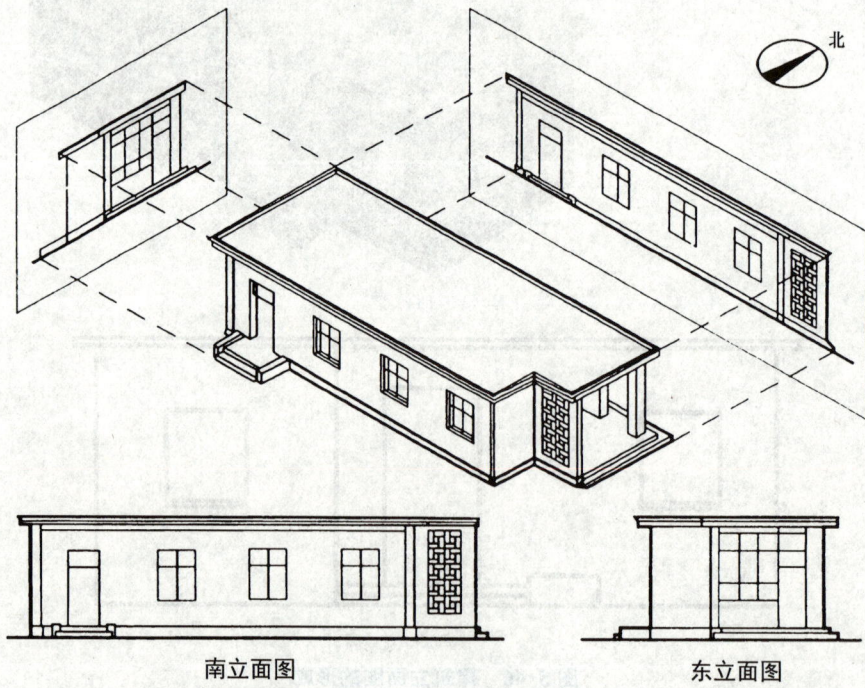

北

南立面图

东立面图

图5-48　按建筑的朝向命名

（3）按立面图两端的定位轴线编号来命名。有定位轴线的建筑物宜按此方式命名，如图 5-49 所示。

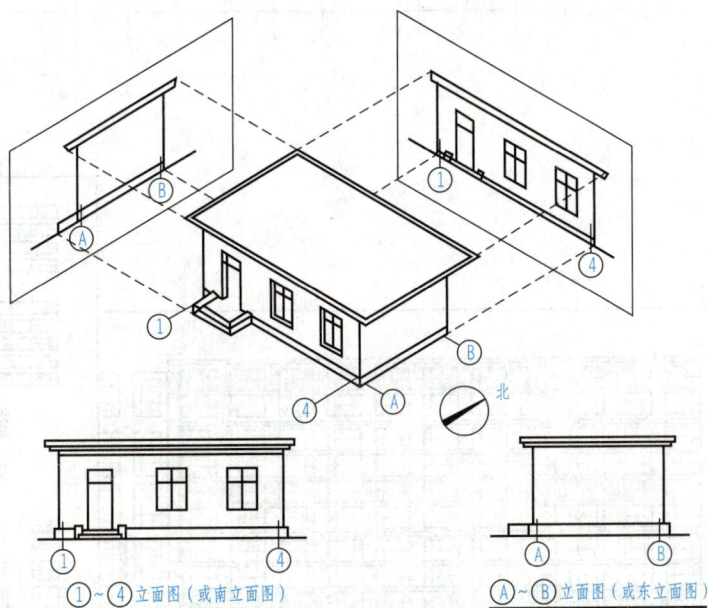

图 5-49　按两端定位轴线编号命名

建筑立面如果有一部分不平行于投影面，如为圆弧形、折线形、曲线形等，可将该部分展开到与投影面平行，再用正投影法画出其立面图，如图 5-50 所示。对于平面为回字形的建筑，它在院落中的局部立面，可在相关的剖面图上附带表示。如不能表示时，则应单独绘出。

（三）建筑立面图的作用

建筑立面图主要表达建筑的外部造型、装饰、高度、方向、尺寸等，还有门窗位置及形式、雨篷、阳台、外墙面装饰与材料做法等，是建筑外装饰的重要依据。

（四）建筑立面图的图示内容与规定画法

建筑立面图最常采用 1∶100 的比例绘制，一般与相应的平面图相同，方便对照查阅。建筑立面图通常包括以下内容。

1. 轴线及其编号

立面图只需要绘制出建筑两端的定位轴线和编号，便于与平面图对照识读。若立面较复杂，也可增加定位轴线辅助定位。

2. 构配件投影线

从建筑物外可以看见的室外地面线、建筑的勒脚、台阶、花池、门、窗、雨篷、阳台、室外楼梯、墙体外边线、檐口、屋顶、雨水管、墙面分格线等构配件的投影线均需绘制。室外地坪线要加粗或用粗实线绘制，建筑物外面一圈轮廓线用实线绘制。

3. 尺寸标注

立面图主要标注高度方向的尺寸。竖直方向的尺寸一般标注三道尺寸，即高度方向总尺寸、分层高度和细部尺寸（楼地面、阳台、檐口、女儿墙、台阶、平台等部位）。

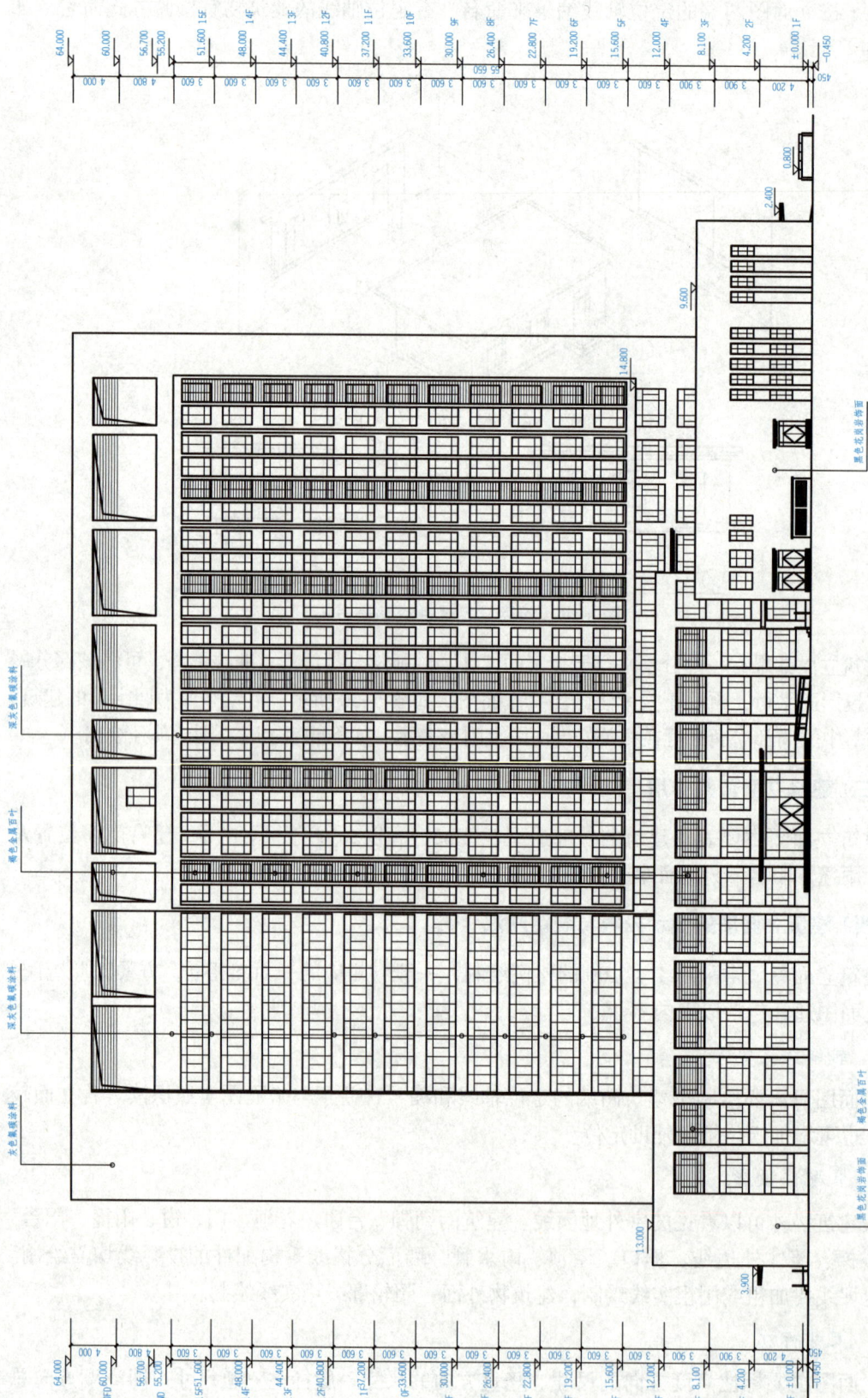

南立面展开图 1∶350

图 5-50　展开立面图

水平方向的线性尺寸一般标注在图样最下部的两轴线间。如需要，也可标注一些局部尺寸，如建筑构造、设施或构配件的定形定位尺寸。

4. 标高

立面图上应标注某些重要部位的标高，如室外地坪、台阶顶面、各层门窗洞口、阳台扶手、雨篷上下皮、外墙面上凸出的装饰物、檐口部位、屋顶上水箱、电梯机房、楼梯间等的标高。

5. 标注出需详图表示的索引符号

如室外台阶的做法、雨篷的做法等，可以用索引符号进行索引。

（五）建筑立面图的识读

下面以图 5-51 中的①～⑱轴立面图为例，介绍建筑立面图的识读。

1. 了解立面图的图名、比例

图名为①～⑱轴立面图，比例为 1 : 100。轴号和比例均与平面图对应，以便对照识读。若按照方位命名，结合平面图可知，该立面图为南立面图。按照立面主次来命名，该立面图为正立面图。

2. 了解建筑的外貌和墙体细部构造等情况

从图中可以看到该建筑的整个外貌形状，也可以了解该建筑的屋顶、门、窗、台阶等细部的形式和位置。该建筑的屋顶形式为平屋顶，立面的形状为矩形。建筑物的主要出入口设置在 ⑧①～⑩②轴处，有一个三级的室外台阶，两根柱子，两侧设有花池和坡道。并可看到主要出入口的大门样式，上方设有雨篷。每层均设有护栏，⑥～⑧轴和 ⑪～⑬轴处设有通向屋顶的出入口，故从立面上看，较其他处凸出一些。屋顶处沿建筑物四周设有一圈女儿墙，①～②轴和 ⑰～⑱轴处外墙各设有三条外墙装饰条，②～⑤轴和 ⑭～⑰轴处外墙设有矩形镂空装饰。

3. 了解建筑立面各部分的标高及高度关系

从图中可以看到，在立面图的左侧和右侧注有标高。从所标注的标高可知，建筑物最高处的标高是 25.200 m，女儿墙的高度为 24.000 m 和 22.500 m，屋面板顶部标高为 21.000 m，二～五层楼面标高分别为 5.400 m、9.300 m、13.2 000 m、17.100 m，首层室内地面的标高为 ±0.000，室外地坪标高为 -0.470 m。门顶处的标高为 3.500 m，主要出入口上方 4.500～6.300 m 处为雨篷。一层层高为 5 400 mm，四～五层层高均为 3 900 mm，每层护栏高为 1 200 mm。其余各处标高详见图纸。

4. 了解建筑外墙面装修的做法

从图中可以看到，外墙面共有三种装修做法，分别为红褐色外墙涂料、灰色外墙涂料、白色外墙涂料，具体材料做法可从工程做法表中查阅。

（六）建筑立面图的绘图步骤

绘制建筑立面图与绘制建筑平面图是相同的，也是先选定比例和图幅，然后绘制底稿，最后上墨线或用铅笔加深，如图 5-52 所示。

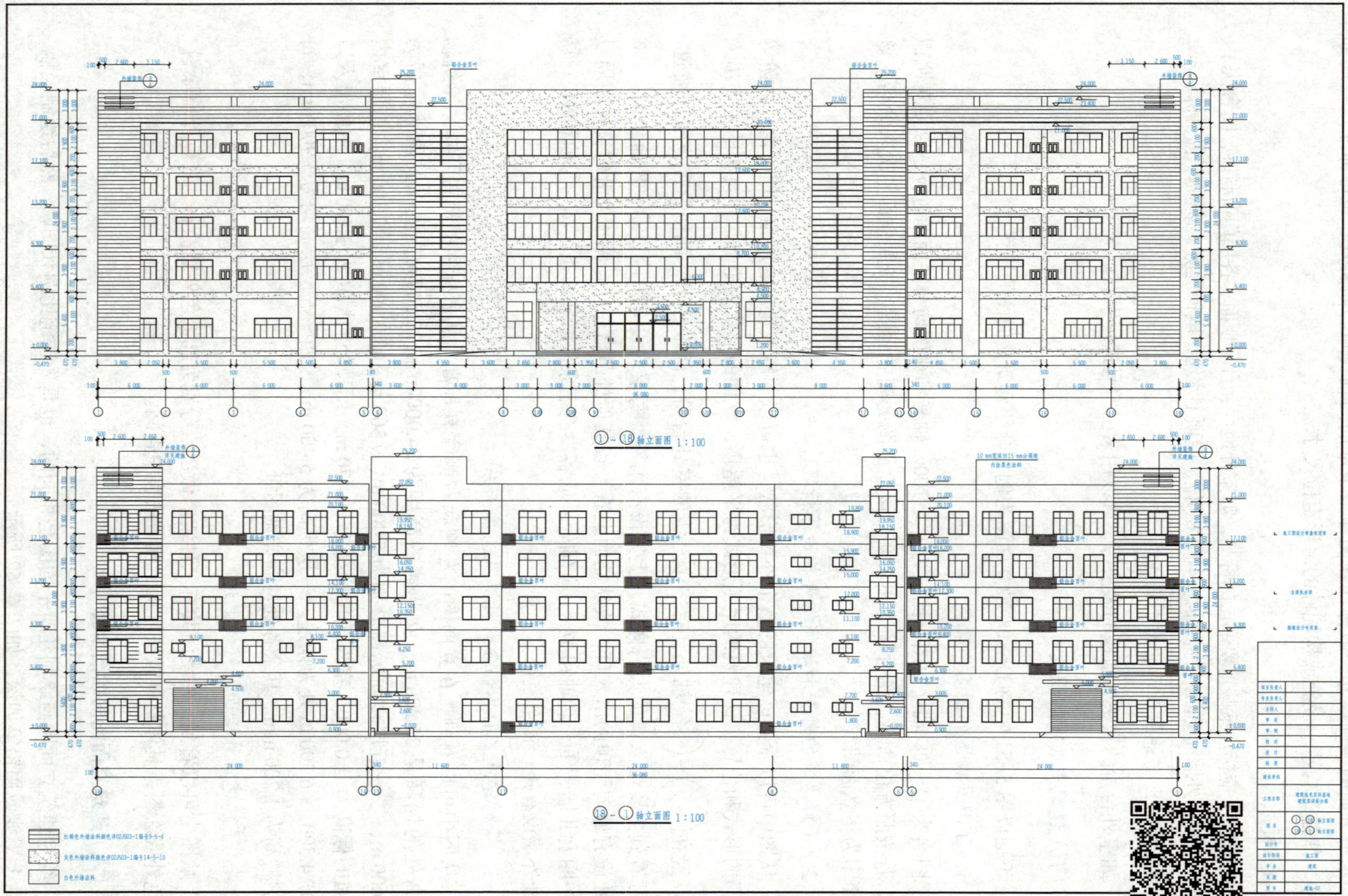

图 5-51 建筑立面图识读示例

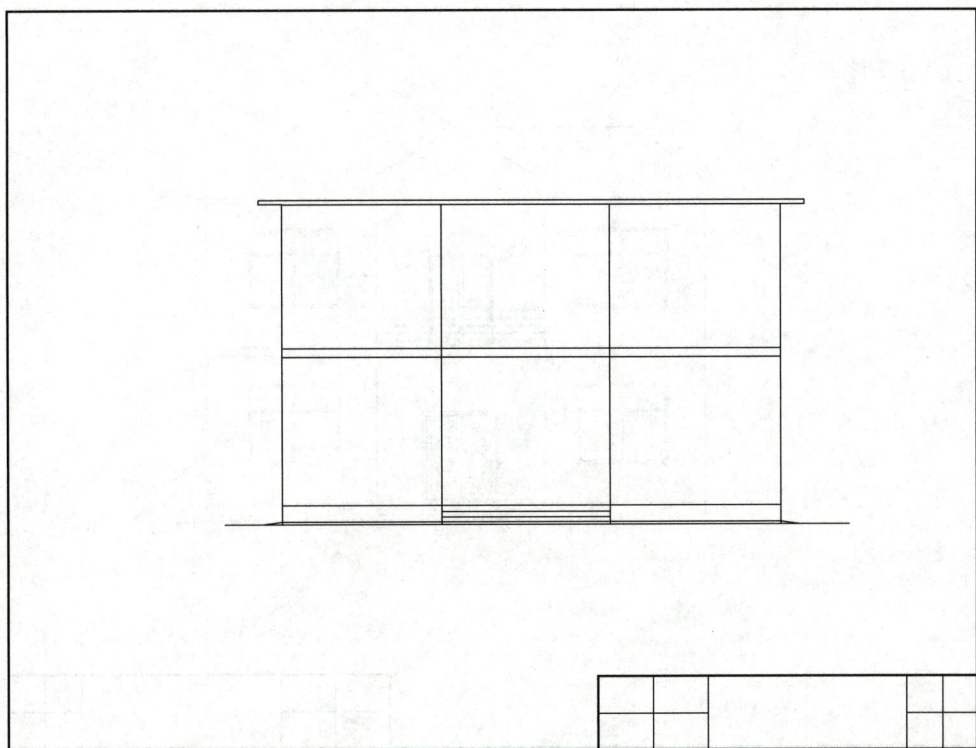

(a)

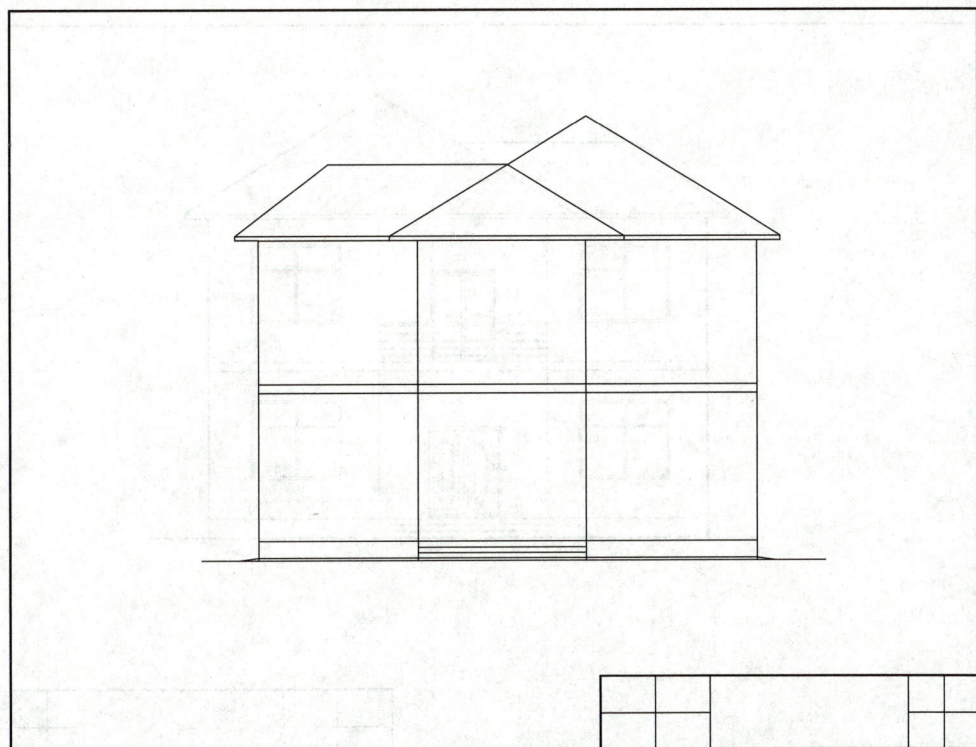

(b)

图 5-52　建筑立面图绘制步骤
（a）绘制室外地坪线、外部轮廓线；（b）绘制屋顶轮廓线

(c)

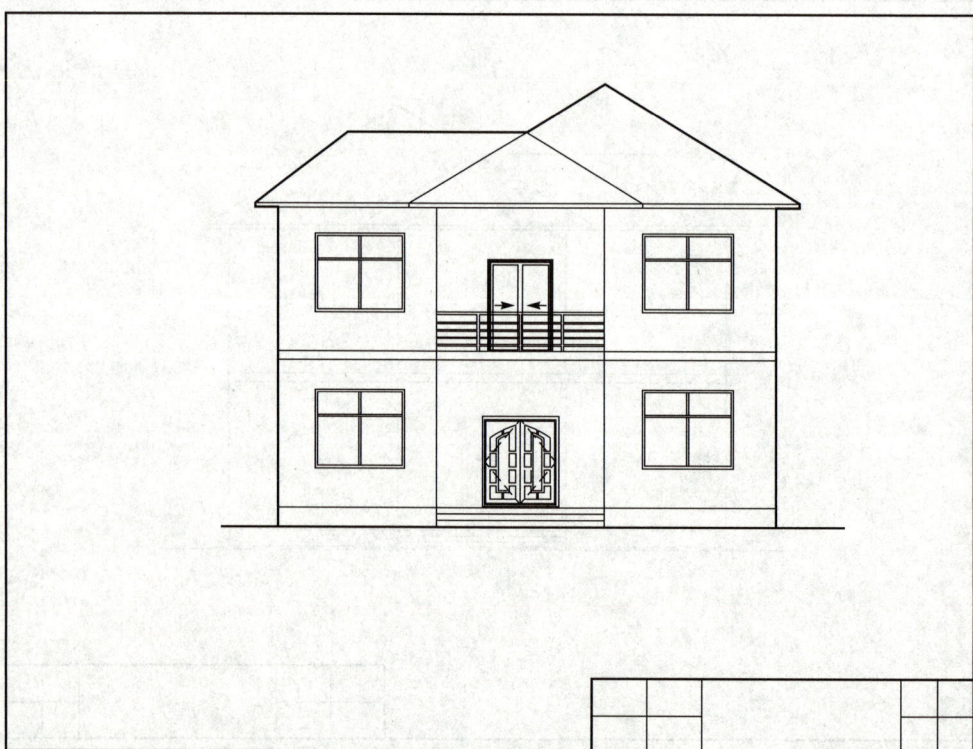

(d)

图 5-52　建筑立面图绘制步骤（续）

（c）绘制门窗图例及外墙装饰线；（d）加深图线

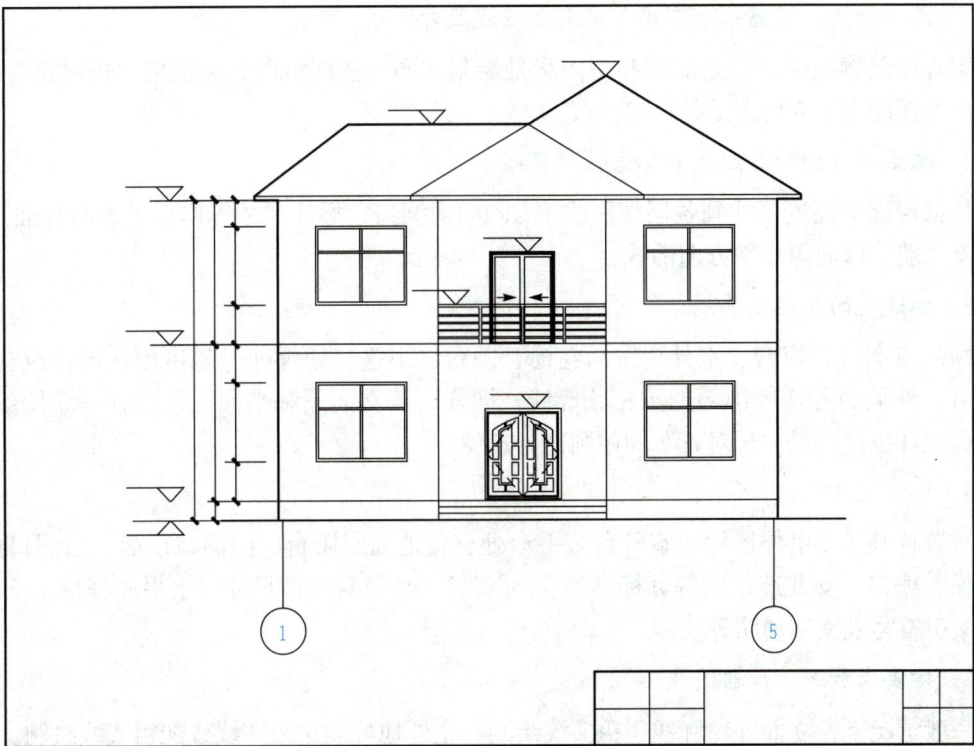

(e)

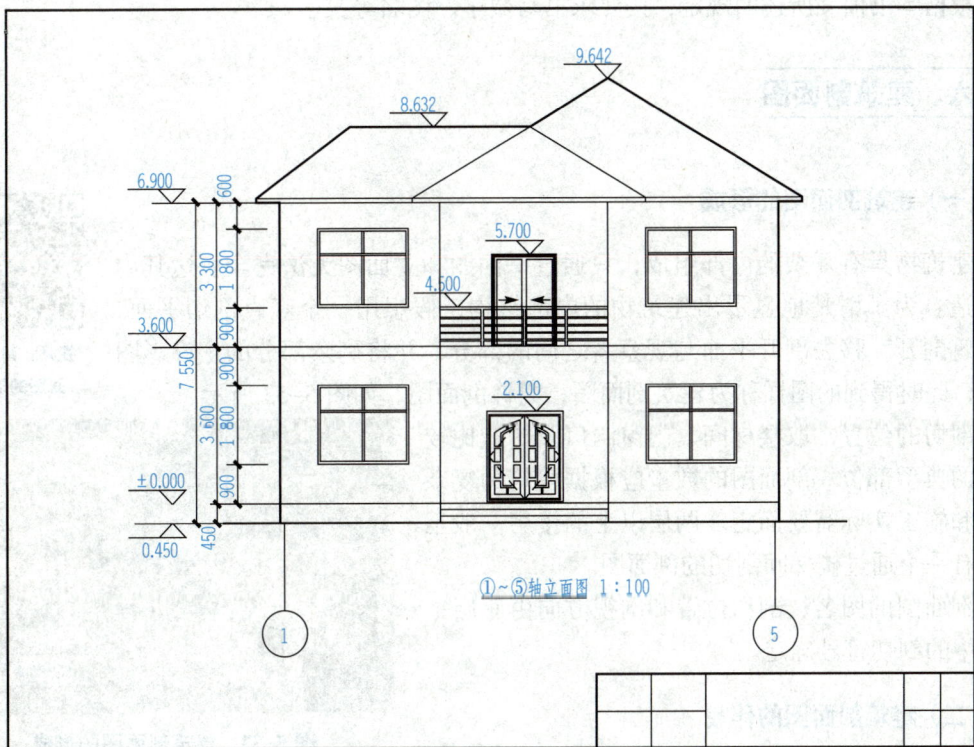

①~⑤轴立面图 1:100

(f)

图 5-52　建筑立面图绘图步骤（续）

（e）绘制定位轴线、尺寸线和标高线；（f）标注尺寸数字、标高数字、图名、比例等

1. 画地坪线，根据平面图画首尾定位轴线及外墙线

定外墙轮廓线时，若立面图和平面图是绘制在同一张图纸时，可根据"长对正"的原则，由平面图引出立面图的外墙定位线。

2. 画水平方向的参照线和标志性位置线

依据层高等高度尺寸画各层楼面线（为画门窗洞口、标注尺寸等作水平参照基准）、檐口、女儿墙、屋面等水平方向的线。

3. 画建筑的细部轮廓线

画门窗洞口、窗台、室外台阶、花池、阳台、雨篷、楼梯间等超出屋面部分及柱子、雨水管、外墙面分格等细部的可见轮廓线。同样，若立面图和平面图绘制在一张图纸上，这些构配件也可通过"长对正"的原则进行定位。

4. 标注尺寸

布置标高（如室外地坪、室外台阶平台处、楼地面、阳台、门洞口顶面、窗洞口底面和顶面、檐口、女儿墙顶面等处标高）、尺寸标注（竖向共三道尺寸，水平向视情况而定）、添加索引符号及文字说明等。

5. 按要求加深、加粗图线

一般情况下，立面外轮廓线用粗实线绘制，室外地坪线用粗实线或加粗实线绘制。

6. 书写数字、图名等文字

根据本书前文所述的规定，按要求书写数字、图名等文字。

六、建筑剖面图

（一）建筑剖面图的形成

建筑物具有复杂的内部组成，只通过平面图和立面图无法完全表达其内部构造。为了清楚地显示出建筑物的内部结构，假想用一个竖直剖切平面，将建筑剖开，移去剖开平面与观察者之间的部分，并将剩余部分的正投影图作出，此时得到的图样称为建筑剖面图，简称剖面图，如图 5-53 所示。

视频：建筑剖面图的形成

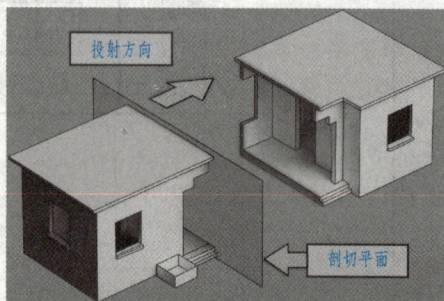

剖切的位置常取楼梯间、门窗洞口及构造比较复杂的典型部位。剖面图的数量应根据建筑的复杂程度和施工实际需要而定。两层以上的楼房一般至少要有一个通过楼梯间剖切的剖面图。

剖面图的图名、剖切位置和剖视方向由底层平面图中的剖切符号确定。

投射方向
剖切平面

图 5-53　建筑剖面图的形成

（二）建筑剖面图的作用

建筑剖面图用以表示建筑内部的结构构造、垂直方向的分层情况、各层楼地面、屋顶的构造及相关尺寸、标高等。它与平面图、立面图相配合，是建筑施工图中不可缺少的基

本图样之一。

（三）建筑剖面图的图示内容与规定画法

建筑剖面图的比例视建筑的规模和复杂程度选取，一般采用与平面图相同或较大些的比例绘制。

1. 轴线及其编号

在剖面图中，凡是被剖切到的承重墙、柱都应标出定位轴线及其编号。

2. 梁、板、柱和墙体

（1）水平承重构件的框架梁、过梁、楼板、屋面板、圈梁、地坪等，需画出并标明其采用的材料。

（2）竖向承重构件如墙、柱等，也需重点画出，并标明其采用的材料。

（3）梁、板、柱和墙体的投影图线分为剖切部分轮廓线（粗实线）和可见部分轮廓线（中实线或细实线），都应按真实投影绘制。墙体和柱在最底层地面之下以折断线断开，基础可忽略不画。

3. 门窗

剖面图中的门窗可分为两类：一是被剖切的门窗，一般位于被剖切的墙体上，显示了其竖向位置和尺寸，按《建筑制图标准》（GB/T 50104—2010）中的图例要求绘制；二是未剖切到的可见门窗，其实质是该门窗的立面投影。

4. 楼梯

二层以上的建筑，其建筑剖面图往往会剖切到楼梯，最好通过上行第一梯段和楼梯间的门窗洞口，并向未剖切到的梯段方向投影。楼梯的投影线包括剖切和可见两部分。从剖面图可以清楚地看到，踏步尺寸、踏步数及楼层平台板和中间休息平台板的竖向位置等。可见部分包括栏杆扶手和梯段，栏杆扶手一般简化绘制，栏杆扶手详图可表明其详细的构造。梁式楼梯可分为明步楼梯和暗步楼梯。其中，暗步楼梯常以虚线绘制出不可见的踏步，如图 5-54 所示。

有些建筑地下室会在楼梯的位置设置防火墙，可用图 5-55 所示的表示方法表示。

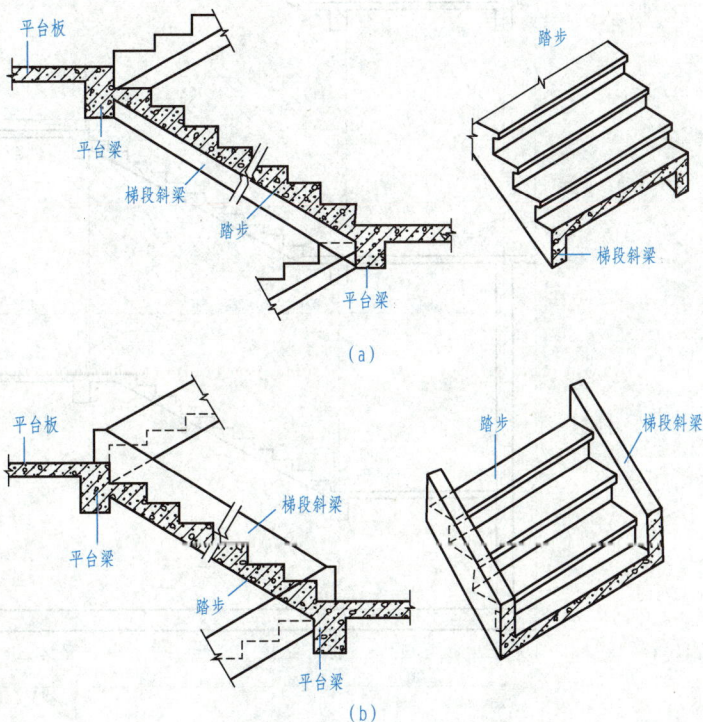

图 5-54　楼梯剖面示例
（a）明步楼梯；（b）暗步楼梯

121

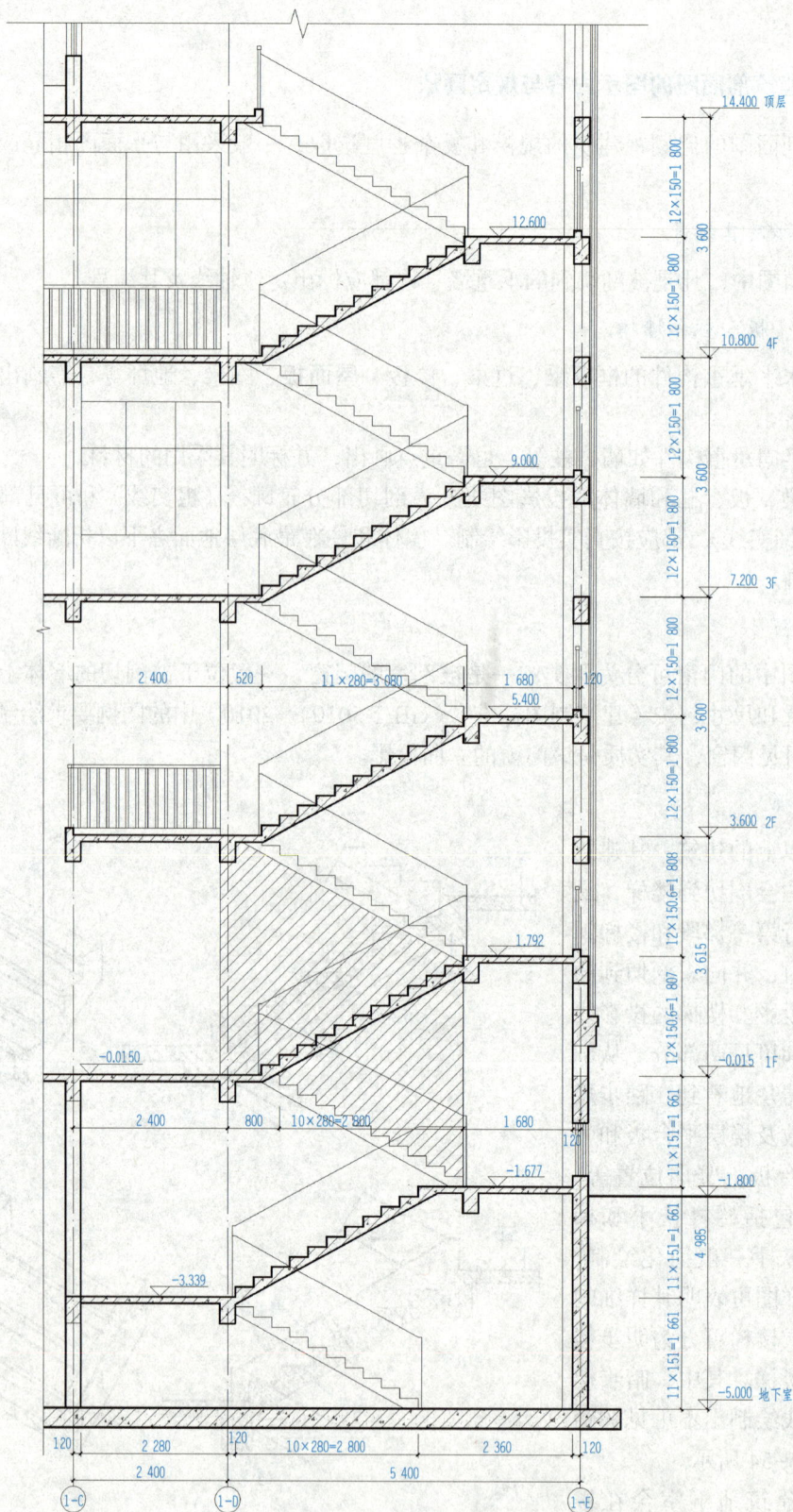

图 5-55　防火墙表示示例

5. 尺寸标注

建筑剖面图的尺寸标注也可分为外部尺寸和内部尺寸两种。

（1）外部尺寸：图样底部应标注轴线间距和端部轴线间的总尺寸。图样左右两侧应至少标注一侧，一般标注三道尺寸：最里面的一道显示外墙上的细部尺寸，主要是门窗洞口的位置、高度；中间一道标注地面、楼板的间距，用于显示层高；最外层为高度方向的总尺寸。

（2）内部尺寸：标注室内的门窗洞口的位置、宽度、高度，栏杆扶手的高度等。

6. 标高

标高主要用于竖向位置的标注。需要注明的部位一般包括室内外地坪、楼面、屋面、门窗洞口、雨篷、挑檐等。

7. 文字说明

文字说明包括图名、比例、构配件名称、做法引注等。

（四）建筑剖面的识读

下面以图 5-56 中的 1-1 剖面图为例，介绍剖面图的识读。

在识读建筑剖面图之前，应先在首层平面图上找到相应的剖切符号，确定剖切位置和剖视方向。

1. 了解图名、比例及剖切平面的位置

图名为 1-1 剖面图，绘图比例是 1∶100。根据一层平面图可知，1-1 剖面是剖切在⑫～⑬轴楼梯间处，剖切后向右进行投影所得的剖面图。

2. 了解被剖切到的墙体、地面、楼面、屋顶等的构造

此建筑的屋面属于平屋面、可上人屋面，顶层有直接通向屋面的出口。剖切到的梁、板、梯段截面均涂黑表示为材料为钢筋混凝土，门窗洞口上方有矩形过梁。ⓒ～ⓓ轴处有走廊开的洞口。ⓒ、ⓓ、ⓔ轴处与墙体平行的线为投影可见的柱子轮廓线，距离每层楼板下方 600 mm 处的水平线为投影可见的梁轮廓线。ⓕ轴处的竖向线段代表的是外墙凸出部分。

3. 了解建筑各部位的标高情况

1-1 剖面图左侧和右侧由于不对称，都作了尺寸标注。从图中可以看出，室外地坪标高为 -0.470 m，室外台阶平台处标高为 -0.020 m。首层室内地面标高为 ±0.000，二～五层楼面标高分别为 5.400 m、9.300 m、13.200m、17.100 m，屋面板标高为 21.000 m，楼梯间屋面标高为 24.000 m 和 24.600 m，女儿墙顶部标高为 25.200 m。楼梯休息平台的标高分别为 2.700 m、7.350 m、11.250 m、15.150 m、19.050 m。建筑共五层，一层层高为 5 400 mm，二～五层层高均为 3 900 mm。ⓔ轴墙体为外墙，由工程做法表可知其为砖墙；在 2.600 m 标高处有一个雨篷，其顶面标高为 2.900 m；一层门高为 2 300 mm，其余层的窗高为 2 100 mm，最高处的标高为 25.200 m。ⓒ轴处墙体为钢筋混凝土墙，走廊洞口底部距离楼地面 1 200 mm；梁高为 600 mm；最高处的标高为 24.000 m。其余部位标高详见图纸。

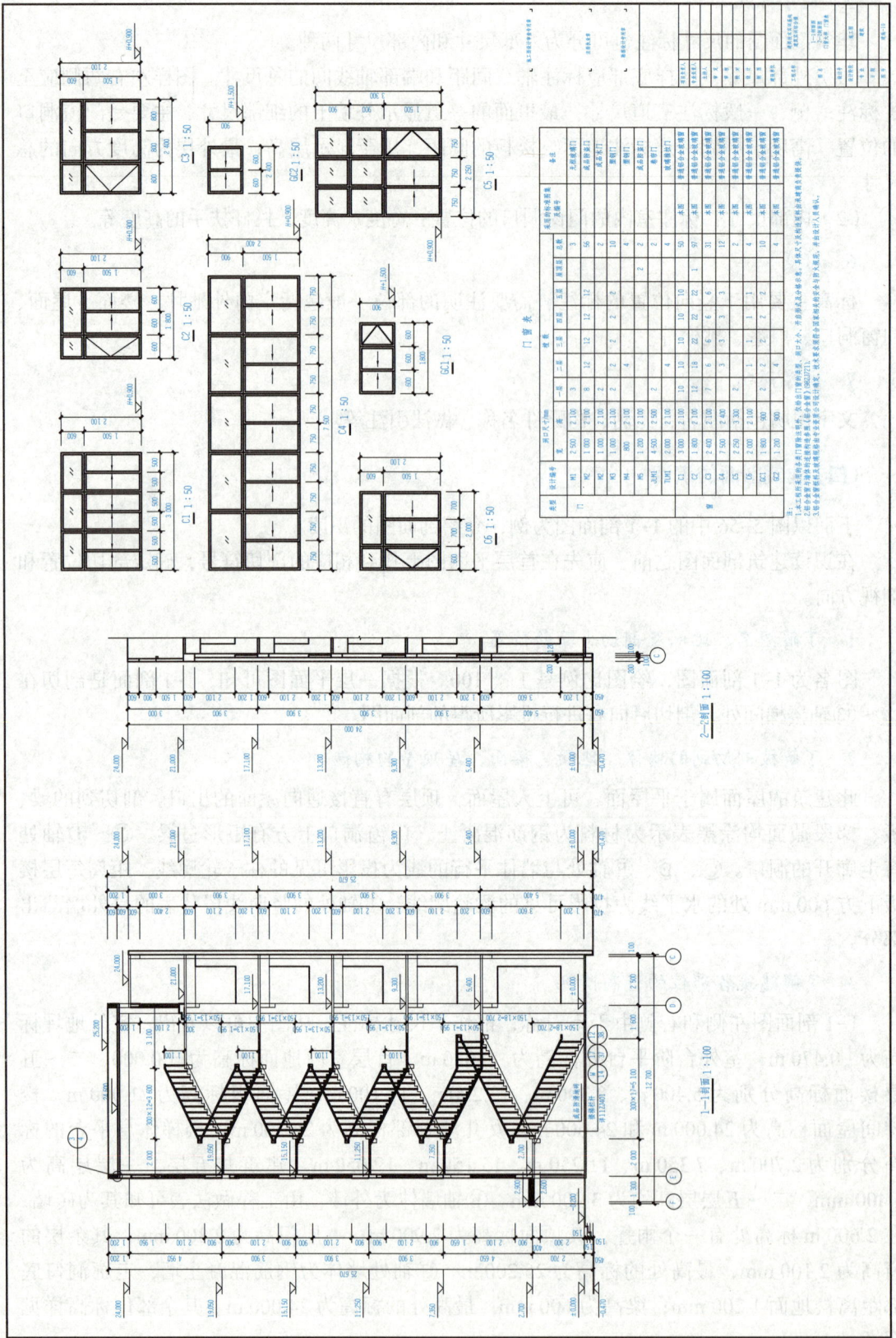

图 5-56 建筑剖面图识读示例

4. 了解建筑内部各构造尺寸和做法

该剖面图剖到楼梯位置，涂黑的为被剖切到的梯段，其余的为投影可见梯段。楼梯栏杆的做法参照标准图集 11ZJ401 (W/14) (17/37) (12/38)，踏步采用成品防滑地砖。一层两个梯段的高度为 2 700 mm，梯段长为 5 100 mm；每个梯段共 18 级踏步，每级踏步高为 150 mm，宽为 300 mm；休息平台宽为 2 000 mm。其余层每层的两个梯段高为 1 950 mm，梯段长为 3 600 mm，每个梯段共 13 级踏步，每级踏步高为 150 mm，宽为 300 mm；休息平台宽为 2 000 mm；扶手高为 1 100 mm。顶层楼梯梯段终止踏步距离Ⓓ轴 3 100 mm，Ⓓ轴处有两级台阶，每级台阶高 150 mm，共 300 mm 高。通往屋面的门洞口高度为 2 100 mm。

（五）建筑剖面图的绘图步骤

1. 画室内外地坪线、被剖切到的各层楼面、屋面和首尾定位轴线等

若剖面图和立面图绘制在一张图纸上，可以利用"高平齐"原理，将关键标高部位对齐立面图进行定位。

2. 画墙体轮廓线

根据建筑的高度尺寸，画所有被剖切到的墙体断面及未剖切到的墙体等轮廓。

3. 画被剖切到的其他构件的轮廓线

画被剖切到的其他构件的轮廓线，如门窗洞口、阳台、楼梯、女儿墙、檐口、梁、柱等轮廓线。

4. 画楼梯、室外台阶、花池、坡道及其他可见的细部

投影可见的门窗洞口、构配件用中实线绘制，窗扇及其他细部用细实线绘制。

5. 布置标注

（1）尺寸标注：水平方向被剖切到的墙、柱的轴线间距；外部高度方向的总高、定位、细部三道尺寸；其他如内部墙段、门窗洞口等高度尺寸。

（2）标高标注：室外地坪、楼地面、阳台、檐口、女儿墙、台阶、楼梯平台等处的标高。添加索引符号及文字说明等。

6. 加深、加粗图线，进行图例填充

对被剖切到的构配件轮廓线进行加深、加粗，将被剖切到的构配件按照制图标准进行图例填充。

7. 书写数字、图名等文字

根据本书前文所述的规定，按要求书写数字、图名等文字。

七、建筑详图

（一）建筑详图简介

视频：建筑详图

对于一些尺寸较小的构配件（如门窗、楼梯栏杆、扶手、踏步、阳台及各种装饰等）

或节点（如檐口、窗台、散水、楼地面和屋面面层等）的构造，由于建筑平面图、立面图、剖面图一般采用较小的比例绘制而无法表达清楚。因此，必须将其用较大的比例绘制出来，以便清晰表达构造层次、做法、用料和详细尺寸等，便于指导施工，这种图样称为建筑详图，也称为大样图或节点详图。

建筑详图是建筑平面图、立面图、剖面图等基本图的补充和深化，它不是必有部分，而是根据需要来定，对于某些十分简单的工程可以不画。对于采用标准图或通用详图的建筑构配件和剖面节点，只要注明所采用的图集名称、编号或页码即可，可不必再画详图。

建筑详图只绘制建筑的局部，且详图的比例较大，详图也应注写图名和比例。另外，详图必须注写详图编号，编号应与被索引的图样上的索引符号相对应。

建筑详图的种类繁多，如楼梯详图、檐口详图、门窗节点详图、墙身详图、台阶详图、雨篷详图、变形缝详图等。凡是不易表达清楚的建筑细部，都可绘制详图。

（二）建筑详图的识读

下面以较为常见的楼梯详图为例，进行建筑详图识读的介绍。

楼梯详图表示楼梯的组成和结构形式，一般包括楼梯平面图和楼梯剖面图，必要时画出楼梯踏步和栏杆扶手的详图。

1. 楼梯的组成

楼梯由梯段、踏步（包含踏面和踢面）、中间平台（又称休息平台）、楼层平台、平台梁、栏杆和扶手等组成，如图5-57所示。

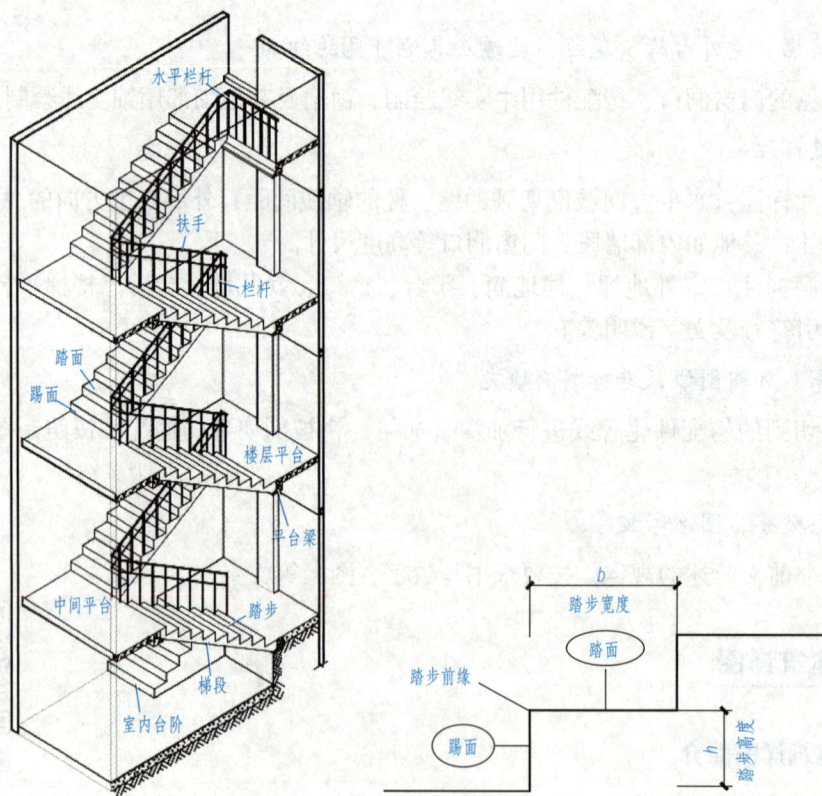

图5-57　楼梯组成示例

2. 楼梯平面图

楼梯平面图是建筑各层楼梯间的局部平面图。一般情况下，楼梯在中间各层的平面几乎一样，仅仅是标高不同，所以，中间各层可以合并为一个标准层来表示，又称为中间层，如图 5-58 所示。这样，楼梯平面图通常由底层、中间层和顶层三个图样组成。楼梯平面图主要表达楼梯位置、墙身厚度、各层梯段、平台和栏杆扶手的布置，以及梯段的长度、宽度和各级踏步宽度。

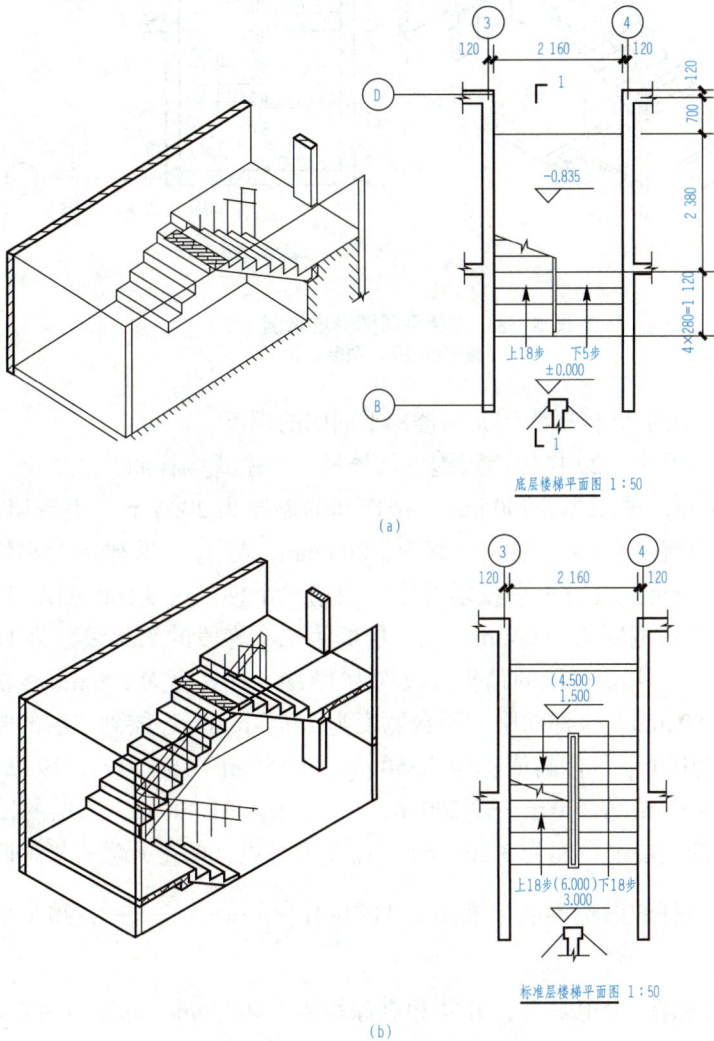

底层楼梯平面图 1:50

(a)

标准层楼梯平面图 1:50

(b)

图 5-58　楼梯平面图形成示例
(a) 楼梯底层平面图形成示例；(b) 楼梯中间层平面图形成示例

127

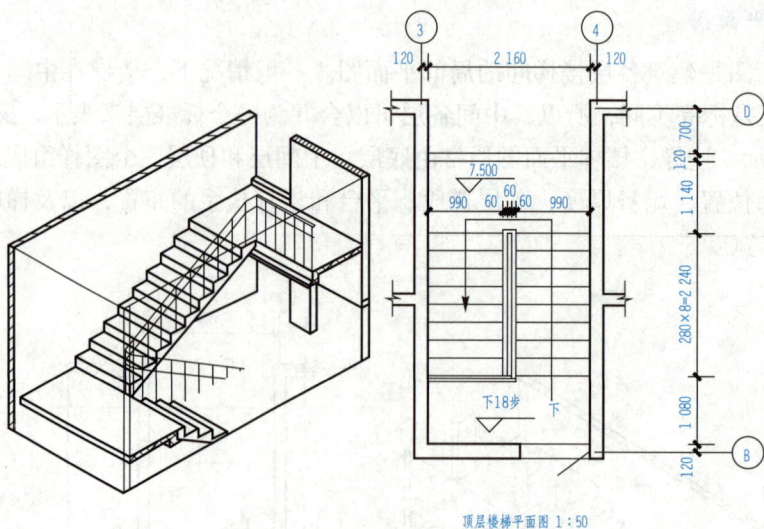

顶层楼梯平面图 1:50

(c)

图 5-58 楼梯平面图形成示例（续）

（c）楼梯顶层平面图形成示例

下面以图 5-59 中的 2# 楼梯为例介绍楼梯平面图的识读。

（1）从图中可以看出，2# 楼梯为双跑平行楼梯，开敞式楼梯间，左侧上，右侧下。楼梯的开间为 3 600 mm，进深为 8 700 mm，楼梯间的墙厚为 200 mm，为砖墙。除一层外，每层梯间Ⓔ轴处均设置一个 C6，窗洞口宽为 2 000 mm，与⑫、⑬轴的距离均为 800 mm。每个梯段宽为 1 600 mm，梯段水平投影长除一层第二个梯段为 5 100 mm，其余梯段均为 3 600 mm。每级踏步的宽度为 300 mm，除一层的第二个梯段的踏步级数为 18 级（踏步级数等于踏面数量加一），其余梯段的踏步级数均为 13 级。梯井宽为 200 mm，扶手中心线与梯段边缘的距离为 80 mm。楼梯的中间平台宽度为 2 000 mm，一层到二层的中间平台标高为 2.700 m，剩下的中间平台标高依次为 7.350 m、11.250 m、15.150 m、19.050 m。楼层平台的标高依次为 5.400 m、9.300 m、13.200 m、17.100 m、21.000 m。二层的楼层平台宽为 1 600 mm，其余层的楼层平台宽为 3 100 mm。由于楼梯设计的是开敞式楼梯间，故不描述楼层平台宽。楼梯栏杆的做法参照标准图集 11ZJ401 ⊙（W/14 17/37 12/38），踏步采用成品防滑地砖。

（2）楼梯的左侧有一个电梯井，开间和进深均为 2 400 mm，电梯为 800 kg 客运电梯，业主自理。一层处有一个室外台阶，两侧设有挡墙，挡墙宽为 350 mm，做法参照标准图集 11ZJ901 的第 18 页第 1 号详图。台阶平台长为 3 100 mm，宽为 2 500 mm。共两级台阶，每级台阶的宽度为 300 mm，高度为 150 mm。台阶做法参照标准图集 11ZJ901 的第 11 页第 15 号详图。Ⓔ轴距离⑬轴 400 mm 处设有一个宽度为 1 000 mm 的 M2，方便进出。M2 与⑫轴的距离为 2 200 mm。顶层楼梯左侧设有电梯机房，机房地面标高为 21.600 m，通过台阶通向屋面。台阶共四级，每级台阶宽度为 300 mm，台阶平台宽度为 1 300 mm。顶层设有屋面出入口，其做法参照标准图集 11ZJ201 的第 13 页第 1 号详图。出入口处设置两级台阶，每级宽为 300 mm；Ⓓ轴处设置一个 M5，为双扇门，开启方向为往屋面方向开。

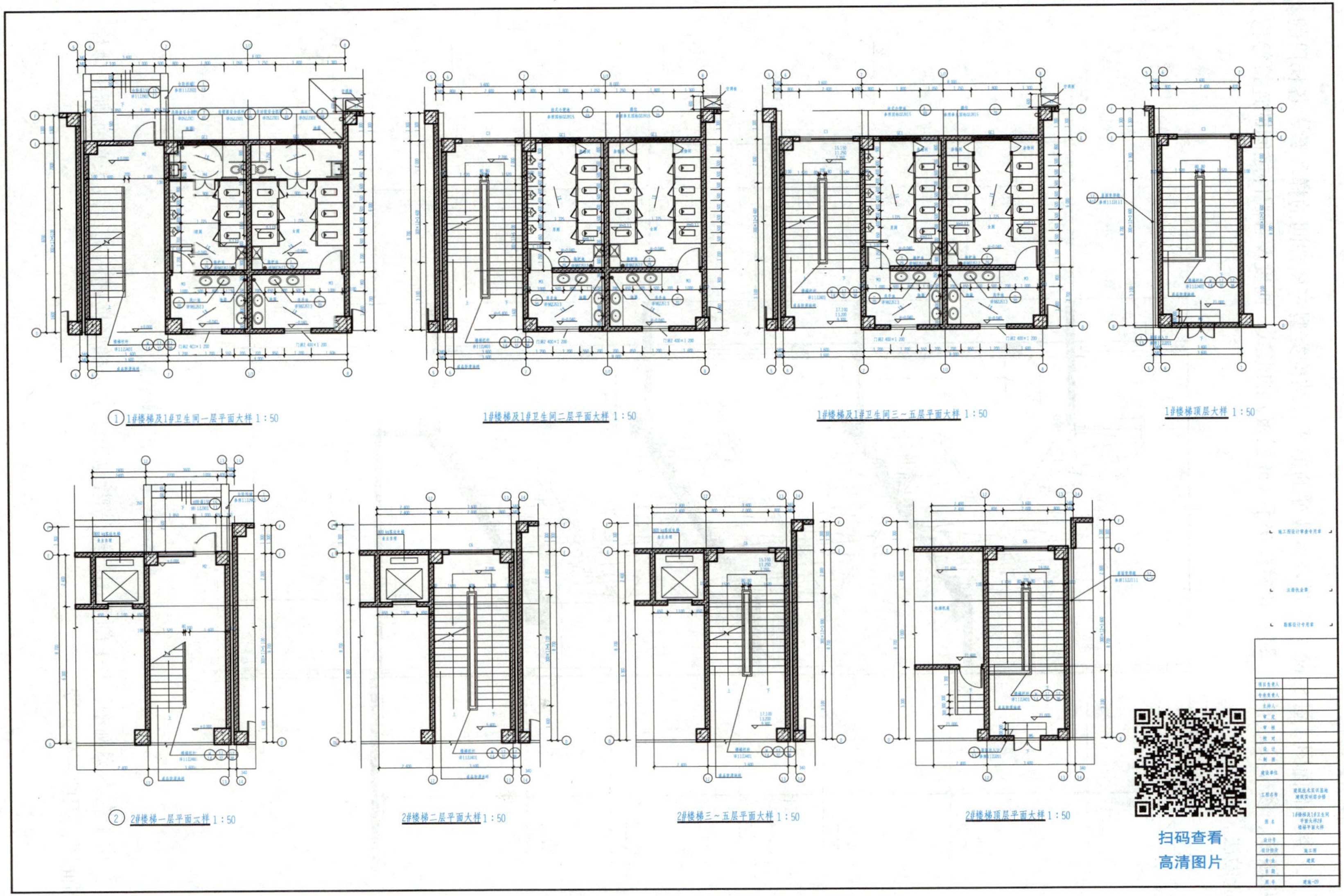

图5-59　建筑详图识读示例

3. 楼梯剖面图

楼梯剖面图（图 5-60）主要表达楼梯的形式、结构类型、楼梯间的梯段数、各梯段的步级数、楼梯段的形状、踏步和栏杆扶手（或栏板）的形式、高度及各配件之间的连接等构造做法。

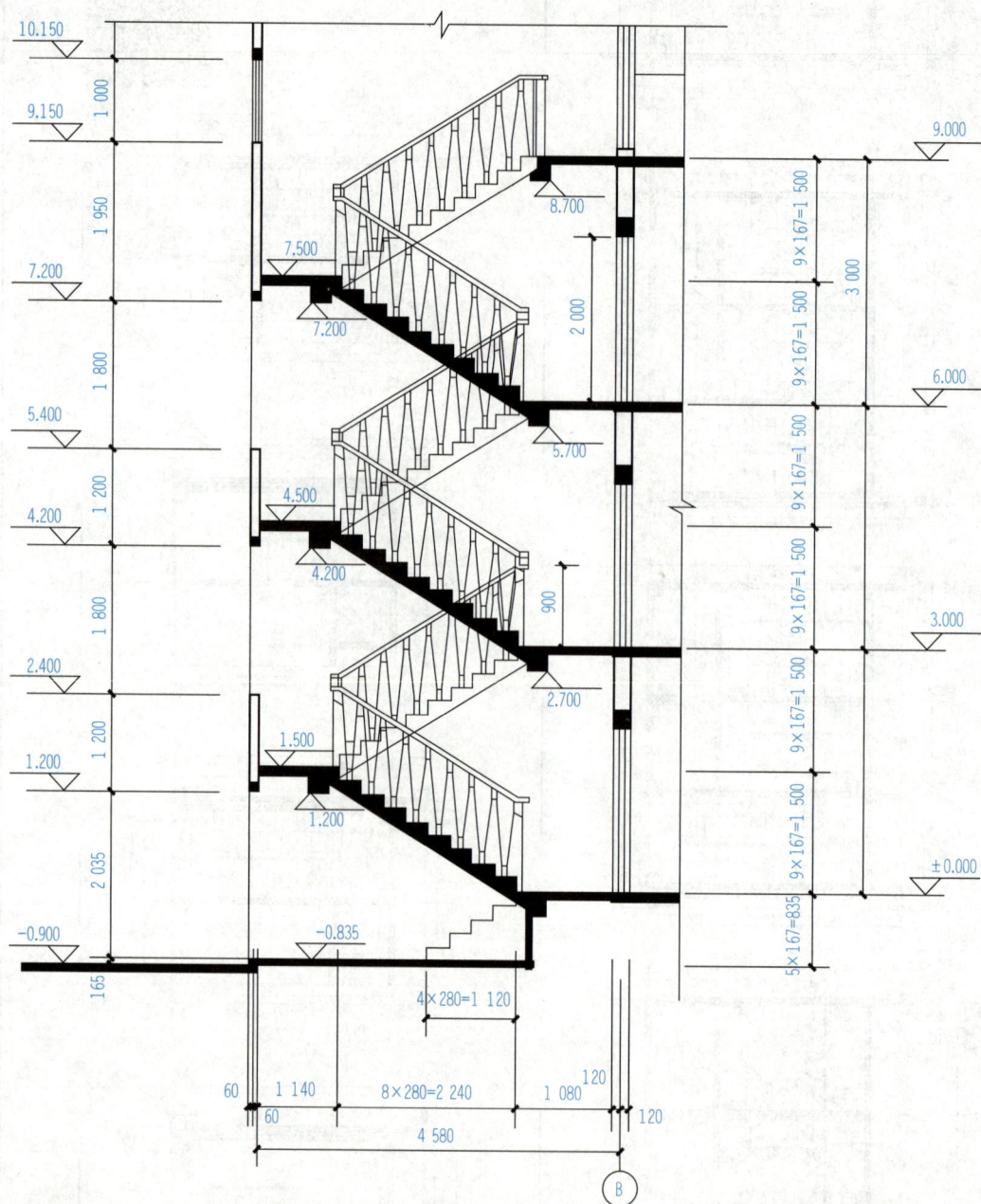

图 5-60 楼梯剖面图示例

由于在本案例中，1-1 剖面图已经清晰地表达了楼梯竖向的构造，故未单独画出楼梯剖面图，因此不作识读。

八、设计变更

设计变更是指项目自初步设计批准之日起至通过竣工验收正式交付使用之日止，对已批准的初步设计文件、技术设计文件或施工图设计文件所进行的修改、完善、优化等。设计变更应以图纸或设计变更通知单的形式发出。

设计变更有以下几种类型。

（一）由施工企业和建设单位提出的变更

在建设单位组织的有设计单位和施工企业参加的设计交底会上，经施工企业和建设单位提出，各方研究同意而改变施工图的做法，都属于设计变更，为此而增加新的图纸或设计变更说明都由设计单位或建设单位负责。

（二）施工中遇到原设计未预料到的情况需进行处理而发生的变更

如工程的管道安装过程中遇到原设计未考虑到的设备和管墩、在原设计标高处无安装位置等，需要改变原设计管道的走向或标高，经设计单位和建设单位同意，办理设计变更或设计变更联络单。这类设计变更应注明工程项目、位置、变更的原因、做法、规格和数量，以及变更后的施工图，经签字确认后即为设计变更。

（三）因建设单位要求改变而发生的变更

工程开工后，由于某些方面的需要，建设单位提出要求改变某些施工方法，或增减某些具体工程项目等，如在一些工程中由于建设单位要求增加的管线，在征得设计单位的同意后作出设计变更。

（四）因无法满足原设计要求进行更改所发生的变更

施工企业在施工过程中，由于施工方面、资源市场的原因，如材料供应或施工条件不成熟，认为需要改用其他材料代替，或者需要改变某些工程项目的具体设计等引起的设计变更，经双方或三方签字同意可作为设计变更。

本项目的设计变更如图 5-61 所示，包含三张设计变更通知单和一张变更图纸（分属不同时期的设计变更），主要涉及的内容包含工程做法及材料的变动。变化较大的地方为主入口处坡道由两侧弧形坡道改为一侧直线形坡道，一侧室外台阶。

需要注意的是，当原有图纸和设计变更上的内容不一致时，应以设计变更上的内容为准。

竣工后的建筑如图 5-62 所示。

设计变更原因简述及内容：

根据审图意见书（审查编号：JZ2012090），补充、修改及完善如下内容：

1.建施-01《工程作法表》中"屋1"做法第7项内容与第8项内容顺序变更，现变更第7项为"20厚1:2.5水泥砂浆找平层"；第8项为"40厚（最薄处）页岩陶粒混凝土找2%坡"；

2.建施-01《工程作法表》中"外墙1"参照《EVB保温隔热防火干粉砂浆专项设计图集》（桂08TJ102）；

3.建施-04取消⑧轴、⑫轴交Ⓐ、Ⓑ轴入口平台处坡道，变更为台阶及无障碍坡道，具体详见建施-4改；

4.建施-11门窗表注明中增加：

"4.玻璃门M1，玻璃推拉门TLM1使用安全玻璃。其中，M1使用12 mm钢化玻璃，TLM1使用5 mm厚钢化玻璃"

"5.C1、C2、C3使用无色透明中空玻璃，与节能设计一致。其余编号窗使用普通玻璃"

（a）

图 5-61 设计变更
（a）设计变更 1

设计变更原因简述及内容：

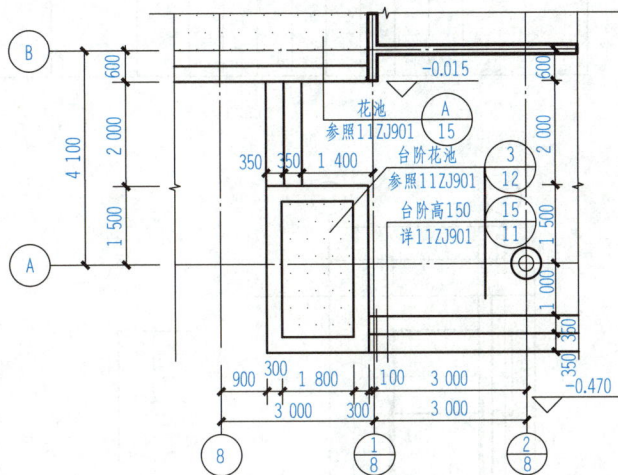

① 入口平台局部修改图 1:100

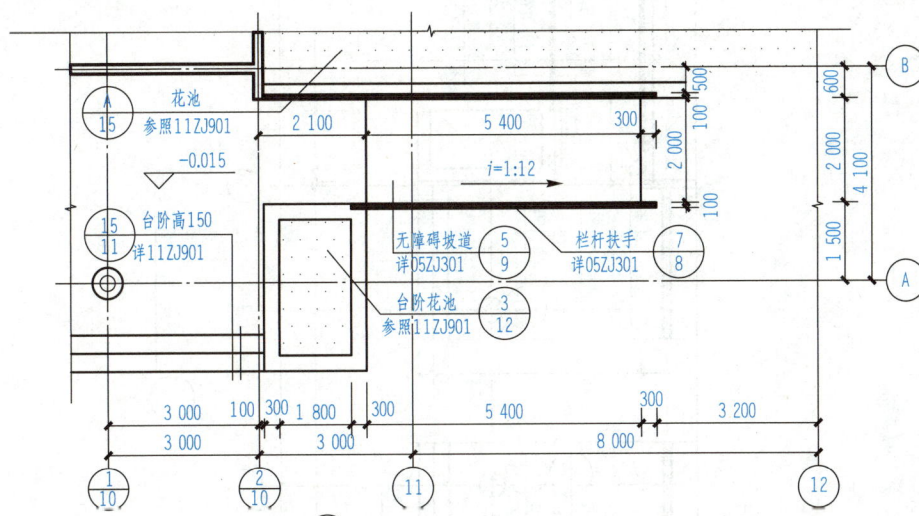

② 入口平台无障碍坡道修改图 1:100

(b)

图 5-61　设计变更（续）

(b) 设计变更2

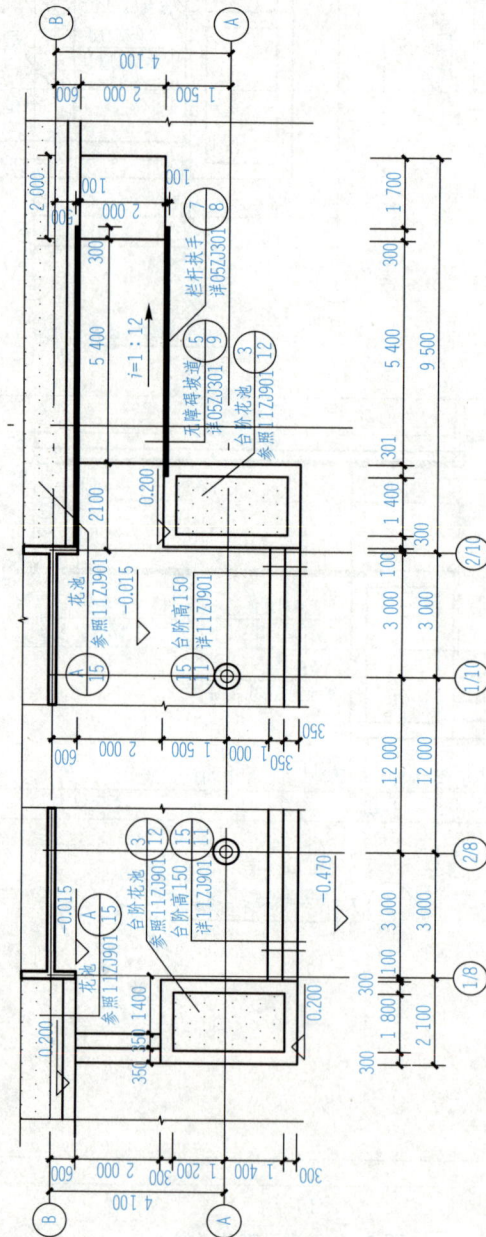

图5-61 设计变更（续）

(c) 设计变更3

设计变更原因简述及内容：

　　由于原《工程做法表》及门窗表中对外窗采用的玻璃表述不够详细，现补充及修改如下内容：

　　1.建施-1图《工程作法表》中"门窗工程"第一项内容变更为："1.本工程外窗为铝合金窗，采用优质白色铝合金窗框配无色透明中空玻璃，厕所窗采用磨砂玻璃，外走廊装饰窗及楼梯间采光窗采用优质铝合金窗框配5厚普通透明玻璃，详见建施-10图门窗表。"

　　2.细化建施-10图门窗表"备注"项内容：

门 窗 表

类型	设计编号	洞口尺寸/mm		樘数							采用的标准图集及编号	备注
		宽	高	一层	二层	三层	四层	五层	屋顶层	总数		
窗	C1	3 000	2 100	10	10	10	10	10		50	本图	铝合金框+中空玻璃窗
	C2	1 800	2 100	12	18	22	22	22	1	97	本图	铝合金框+中空玻璃窗
	C3	2 400	2 100	7	6	6	6	6		31	本图	铝合金框+中空玻璃窗
	C4	7 500	2 400		3	3	3	3		12	本图	普通铝合金玻璃窗
	C5	2 250	3 300	2						2	本图	普通铝合金玻璃窗
	C6	2 000	2 100		1	1	1	1		4	本图	普通铝合金玻璃窗
	GC1	1 800	900	2	2	2	2	2		10	本图	铝合金磨砂玻璃窗
	GC2	1 200	900		4					4	本图	铝合金磨砂玻璃窗

注：

1.C3编号的窗用于楼梯间采光窗及二层休息区采光窗时采用普通玻璃，本工程中共有6个，其余均采用中空玻璃。

3.以本图修改内容代替原建施图相关内容，本图应与原建施图配合使用。

(d)

图 5-61 设计变更（续）
(d) 设计变更4

图 5-62　竣工后的建筑实形

🔹拓展知识

2024 年 2 月 23 日凌晨，南京市消防救援支队指挥中心接到报警，某小区发生火灾。此次事故造成重大人员伤亡，共造成 15 人遇难，1 人危重，1 人重症。

火灾一旦发生，有没有防火分隔措施，安全疏散路径是否畅通，有没有必要的消防设施和器材，显得至关重要。消防救援窗（图 5-63）是供消防员爬进去开展救援的，集救援和逃生功能为一体。一旦发生火灾，消防员可以在消防车的帮助下爬到救援窗前，用锤子把玻璃击碎，入室开展救援活动。消防救援窗在平面图上一般会加以标注（图 5-64），在电子版立面图上用红色的圆形或三角形加框表示，如图 5-65 所示。

图 5-63　消防救援窗

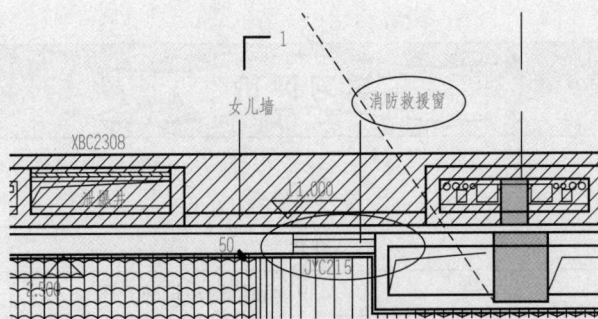

图 5-64　消防救援窗平面表示

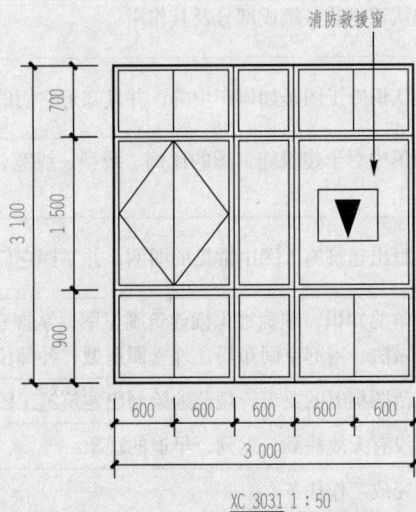

图 5-65　消防救援窗立面图例

在规范中规定，消防救援窗的净高度和净宽度均不应小于 1.0 m，下沿距离室内地面不宜大于 1.2 m，间距不宜大于 20 m 且每个防火分区不应少于两个，设置位置应与消防车登高操作场地相对应。窗口的玻璃应易于破碎，并应设置可在室外易于识别的明显标志，如图 5-66 所示。

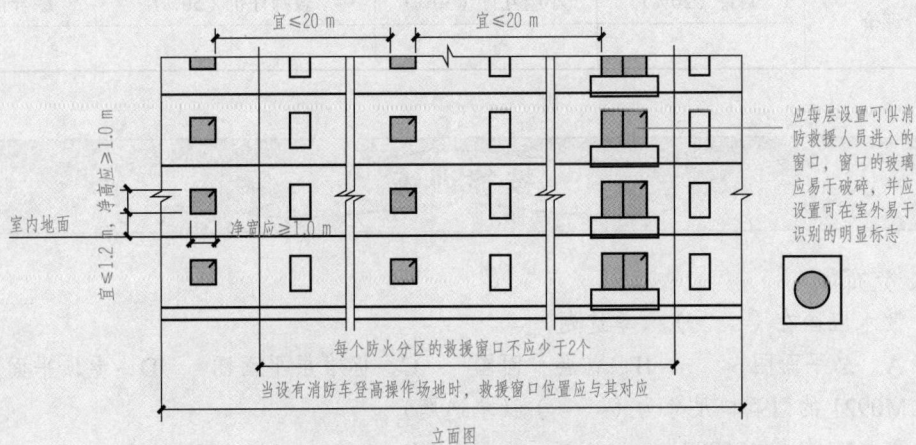

图 5-66　消防救援窗规范要求

学习评价表

班级：		姓名：			学号：	
项目五		识读和绘制建筑施工图				
评价项目		评价标准			分值	得分
建筑的组成和作用		能够正确地认识建筑各组成部分及其作用			5	
施工图的产生及分类		能够正确地认识施工图是如何产生的，并且知道它们的分类			5	
建筑施工图的有关规定		掌握规范图集中对于建筑施工图的比例、线型、线宽、绘制内容等相关规定			10	
建筑施工图中常见的图例		能够正确地画出建筑施工图中常见的图例，并掌握它们所代表的含义			10	
识读建筑施工图		能够根据所学的知识，准确地识读建筑施工图，掌握建筑的各部位所用材料、构造做法、内部空间布局、外立面造型、各部位尺寸和标高等			25	
绘制建筑施工图		能够按照规范图集上的要求，规范地绘制出建筑施工图			20	
工作态度		态度端正，没有无故缺勤、迟到、早退的现象			5	
工作质量		能保质保量完成工作任务			5	
协调能力		与小组成员之间能合作交流、协调工作			5	
职业素质		能做到保持工匠之心，认真严谨			5	
创新意识		通过阅读本项目识读举例的图纸，能更好地理解有关建筑施工图的图纸内容			5	
合计					100	
综合评价	自评（20%）	小组互评（30%）		教师评价（50%）	综合得分	

一、选择题

1．散水应画在（　　）。（单选题）

　　A．总平面图　　　　B．首层平面图　　C．标准层平面图　　D．屋顶平面图

2．M0921 的门洞口尺寸为（　　）。（单选题）

　　A．2 100 mm×900 mm　　　　　　　　B．900 mm×2 100 mm

　　C．210 mm×90 mm　　　　　　　　　　D．90 mm×210 mm

3．定位轴线编号圆的直径为（　　　　）mm。（单选题）

A．6～8　　　　　　　B．7～9　　　　　　　C．8～10　　　　　　　D．9～11

4．建筑剖面图的剖切位置和剖视方向，应在（　　　　）中查找。（单选题）

A．总平面图　　　　B．首层平面图　　　　C．建筑立面图　　　　D．建筑详图

5．室外地坪线可以用（　　　　）绘制。（多选题）

A．细实线　　　　　B．中实线　　　　　　C．粗实线　　　　　　D．加粗实线

6．指北针应画在（　　　　）中。（多选题）

A．总平面图　　　　B．首层平面图　　　　C．标准层平面图　　　D．屋顶平面图

7．处于两个楼层之间的楼梯平台叫作（　　　　）。（多选题）

A．楼层平台　　　　B．中间平台　　　　　C．休息平台　　　　　D．台阶平台

8．楼梯详图包括（　　　　）。（多选题）

A．楼梯平面图　　　B．楼梯剖面图　　　　C．楼梯立面图　　　　D．平面图

9．下列不需要画地坪线的是（　　　　）。（多选题）

A．建筑平面图　　　B．建筑立面图　　　　C．建筑剖面图　　　　D．总平面图

10．关于风玫瑰图，下列说法正确的是（　　　　）。（多选题）

A．实线代表夏季风向频率　　　　　　　　B．虚线代表冬季风向频率

C．实线代表全年风向频率　　　　　　　　D．虚线代表夏季风向频率

二、图纸识读题

1．识读图5-67所示的建筑总平面图，完成下面的填空题。

（1）本图比例为_____，Ⓐ、Ⓒ轴之间的距离按此比例在纸上绘制，应为_____mm。

（2）本工程建筑总占地面积为_____m²，总建筑面积为_____m²。

（3）学校出入口在_____侧。

（4）图中拟建教学楼共_____层，占地面积为_____m²。拟建学生宿舍楼共_____层，建筑面积_____m²。

（5）图中拟建建筑室内相对标高零点相当于黄海高程_____m。

（6）拟建教学楼与广播室之间的距离为_____m。

（7）①轴与Ⓒ轴相交的角点坐标为_____。

2．识读图5-68所示的建筑平面图，完成下面的填空题。

（1）本图的图名比例为_____，比例为_____。

（2）该建筑总长为_____，主入口在_____面。

（3）室外台阶的排水坡度为_____，其做法为_____。

（4）室内外高差为_____。

（5）地下车库入口宽度为_____，⑨～⑩轴办公室开间为_____，进深为_____。

（6）FM-5为_____，门宽为_____。外墙的厚度为_____。

3．识读图5-69所示的建筑立面图，完成下面的填空题。

（1）本图按照轴线编号命名，图名应为_____。

（2）室外地坪标高为_____，室外高差为_____，屋面板标高为_____，建筑最高点的标高为_____。

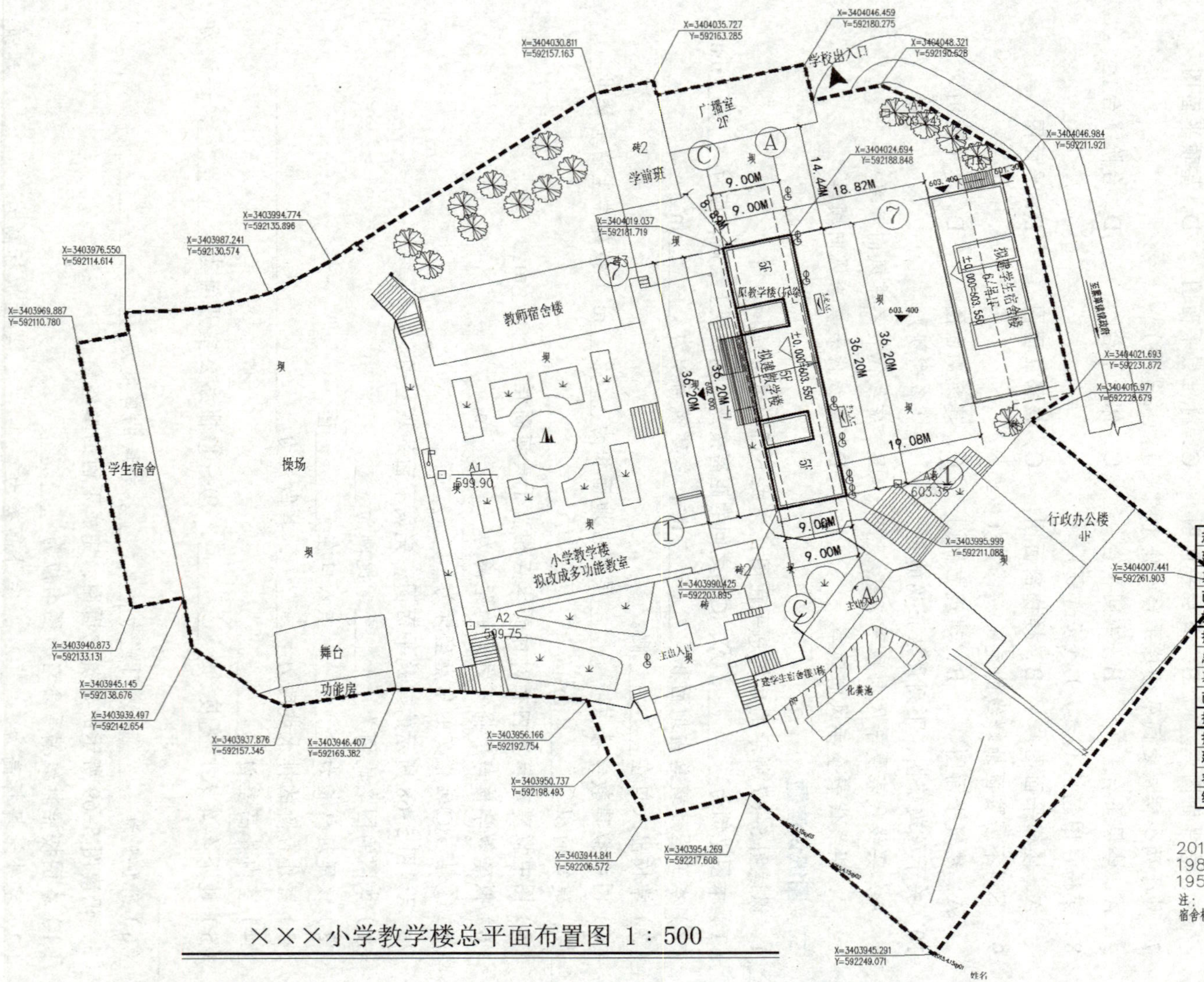

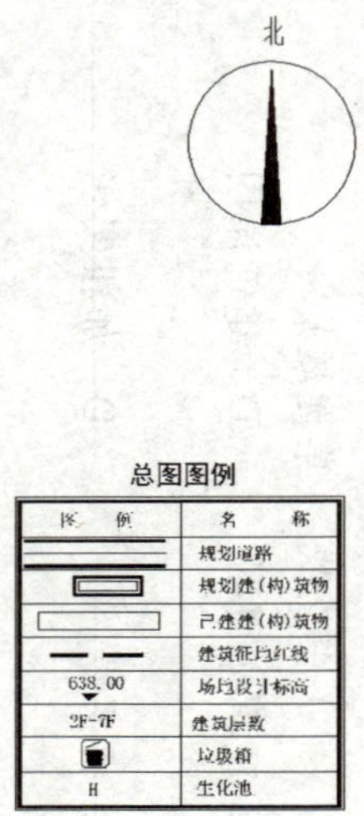

主要技术经济指标

规划总用地面积	10603.87平方米
建筑总占地面积	2173.76平方米
其中	
已有建筑占地面积	1523.12平方米
拟建教学楼占地面积	345.92平方米
拟建宿舍楼占地面积	304.72平方米
总建筑面积	6285.41平方米
其中	
已有建筑面积	3440.05平方米
拟建教学楼建筑面积	1359.38平方米
拟建宿舍楼建筑面积	1485.98平方米
建筑密度	20.50%
容积率	0.59
绿地率	32.13%

2011年6月数字化制图。
1980西安直角坐标系。
1956黄海高程系，等高距为1米。

注：
宿舍楼场平平整挖方为1000立方米，运距为200米。

×××小学教学楼总平面布置图 1∶500

图 5-67 建筑总平面图识读

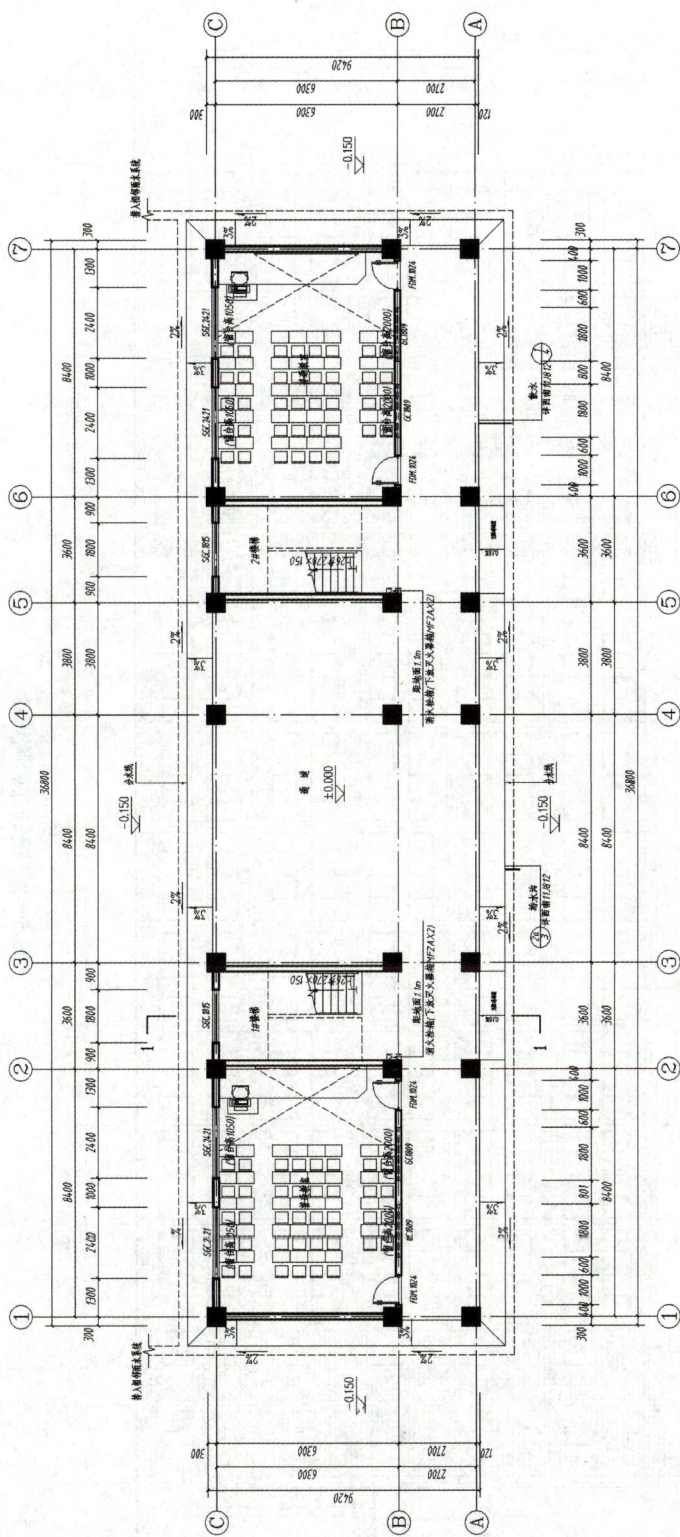

一层平面图 1:100

本层建筑面积160.18 ㎡
本建筑总建筑面积为359.38 ㎡

图 5-68　建筑平面图识读

说明：
1. 粉尘重大小详墙基。墙体装修详见书中绘制为200 mm，门墙面装为的
   为100 mm，墓底道构造门详尽均为30 mm。
2. 所有窗台底高度大于900的窗均按1 100防护栏杆见。
   栏杆详11A12-53~1b。
3. 1/6 号区楼地面标高。未注楼地面标高均同楼地面。
4. 未标楼木数道1次级向墙楼地面。
5. 图件●标志为地面。管层为J5的, 图中为排水立管。
6. 图件●标志为地面, 管层为J5的, 图中为排水立管。
7. 图中●标志为排水检。图□■●为排水天沟。图中●标为天天沟。
8. 楼梯详见标。楼梯防滑条及踏板11A12-60~1。
9. 扶手高度及栏杆详排栏标。走道排栏标。
10. 图中所标注门窗洞口尺寸均为施工完成墙内尺寸。

141

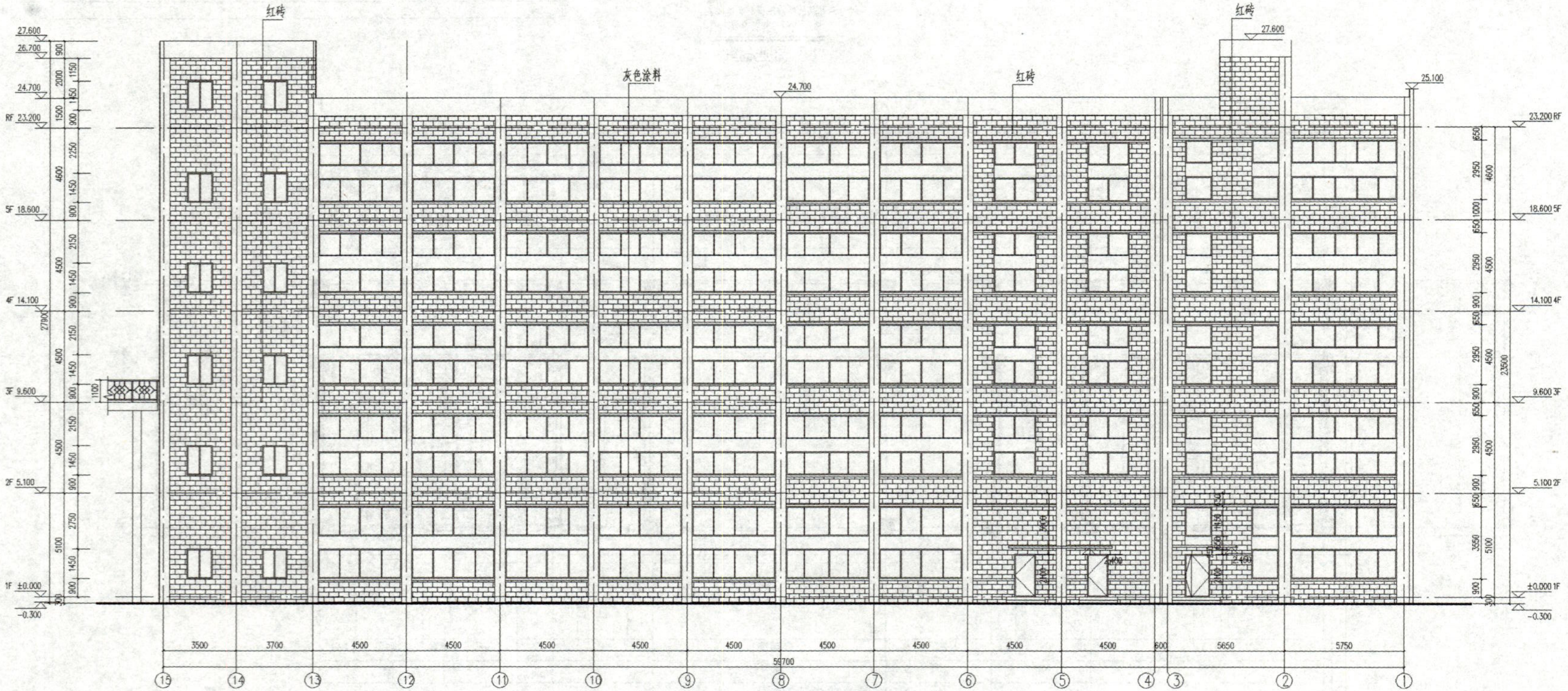

图 5-69　建筑立面图识读

（3）一层层高为_____，二～四层层高为_____，五层层高为_____。

（4）⑮～⑬轴之间的窗，高度为_____，窗台高为_____。

（5）⑥～④轴之间标高为 2.400 m 的构件为_____，下方门的开启方向为向_____开，门的高度为_____。

（6）本工程共有_____种外墙装修做法，分别为_____和_____。

4．识读图 5-70 所示的建筑剖面图，完成下面的填空题。

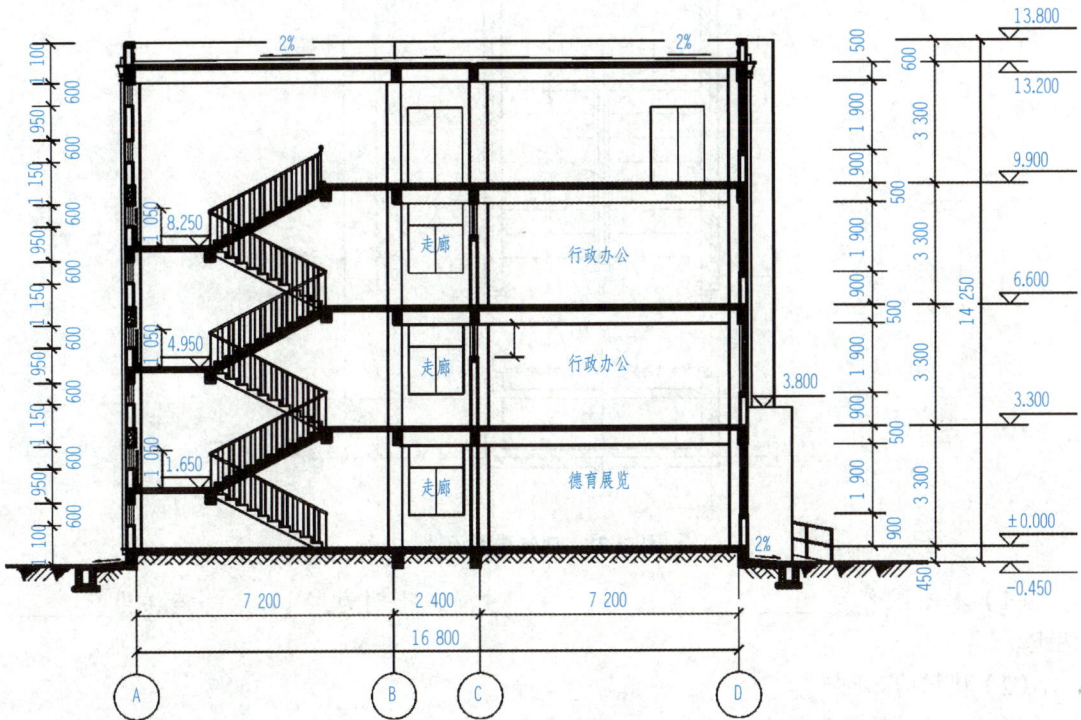

图 5-70　建筑剖面图识读

（1）本工程的屋顶形式为_____，屋顶排水坡度为_____，屋面是否为上人屋面_____（填"是"或"否"）。

（2）屋面标高为_____，女儿墙顶部标高为_____，女儿墙高度为_____。

（3）Ⓐ轴处的窗高为_____，Ⓒ轴处的窗高为_____，Ⓓ轴处的窗高为_____，窗台高_____，梁高_____。

（4）楼梯扶手高_____，二层楼梯中间平台标高为_____。

（5）三层楼面标高为_____，三层层高为_____。

（6）室内外地面高差为_____，室外散水坡度为_____。

（7）走廊宽_____，行政办公室宽_____。

（8）在制图标准中，图例⧄⧄⧄代表的是_____，图例⧄⧄⧄代表的是_____。

5．识读图 5-71 所示的建筑详图，完成下面的填空题。

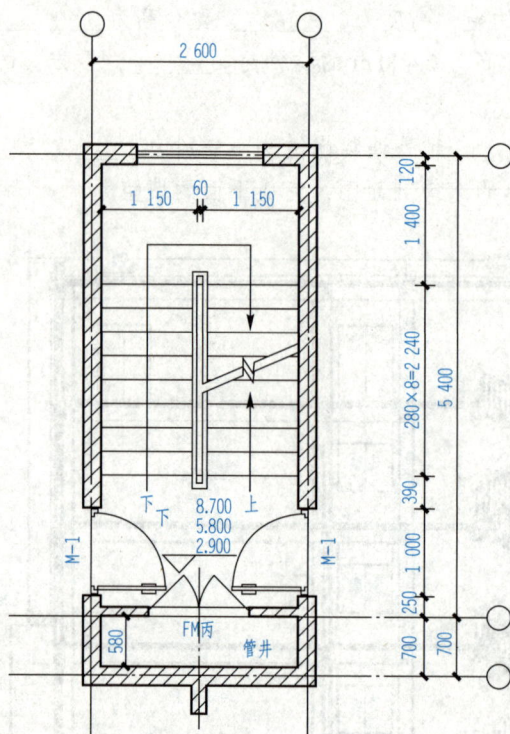

图 5-71　建筑详图识读

（1）本图图名为_____，比例为_____，楼梯为_____侧上。

（2）楼梯的开间为_____，进深为_____。

（3）梯段水平投影长为_____，梯段宽为_____，梯井宽为_____。

（4）每个梯段共_____级踏步，踏步宽为_____。

（5）楼梯中间平台宽为_____，楼层平台宽为_____。

（6）M-1 的门洞口宽度为_____，墙体厚度为_____，FM 丙代表的是_____。

三、作图题

1．建筑平面图绘制。

抄绘图 5-72，选择合适的图幅，按照图中所示比例绘制。线型、线宽、字体等按照制图标准的要求选择，图中未注明的尺寸可自定。

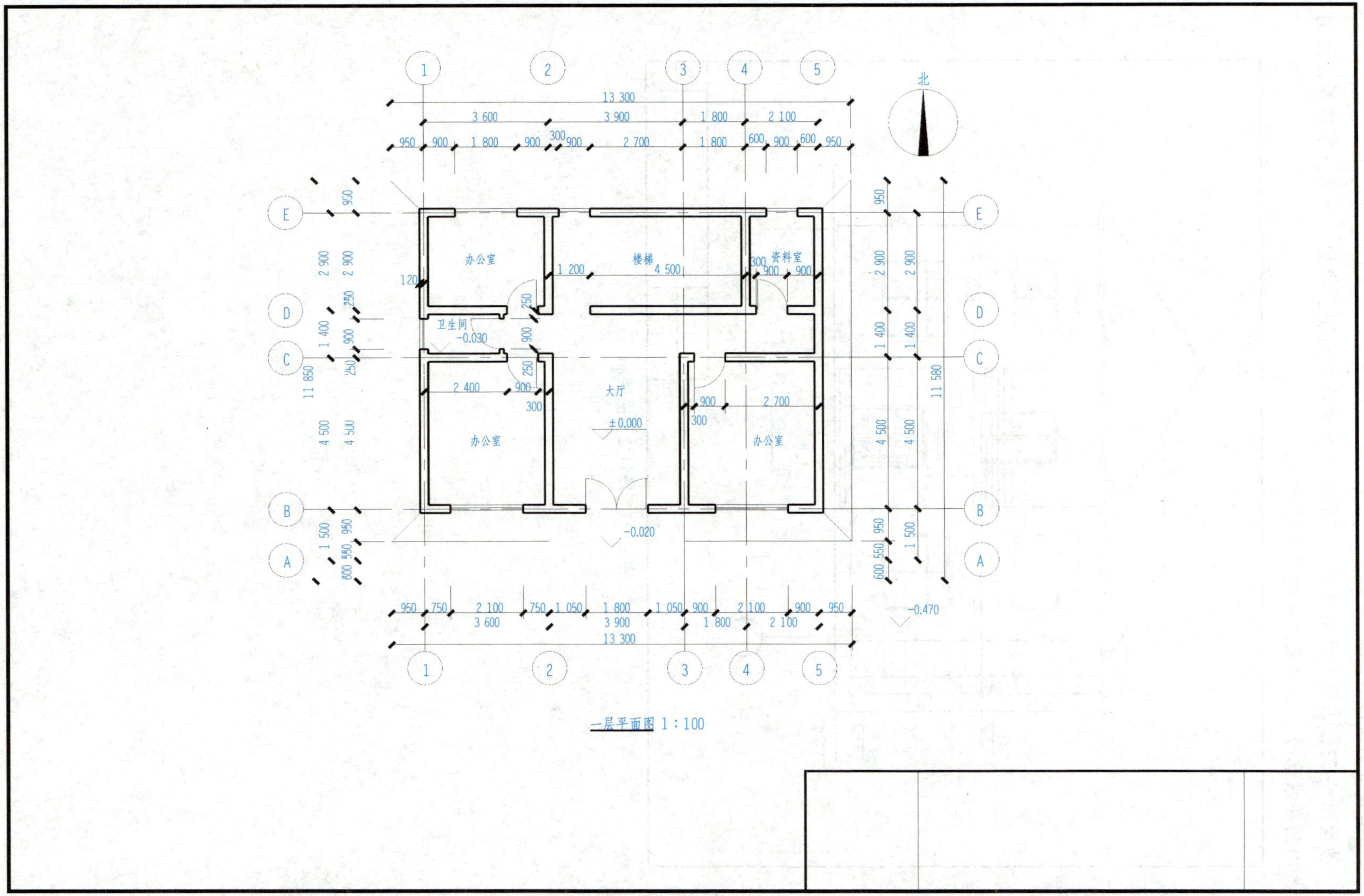

一层平面图 1：100

图 5-72　建筑平面图绘制

2．建筑立面图绘制。

抄绘图5-73，选择合适的图幅，按照图中所示比例绘制。线型、线宽、字体等按照制图标准的要求选择，图中未注明的尺寸可自定。

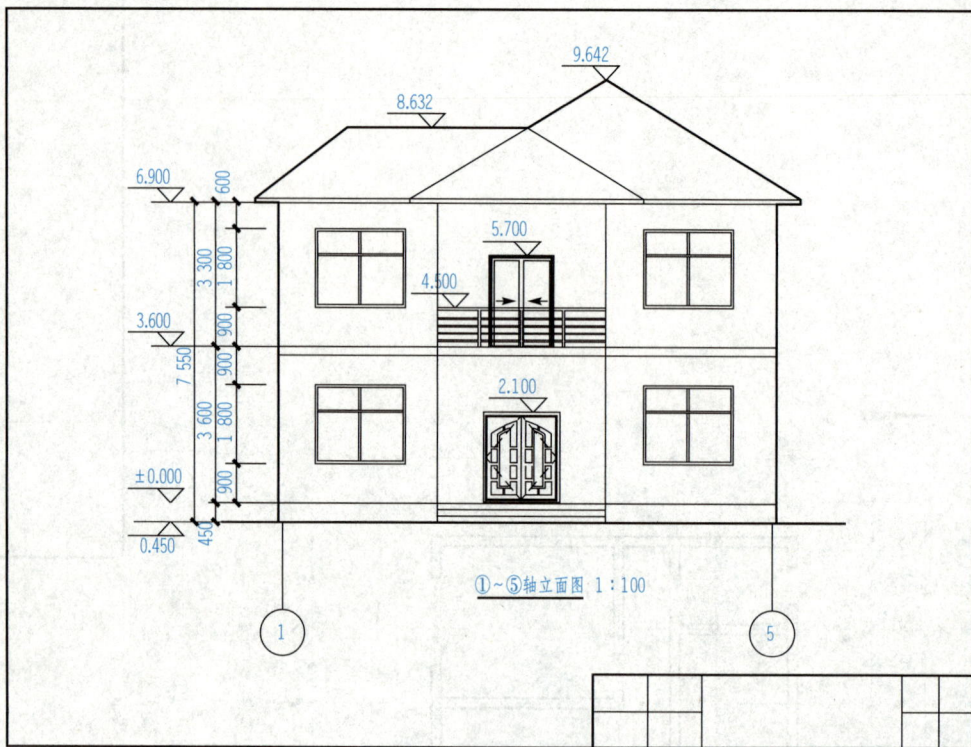

图 5-73　建筑立面图绘制

项目六　识读结构施工图

项目描述

　　本项目的核心目标是使学生全面理解并掌握结构施工图的相关内容，包括基础图、结构平面图、构件详图及钢筋混凝土结构施工图的平面整体表示方法等。通过本项目的学习，学生应能够独立识读和分析各类结构施工图纸，为后续的专业学习和实际工作打下坚实的基础。

　　学生需要掌握结构施工图的基本内容及其相关规定，理解结构施工图在建筑工程中的重要性；了解基础平面图和基础详图的图示内容，掌握其识读方法，能够准确识别图纸中的基础类型和构造；熟悉楼层结构平面布置图和屋顶结构平面布置图的图示内容，掌握其识读方法，能够分析图纸中的结构布局和构造特点；了解钢筋混凝土构件的分类，掌握其表示方法，并能够准确识读构件详图中的相关信息；掌握梁、柱等钢筋混凝土结构在施工图中的平面整体表示方法，能够综合运用所学知识，分析复杂的钢筋混凝土结构施工图。

学习目标

1. 知识目标

（1）掌握结构施工图的基本概念、分类、内容和作用；

（2）理解基础施工图的形成原理及图示内容；

（3）熟悉结构平面图的形成过程及图示内容；

（4）了解钢筋混凝土构件的分类、特点及表示方法；

（5）理解钢筋混凝土结构施工图平面整体表示方法。

2. 技能目标

（1）具备独立识读和分析结构施工图的能力；

（2）能够掌握结构施工图的绘制方法；

（3）提升空间想象力和结构分析能力；

（4）培养团队协作能力，共同解决识图问题。

3. 素养目标

（1）激发学习热情，树立终身学习理念。

（2）结合爱国情怀，为国家建设和发展贡献力量。

（3）培养精益求精、追求卓越的工作态度。

（4）树立勇于担当、服务社会的理念。

（5）培养成为具有高尚品德和专业技能的优秀人才。

项目六 识读结构施工图

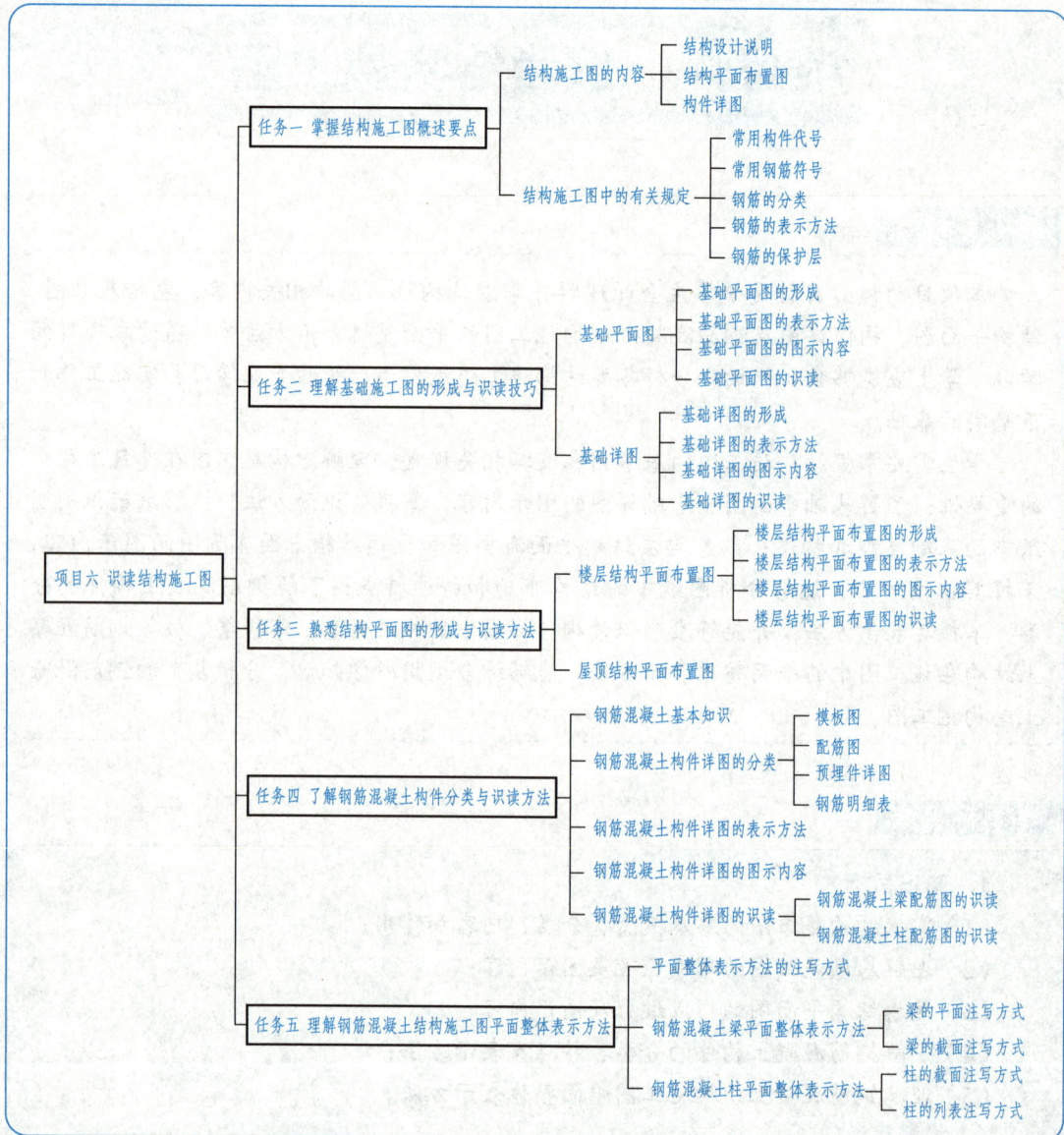

- 任务一 掌握结构施工图概述要点
  - 结构施工图的内容
    - 结构设计说明
    - 结构平面布置图
    - 构件详图
  - 结构施工图中的有关规定
    - 常用构件代号
    - 常用钢筋符号
    - 钢筋的分类
    - 钢筋的表示方法
    - 钢筋的保护层

- 任务二 理解基础施工图的形成与识读技巧
  - 基础平面图
    - 基础平面图的形成
    - 基础平面图的表示方法
    - 基础平面图的图示内容
    - 基础平面图的识读
  - 基础详图
    - 基础详图的形成
    - 基础详图的表示方法
    - 基础详图的图示内容
    - 基础详图的识读

- 任务三 熟悉结构平面图的形成与识读方法
  - 楼层结构平面布置图
    - 楼层结构平面布置图的形成
    - 楼层结构平面布置图的表示方法
    - 楼层结构平面布置图的图示内容
    - 楼层结构平面布置图的识读
  - 屋顶结构平面布置图

- 任务四 了解钢筋混凝土构件分类与识读方法
  - 钢筋混凝土基本知识
  - 钢筋混凝土构件详图的分类
    - 模板图
    - 配筋图
    - 预埋件详图
    - 钢筋明细表
  - 钢筋混凝土构件详图的表示方法
  - 钢筋混凝土构件详图的图示内容
  - 钢筋混凝土构件详图的识读
    - 钢筋混凝土梁配筋图的识读
    - 钢筋混凝土柱配筋图的识读

- 任务五 理解钢筋混凝土结构施工图平面整体表示方法
  - 平面整体表示方法的注写方式
  - 钢筋混凝土梁平面整体表示方法
    - 梁的平面注写方式
    - 梁的截面注写方式
  - 钢筋混凝土柱平面整体表示方法
    - 柱的截面注写方式
    - 柱的列表注写方式

任务一 掌握结构施工图概述要点

任务导入

　　结构施工图作为建筑设计中至关重要的组成部分，承载着表达房屋承重构件布置、形状、大小、材料、构造及其相互关系的使命。从基础到柱、梁、板等承重构件，其详细设计信息均通过结构施工图得以展现。这份图纸不仅是施工放线、基槽开挖、模板支撑、钢筋绑扎等施工环节的指导依据，也是

视频：结构施工图概述

编制预算和施工组织计划的重要参考。因此，深入学习和理解结构施工图概述要点，对于确保建筑施工的准确性和安全性具有重要的意义。在本任务中，将重点探讨结构施工图的基本内容、分类及有关规定，为后续的学习和实践奠定坚实基础。

任务资讯

一、结构施工图的内容

结构施工图的内容包括结构设计说明、结构平面布置图和构件详图三部分。

（一）结构设计说明

结构设计说明是全局性的文字说明，是结构施工图的纲领性文件，它结合现行规范，针对工程的特殊性，将设计的依据、材料、地基情况、施工注意事项和选用标准图集等，用文字方式进行表述。一般包括以下内容：

（1）工程概况，如建设地点、结构的设计使用年限、建筑结构的安全等级、抗震设防烈度、建筑类别和设防标准等。

（2）地基基础情况，如地质情况、基础的形式、地基基础的施工要求等。

（3）上部结构情况，如上部结构形式、各构件采用的混凝土强度等级等。

（4）材料及结构说明，如受力钢筋的保护层厚度、钢筋的锚固、钢筋的接头及砌体结构中块材和砌筑砂浆的强度等级等。

（5）施工要求及质量标准，如对施工顺序、方法、质量标准的要求及与其他工种配合施工方面的要求等。

（6）选用的标准图集及有关构造做法的说明。

（7）其他必要的说明。

为使初学者对结构设计说明有一个比较全面的认识，下面将某工程的结构设计说明摘录如下：

结构设计说明

一、设计原则和标准

1. 结构的设计使用年限：50年。

2. 建筑结构的安全等级：二级。

3. 地震基本烈度：六级；设防烈度：6度。

4. 建筑类别和设防标准：丙类；抗震等级：四级。

二、基础

C20独立柱基，C25钢筋混凝土基础梁

三、上部结构

现浇钢筋混凝土框架结构，梁、板、柱、楼梯混凝土强度等级均为C25。

四、材料及结构说明

1. 受力钢筋的混凝土保护层：基础C40，±0.000以上板15 mm，梁25 mm，柱30 mm。

2. 所有板底受力筋长度为梁中心线长度＋100 mm（图上未注明的钢筋均为Φ6@200）。

3. 沿框架柱高每隔500 mm设2Φ6拉筋，深入墙内的长度为1 000 mm。

4. 屋面板未配置钢筋的表面均设置Φ6@200双向温度筋，与板负筋的搭接长度300 mm。

5. ±0.000以上砌体墙均用M5混合砂浆砌筑，除阳台、女儿墙采用MU10页岩标准砖外，其余均采用MU10多孔页岩砖。

6. 过梁：门窗洞口均设有钢筋混凝土过梁，过梁高200 mm，配置4Φ12纵筋、Φ6@200箍筋。

......

（二）结构平面布置图

结构平面布置图是表示房屋中各承重构件总体平面布置的图样，反映的是构件的布置情况、类型、数量及现浇板的钢筋配置情况等。其主要内容如下：

（1）基础平面布置图及断面图。

（2）楼层结构平面布置图，即柱、梁、板平面布置图及配筋图。

（3）屋顶结构平面布置图，即屋顶梁、板平面布置图及配筋图。

（三）构件详图

构件详图是表示单个构件形状、尺寸、材料、构造及工艺的图样。其主要内容如下：

（1）基础、柱、梁、板等构件详图。

（2）楼梯结构详图。

（3）其他构件详图，如挑檐、天沟、雨篷等。

二、结构施工图中的有关规定

房屋建筑是由多种材料组成的结合体，目前房屋结构中采用较普遍的是混合结构和钢筋混凝土结构。《建筑结构制图标准》（GB/T 50105—2010）对结构施工图的绘制有明确的规定，现将有关规定介绍如下。

（一）常用构件代号

常用构件代号用各构件名称的汉语拼音的第一个字母表示，详见表6-1。

表 6-1 常用构件代号

序号	名称	代号	序号	名称	代号
1	板	B	15	吊车梁	DL
2	屋面板	WB	16	单轨吊车梁	DDL
3	空心板	KB	17	轨道连接	DGL
4	槽形板	CB	18	车挡	CD
5	折板	ZB	19	圈梁	QL
6	密肋板	MB	20	过梁	GL
7	楼梯板	TB	21	连系梁	LL
8	盖板或沟盖板	GB	22	基础梁	JL
9	挡雨板或檐口板	YB	23	楼梯梁	TL
10	吊车安全走道板	DB	24	框架梁	KL
11	墙板	QB	25	框支梁	KZL
12	天沟板	TGB	26	屋面框架梁	WKL
13	梁	L	27	檩条	LT
14	屋面梁	WL	28	屋架	WJ

序号	名称	代号	序号	名称	代号
29	托架	TJ	42	地沟	DG
30	天窗架	CJ	43	柱间支撑	ZC
31	框架	KJ	44	水平支撑	SC
32	刚架	GJ	45	垂直支撑	CC
33	支架	ZJ	46	梯	T
34	柱	Z	47	雨篷	YP
35	框架柱	KZ	48	阳台	YT
36	构造柱	GZ	49	梁垫	LD
37	承台	CT	50	预埋件	M-
38	基础	J	51	天窗端壁	TD
39	设备基础	SJ	52	钢筋网	W
40	桩	ZH	53	钢筋骨架	G
41	挡土墙	DQ	54	暗柱	AZ

（二）常用钢筋符号

根据《混凝土结构设计规范（2024年版）》（GB 50010—2010）的规定，钢筋可分为普通钢筋和预应力钢筋。建筑工程中常用的钢筋牌号（种类）、符号及公称直径见表6-2。

表6-2　钢筋牌号（种类）、符号及公称直径

普通钢筋			预应力钢筋		
牌号	符号	公称直径 d/mm	牌号	符号	公称直径 d/mm
HPB300	ϕ	6～14	中强度钢丝光面螺旋肋	ϕ^{PM} ϕ^{HM}	5、7、9
			预应力螺纹钢筋	ϕ^{T}	18、25、32、40、50
HRB400 HRBF400 RRB400	Φ Φ^{F} Φ^{R}	6～50	消除应力钢丝 光面螺旋肋	ϕ^{P} ϕ^{H}	5、7、9
HRB500 HRBF500	Φ Φ^{F}	6～50	1×3 股钢绞线	ϕ^{S}	8.6、10.8、12.9
			1×7 股钢绞线		9.5、12.7、15.2、17.8、21.6

（三）钢筋的分类

配置在混凝土中的钢筋，按其作用和位置可分为以下几种，如图6-1所示。

（1）受力钢筋（主筋）：在构件中以承受拉应力和压应力为主的钢筋称为受力钢筋，简称受力筋。受力筋用于梁、板、柱等各种钢筋混凝土构件中。

（2）架立钢筋：又称为架立筋，用以固定梁内钢筋的位置，把纵向的受力钢筋和箍筋绑扎成骨架。架立筋一般位于梁上部。

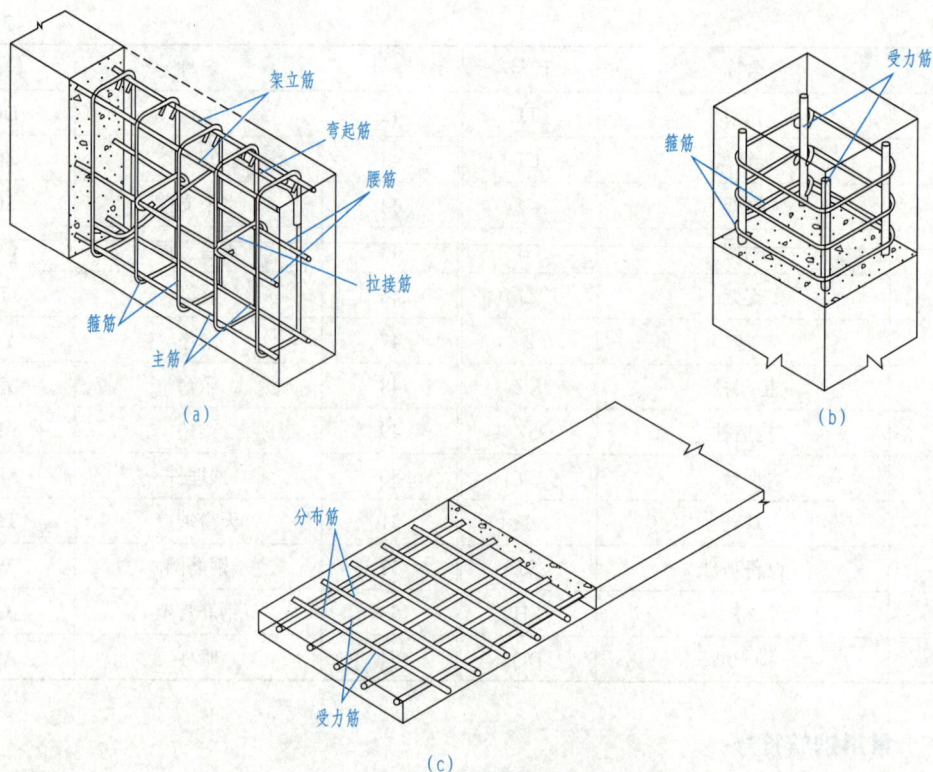

图 6-1 梁、柱、板中钢筋的分类示意

（a）梁；（b）柱；（c）板

（3）箍筋：承受一部分斜拉应力（剪应力），同时固定受力筋、架立筋而配置的钢筋称为箍筋。箍筋一般用于梁和柱内。

（4）分布钢筋：简称分布筋，多用于各种板内。分布筋与板的受力钢筋垂直设置，其作用是将承受的荷载均匀地传递给受力筋，并固定受力筋的位置及抵抗热胀冷缩所引起的温度变形。

（5）其他钢筋：除以上常用的四种类型的钢筋外，还会因构造要求或施工安装需要而配置构造钢筋，如腰筋、拉结筋、吊筋等。

（四）钢筋的表示方法

1. 钢筋的图例

钢筋在下料过程中常常要弯曲制作成各种形状，绘图时，构件中钢筋常用粗实线绘制，混凝土轮廓用细实线绘制（包括断面轮廓），根据正投影的方法可以判断出钢筋的形状和方向。一般钢筋图例见表 6-3。

表 6-3 一般钢筋图例

序号	名称	图例	说明
1	钢筋横断面	•	
2	无弯钩的钢筋端部		下图表示长、短钢筋投影重叠时，短钢筋的端部用 45° 斜画线表示

序号	名称	图例	说明
3	带半圆形弯钩的钢筋端部		
4	带直钩的钢筋端部		
5	带丝扣的钢筋端部		
6	无弯钩的钢筋搭接		
7	带半圆弯钩的钢筋搭接		
8	带直钩的钢筋搭接		
9	花篮螺栓钢筋接头		
10	机械连接的钢筋接头		用文字说明机械连接的方式（如冷挤压或直螺纹等）

2. 钢筋标注方法

钢筋的直径、根数及相邻钢筋中心距在图样上一般采用引出线方式标注。其标注形式有以下两种。

（1）对于数量较少的相同类别、相同大小的钢筋，有几根画几根，并引出集中标注数量、种类和直径。

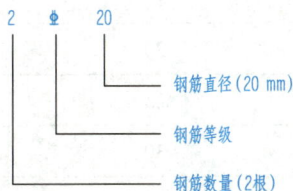

$$2 \quad \Phi \quad 20$$

钢筋直径（20 mm）

钢筋等级

钢筋数量（2根）

（2）对于构件中等间距布置的众多数量的钢筋，通常只画一根，并用文字标注钢筋的种类、直径和间距等，如箍筋、分布筋等。

$$\Phi \quad 8 \quad @ \quad 200$$

相邻钢筋中心距

钢筋中心距符号

钢筋直径

钢筋等级

3. 钢筋构件的表示方法

为了清楚地表明构件内部的钢筋，可假设混凝土为透明体，这样构件中的钢筋在施工图中便可看见。钢筋在结构图中其长度方向用单根粗实线表示，断面钢筋用圆黑点表示，构件的外形轮廓线用中实线绘制。

在钢筋混凝土构件的配筋图中，为了区分各种类型和不同直径的钢筋，必须进行编号，每类钢筋（即形式、规格、长度相同）无论根数多少只编一个号。编号顺序一般为自下而上、自左至右，先受力筋，后架立筋、箍筋、构造筋，有多少种同类型的钢筋就编多少个号。编号采用阿拉伯数字，注写在5～6 mm的细实线圆圈中[《建筑结构制图标准》

（GB/T 50105—2010）]。除对同种类型的钢筋进行编号外，还应在引出线上注明该种钢筋的直径、间距和根数如图6-2所示。

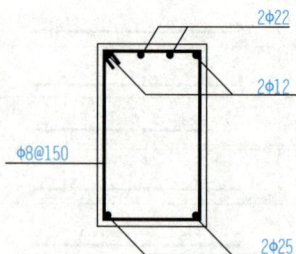

图6-2 钢筋编号示意

（五）钢筋的保护层

为防止钢筋受环境影响而产生锈蚀，保证钢筋与混凝土的有效黏结，增强钢筋的防火性能，在钢筋混凝土构件中钢筋的外边缘到构件的表面应留有一定厚度的混凝土，称为保护层。在《混凝土结构设计规范（2024年版)》（GB 50010—2010）中对混凝土保护层的最小厚度见表6-4。

表6-4 混凝土保护层的最小厚度　　　　　　　　　　　　　　　　　　　　　　mm

环境类别	板、墙	梁、柱
一	15	20
二a	20	25
二b	25	35
三a	30	40
三b	40	50

注：1. 混凝土强度等级不大于C25时，表中保护层数值应增加5 mm；
2. 钢筋混凝土基础宜设置混凝土垫层，基础中钢筋的保护层厚度应从垫层顶面算起，且不应小于40 mm。

任务二　理解基础施工图的形成与识读技巧

任务导入

基础作为房屋的地下承重部分，承载着将建筑物全部荷载传递至地基的重要任务。其形式的选择与上部承重结构的形式及地基状况密切相关。在民用建筑中，条形基础和独立基础是两种常见的形式，如图6-3所示。条形基础，即墙基础，主要适用于墙体承重结构的建筑；独立基础，即柱基础，则常用于柱承重结构的建筑。此外，根据工程需要，还可能采用桩基础、筏形

视频：如何识读
基础图

基础和箱形基础等形式。深入理解这些基础形式的特点和应用场景，对于确保建筑结构的稳定和安全至关重要。因此，在本任务中，将重点学习基础施工图的形成原理，熟悉基础平面图和基础详图的图示内容，掌握其表示方法和识读技巧，为后续的结构施工和建筑安全奠定坚实基础。

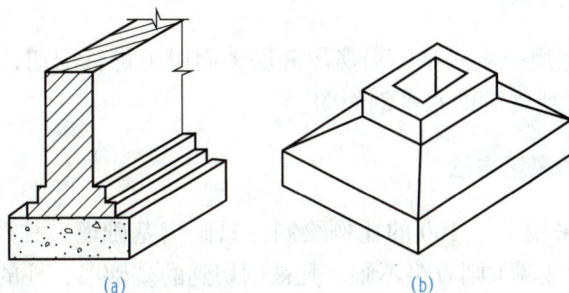

图 6-3　基础的形式
（a）条形基础；（b）独立基础

基础图主要表达建筑物在相对标高 ±0.000 以下承重构件的施工图，一般包括基础平面图、基础详图和文字说明三部分。它是施工时在基地上放灰线、开挖基坑（槽）、基础施工和计算基础工程量的依据。

以图 6-4 为例介绍与基础图相关的几个术语。

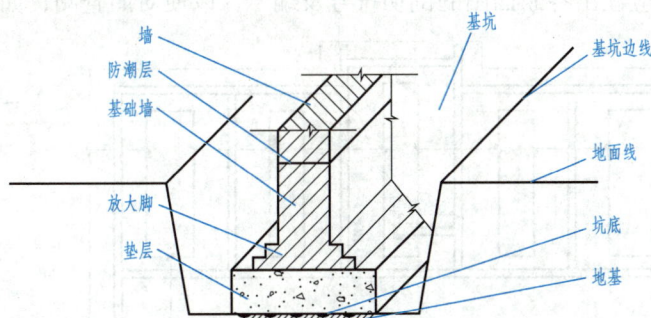

图 6-4　基础的组成

（1）地基。地基指基础底下天然的或经过加固的土壤。建筑物的地基具有一定的深度和范围，因为随着深度的增加，基础下土层所承受的附加应力与变形向四周扩散而逐渐减弱，所以把土层中附加应力和变形所不能忽略的那一部分土层称为地基。

（2）垫层。把基础传递过来的荷载均匀地传递给地基的结合层称为垫层。

（3）基础墙。条形基础埋入地下的墙称为基础墙。

（4）大放脚。当采用砖墙和砖基础时，在基础墙和垫层之间做成阶梯形的砌体，称为大放脚。

（5）基坑（基槽）。为基础施工而在地下开挖的土坑称为基坑（基槽）。

（6）基坑边线。施工时测量放线的灰线称为基坑边线，一般需要加上工作面和放坡的增加长度。

（7）防潮层。防潮层指防止地下水对墙体侵蚀而铺设的一层防潮材料。

（8）基础的埋置深度。基础的埋置深度指室外地坪到基础地面的垂直距离。

一、基础平面图

(一)基础平面图的形成

基础平面图是假想用一个水平面沿房屋底层地面以下进行剖切,移去上层的房屋和基础周围的泥土向下投影所得到的水平剖面图。

(二)基础平面图的表示方法

基础平面图通常采用 1∶100 的比例绘制,只画出基础墙、柱及垫层底面的轮廓线,基础的细部轮廓(如大放脚)则省略不画。凡被剖切到的基础墙、柱的轮廓线,应用粗实线绘制;未剖切到的可见轮廓线(如垫层的外边线)应用细实线绘制;预留孔洞、地沟等不可见轮廓线,应用细虚线绘制;若基础墙内设置有基础圈梁,应用粗单点长画线绘制。基础平面图中采用的材料图例与建筑平面图相同。

基础平面图的尺寸标注可分为外部尺寸和内部尺寸两部分。外部尺寸只标注定位轴线的间距和总尺寸;内部尺寸应标注各道墙的厚度、柱的断面尺寸和基础底面的宽度等。凡基础宽度、墙厚、大放脚、基底标高、管沟做法不同时,均以不同的断面图表示,因此,在基础平面图中还应注出各断面图的剖切符号及编号,以便对照查阅,如图 6-5 所示。

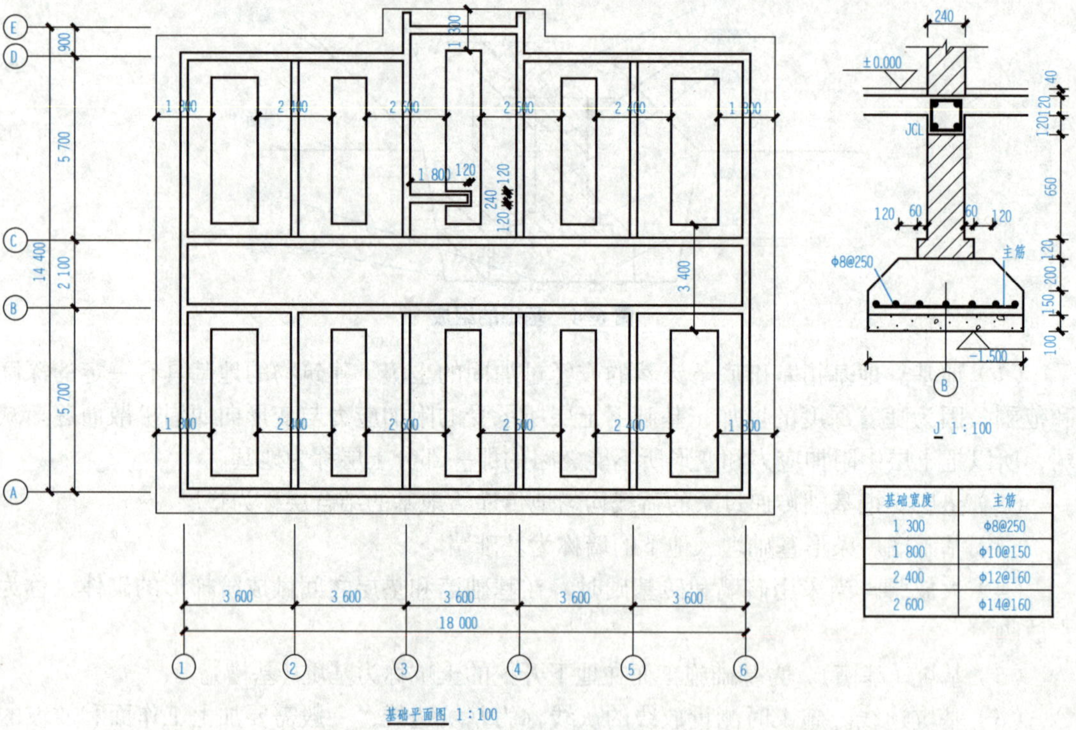

基础宽度	主筋
1 300	Φ8@250
1 800	Φ10@150
2 400	Φ12@160
2 600	Φ14@160

基础平面图 1∶100

图 6-5　基础平面图

(三)基础平面图的图示内容

(1)标明基础平面图的图名、比例。

（2）标明与建筑平面图相一致的定位轴线编号和轴线尺寸。

（3）标明基础平面布置，即基础墙、柱和基础底面的形状、大小及与轴线的位置关系。

（4）标明基础墙上留洞的位置及洞的尺寸和洞底标高，具体做法及尺寸另用详图表示。

（5）标明基础梁的位置及编号。

（6）标明基础断面图的剖切位置及编号。

（7）必要的施工说明，即所用材料的强度等级、防潮层做法、设计依据及施工注意事项等。

（四）基础平面图的识读

现以某保卫室条形基础平面图为例，说明基础平面图的内容和图示要求（图6-6）。从图中可以看出，图名为"基础平面图"，采用 1 ： 100 的比例绘制，除①轴与④轴相交处的基础是独立基础外，该房屋的其余基础均为墙下条形基础。图中定位轴线两侧的粗线是基础墙轮廓线，细实线是基础或垫层的底边线。以①轴线为例，图中标注出基础底部宽度尺寸为 1 320 mm，墙厚为 240 mm，左右墙边到轴线的定位尺寸为 120 mm，基底左右边线到墙边线的定位尺寸为 540 mm。图中沿墙身轴线画的粗点画线表示基础圈梁 JQL 的位置，构造柱在图中涂黑表示，构造柱尺寸均为 240 mm×240 mm。

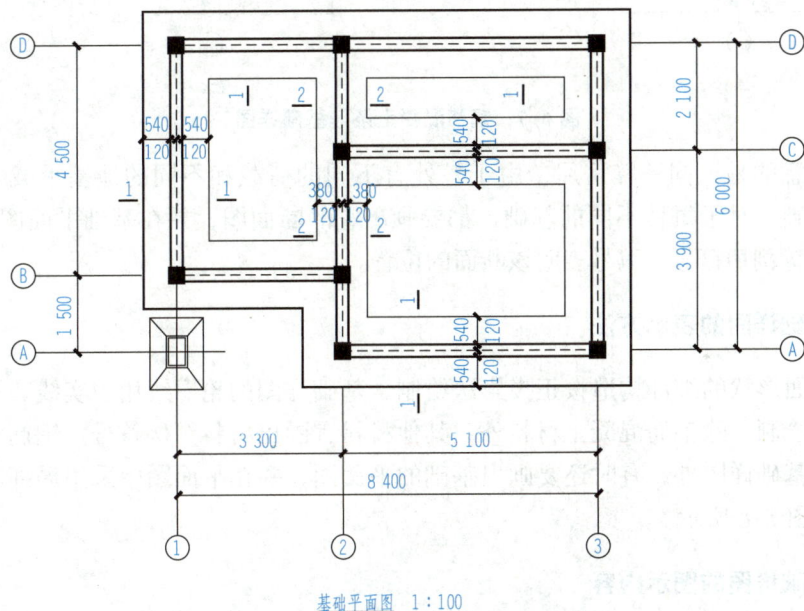

基础平面图 1:100

图6-6 某保卫室条形基础平面图

同时，在基础平面图中需要用剖切位置线标注出基础断面图的位置，凡基础断面有变化的地方，都要画出它的断面图。图中用1—1、2—2剖切符号标明了断面图的位置，编号数字注写的一侧为剖视方向。

二、基础详图

（一）基础详图的形成

在基础的某一处用铅垂剖切平面切开基础所得到的断面图称为基础详图。该断面图表示基础的断面形状、大小、材料、构造、埋深及主要部位的标高等，如图 6-7 所示。基础详图常用 1∶10、1∶20、1∶50 的比例绘制。

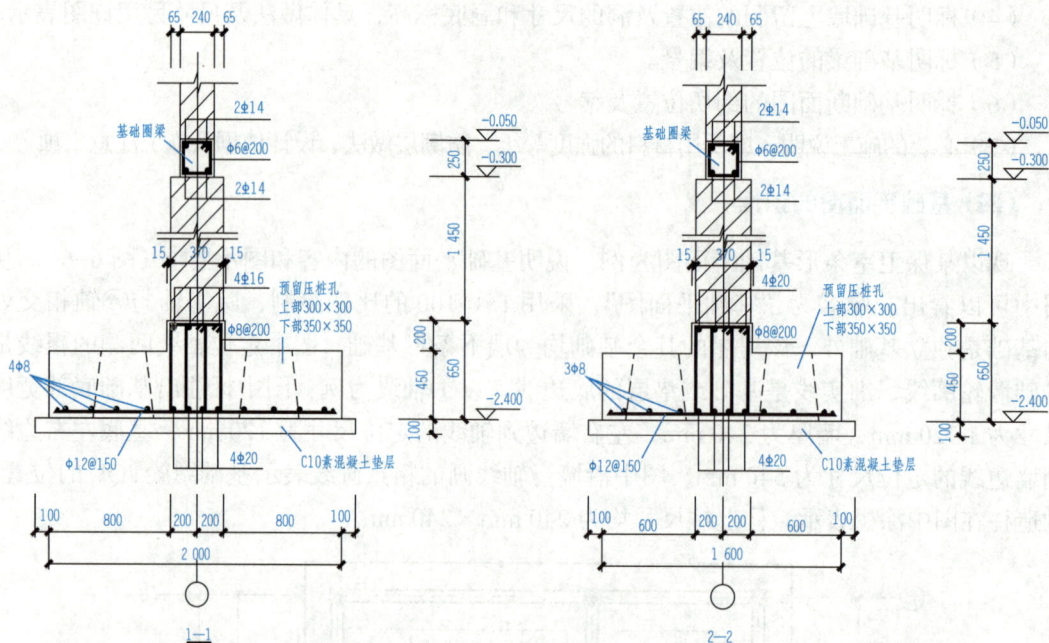

图 6-7　钢筋混凝土条形基础详图

需要注意的是，同一幢房屋，由于各处有不同的荷载和不同的地基承载力，下面就有不同的基础。对于每种不同的基础，都要画出它的断面图，并在基础平面图上用 1—1、2—2、3—3 等剖切符号与编号表明该断面的位置。

（二）基础详图的表示方法

基础断面形状的细部构造按正投影法绘制，基础详图的轮廓线用中实线表示，钢筋符号用粗实线绘制。除钢筋混凝土材料外，其他材料宜画出材料图例符号。钢筋混凝土独立基础除画出基础详图外，有时还要画出基础的平面图，并在平面图中采用局部剖面表达底板配筋，如图 6-8 所示。

（三）基础详图的图示内容

（1）根据基础平面图中的剖切位置或基础代号，标明基础的图名、比例。

（2）标明与基础平面图相一致的定位轴线编号和轴线尺寸。

（3）标明轴线与基础各部位的相对位置，如标注出大放脚、基础墙、基础圈梁与轴线的关系。

（4）标明基础断面形状、大小、材料及配筋。

（5）标明基础断面的详细尺寸、室内外标高及基底的标高、基础的埋置深度。

（6）标明基础梁（或圈梁）的高度、宽度及配筋情况。

（7）标明防潮层的位置、大放脚等的做法。

（8）必要的施工说明等。

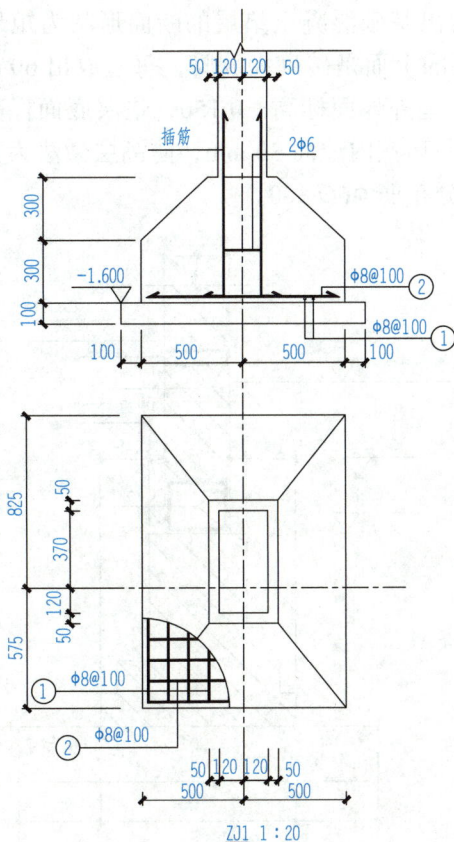

图 6-8　独立柱基础详图

（四）基础详图的识读

如图 6-8 所示为图 6-6 中①轴与Ⓐ轴相交处独立基础详图。图中给出了基础平面图中独立柱基础的详图 ZJ1。该基础形式为锥形独立基础，分为两阶，高度均为 300 mm。

独立基础的下方还有 100 mm 厚的素混凝土垫层，基础底面标高为 -1.600。由平面图中可以看出，平面图采用了局部剖面图的形式表达纵横向钢筋的配置情况。ZJ1 基础外形尺寸为 1 000 mm×1 400 mm，在这个柱基础中，柱子的上部钢筋通到基础底部并有 90°弯钩，长为 300 mm（俗称插筋）。独立柱基础平面图中可见的投影轮廓用细实线表示，局部剖面中的钢筋网及柱子的断面配筋用粗实线表示。图中双向钢筋网均为直径 8 mm 的 HRB400 钢筋，间距为 100 mm。

如图 6-9 所示为图 6-6 中条形基础 1—1 和 2—2 断面的详图。由于 1—1 和 2—2 断面的结构形式完全一致，仅尺寸有所不同，因此，只需要用一个通用断面图，再附上表中所列出的基础底面宽度 B、b，就能将各个条形基础的形状、大小、构造和配筋表达清楚。通过表格可以看出 J1（1—1 断面）基础宽度为 1 320 mm，b_1 为 300 mm；J2（2—2 断面）基础宽度为 1 000 mm，b_1 为 140 mm。图中基础圈梁顶标高为 -0.500，垫层底面标高为 -1.500，基础圈梁截面尺寸为 240 mm×240 mm，内配 4 根直径为 16 mm 的 HPB300 级纵向钢筋，箍筋为直径 8 mm 的 HPB300 级钢筋，箍筋与箍筋之间的中心距为

200 mm。从图中还可以看出基础混凝土垫层的断面形状为矩形，1—1 垫层断面尺寸为 1 320 mm×200 mm，垫层的上面是砖砌大放脚，每边放出 60 mm，高 120 mm。图中标出室内地面标高 ±0.000，室外地面标高 −0.150，垫层底面标高 −1.500。此外，还标注出防潮层的位置和做法，距离室内地面 30 mm，防潮层做法为 60 mm 厚钢筋混凝土，内配置纵向钢筋 3Φ8 和横向分布筋 Φ6@300。

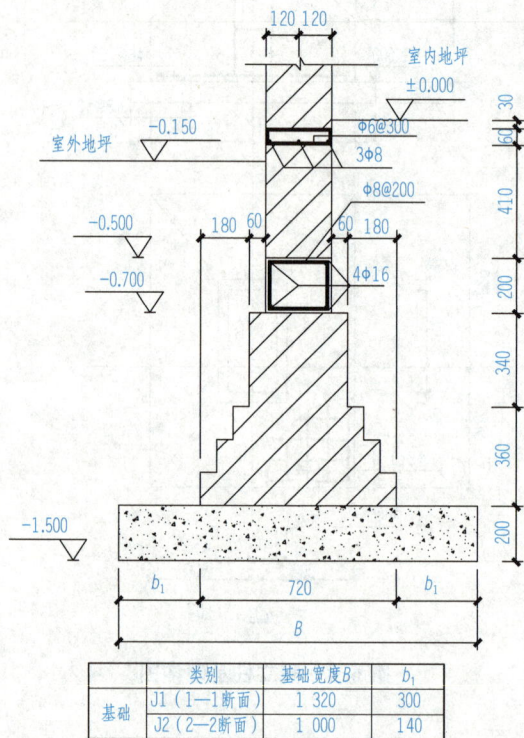

图 6-9　条形基础断面图

基础	类别	基础宽度 B	b_1
	J1（1—1断面）	1 320	300
	J2（2—2断面）	1 000	140

任务三　熟悉结构平面图的形成与识读方法

任务导入

结构平面图作为建筑施工中不可或缺的重要图纸，详细展示了建筑物室外地面以上各层平面承重构件的布置情况。这些承重构件包括墙、梁、板、柱、门窗过梁、圈梁等，它们在结构平面图中被精确标注和布局。通常，结构平面图包括楼层结构平面布置图和屋顶结构平面布置图，它们为施工中各种承重构件的布置提供了主要依据。因此，深入学习和理解结构平面图的形成过程、图示内容及表示方法，对于确保施工的准确性和顺利进行至关重要。在本任务中，将重点掌握结构平面图的相关知识，为后续的建筑实践奠定坚实基础。

视频：楼层结构平面布置图

一、楼层结构平面布置图

（一）楼层结构平面布置图的形成

楼层结构平面布置图是假想用一个水平的剖切平面沿楼板面将房屋剖开后，移去上部，作下部的水平投影，即得楼层结构平面布置图。它是用来表示每层的梁、板、柱、墙等承重构件的平面布置，说明各构件在房屋中的位置，以及它们之间的构造关系，是现场安装或制作构件的施工依据。

（二）楼层结构平面布置图的表示方法

针对多层建筑，一般分层绘制楼层结构平面布置图，但如各层构件的类型、大小、数量、布置相同，则可以只画出标准层的楼层结构平面布置图。如果是平面对称，可以采用对称画法，一半画楼层结构平面布置图，另一半画屋面结构平面布置图。

楼层结构平面布置图一般采用 1∶100 或 1∶200 的比例绘制，同建筑平面图的绘制比例。在楼层结构平面布置图中，剖切到或可见的构件轮廓线一般用中实线表示，不可见构件的轮廓线用虚线表示。楼层结构平面布置图的尺寸一般只标注开间、进深、总尺寸及个别地方容易弄错的尺寸。定位轴线的画法、尺寸及编号应与建筑平面图一致。

当绘制楼层结构布置平面图时，假设沿楼板面将房屋水平剖切开后，作出楼层的水平投影。梁一般用单点粗点画线表示其中心位置，并应注明梁的代号，如图6-10所示。圈梁、门窗过梁等应编号注出，若结构平面图中不能表达清楚，则需要另绘其平面布置图。当现浇板配筋简单时，直接在结构平面布置图中表明钢筋的弯曲及配置情况，注明编号、规格、直径、间距（图6-10）。当配筋复杂或不便表示时，用对角线表示现浇板的范围。楼梯间和电梯间因另有详图，可在平面图上用相交对角线表示（图6-10）。当铺设预制楼板时，可用细实线分块画出板的铺设方向。一般情况下，梁和板的布置图可以画在同一张图上。梁和柱的结构图现在多以平面整体表示方法进行表示。钢筋用粗实线绘制。

（三）楼层结构平面布置图的图示内容

（1）标明楼层结构平面布置图的图名、比例。

（2）标明与建筑平面图相一致的定位轴线编号和轴线尺寸。

（3）标明墙、柱、梁、板等构件的位置、编号及现浇楼面板的构造与配筋情况。

（4）标明预制板的跨度方向、数量、型号或编号和预留洞的大小及位置。

（5）标明轴线尺寸及构件的定位尺寸。

（6）标明详图索引符号及剖切符号。

（7）必要的文字说明。

（四）楼层结构平面布置图的识读

如图6-10所示为某保安室一层顶结构平面布置图。其主要内容如下：

（1）轴线。为了准确地确定柱、梁、板及其他构件的浇筑位置，应画出与建筑平面图完全一致的定位轴线，并应标注其编号及轴线间的尺寸等，如轴线编号①、②、③，轴线间的尺寸为 3 300 mm、5 100 mm、8 400 mm 等。

（2）墙和柱。墙和柱的平面位置虽然在建筑施工图中已经表示清楚了，但是在结构平面布置图中仍然需要画出它的平面轮廓线。

（3）梁。梁在结构平面布置图上用梁的轮廓线表示，也可以用粗的单点长画线表示，并应注写梁的代号及编号。

（4）圈梁与过梁。为了增强建筑物的整体稳定性，提高建筑物的抗风、抗震和抵抗温度变化的能力，防止地基发生不均匀沉降等，常在基础顶面、门窗洞口顶部、楼板和檐口等部位的墙内设置连续而封闭的钢筋混凝土梁，这种梁称为圈梁；为了支撑门窗洞口上面墙体的质量，并将它传递给两旁的墙体，在门窗洞口顶上沿墙设置一道梁，这种梁称为过梁。设置在基础顶面的圈梁称为基础圈梁；设置在门窗洞口顶部的圈梁常取代过梁的作用，称为圈梁兼过梁。为清楚起见，在结构平面布置图中，圈梁常用粗虚线或粗单点长画线表示，如图中粗单点长画线表示圈梁（QL）。

（五）楼板

在板的结构平面图中能表达定位轴线、承重墙或承重梁的布置情况，板支撑在墙、梁上的长度及板内配筋情况等。当板的断面变化大或板内配筋较复杂时，应加画板的结构剖面图来反映板内配筋情况、板的厚度变化及板底标高等。主要图示内容包括图名和比例，定位轴线及编号、间距尺寸，现浇板的厚度、标高和配筋情况，必要的设计说明和详图。

结合图 6-10，从图中可读取出以下内容：

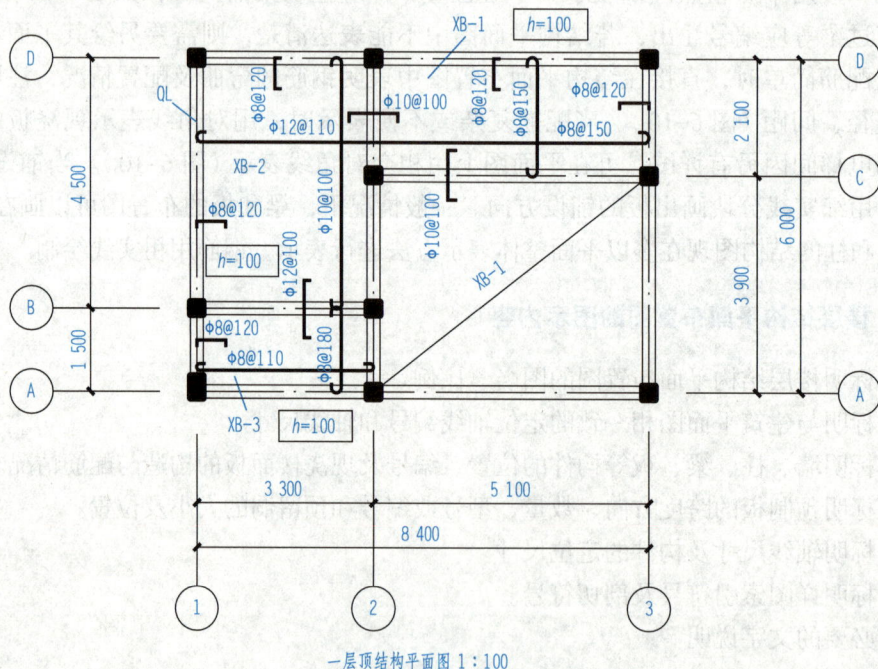

一层顶结构平面图 1：100

图 6-10　楼层结构平面布置图

（1）查看图名和比例。该图为某保安室一层顶结构平面布置图，比例为 1：100。

（2）校核轴线编号及间距尺寸。经校核，轴线编号与建筑施工图相同。

（3）阅读有关说明，了解现浇板的强度等级。

（4）了解现浇板的厚度。板的厚度均为 h（h=100 mm）。

（5）识读现浇板的配筋情况。

XB-1：

下部钢筋：纵、横向受力钢筋均为 Φ8@150，两种钢筋末端均做成 180° 弯钩。

上部钢筋：板四周与梁交接处均设置上部构造钢筋，即板负筋。其中，③轴和Ⓓ轴板边与梁交接处的负筋为 Φ8@120，②轴和Ⓒ轴板边与梁交接处的构造钢筋为 Φ10@100。这些负筋都向下做 90° 直钩顶在板底。

XB-2：

下部钢筋：纵向受力钢筋为 Φ12@110，横向受力钢筋为 Φ10@100，两种钢筋末端均做成 180° 弯钩。

上部钢筋：①轴和Ⓓ轴板边与梁交接处的负筋为 Φ8@120，②轴板边与梁交接处的负筋为 Φ10@100，Ⓑ轴板边与梁交接处的负筋为 Φ12@100。

XB-3：

下部钢筋：纵向钢筋为 Φ8@110，横向钢筋为 Φ8@180。

上部钢筋：①轴板边与梁交接处配置构递钢筋为 Φ8@120，Ⓑ轴板边与梁交接处的负筋为 Φ12@100。

二、屋顶结构平面布置图

屋顶结构平面布置图是表示屋面承重构件平面布置的图样，其图示内容和表达方法与楼层结构平面布置图基本相同。其比例同建筑平面图，一般采用 1：100 或 1：200 的比例绘制，一般用中实线表示剖切到或可见的构件轮廓线，图中虚线表示不可见构件的轮廓线。

对于混合结构的房屋，根据抗震和整体刚度的需要，应在适当位置设置圈梁。圈梁用粗实线表示，并在适当位置画出断面的剖切符号，以便与圈梁断面图对照阅读。圈梁平面图的比例可小些（1：200），图中要求标注出定位轴线间的距离尺寸。

任务四　了解钢筋混凝土构件分类与识读方法

任务导入

结构平面图虽然能够展现建筑物各承重构件的平面布置，但许多承重构件的形状、大小、材料、构造和连接情况并未详尽地表达。为了弥补这一不足，需要单独绘制各承重构件的结构详图，特别是钢筋混凝土构件的详图。这些详图不仅是钢筋翻样、制作、绑扎的重要依据，也是现场制模、设置预埋、浇捣

视频：钢筋混凝土构件详图

混凝土等施工环节的关键参考。因此，在本任务中，将深入了解钢筋混凝土构件的分类及特点，掌握其表示方法和识读技巧，为后续的施工图识读和建筑施工提供坚实支撑。

一、钢筋混凝土基本知识

混凝土是指由胶凝材料将集料胶结成整体的工程复合材料的统称。通常所说的混凝土是指由水泥、砂子、石子和水按一定比例拌和，经浇捣、养护硬化后而形成的一种人造材料。配置钢筋的混凝土称为钢筋混凝土；没有配置钢筋的混凝土称为素混凝土。

用钢筋混凝土制成的梁、板、柱、基础等构件称为钢筋混凝土构件，它分为定型构件和非定型构件两种。定型构件可直接引用标准图或通用图，只要在图纸上写明选用构件所在标准图集或通用图集的名称、代号便可查到相应的构件详图，因而不必重复绘制；自行设计的非定型构件，必须绘制构件详图。

二、钢筋混凝土构件详图的分类

钢筋混凝土构件详图可分为模板图、配筋图、预埋件详图及钢筋明细表组成。

（一）模板图

模板图也称为外形图，主要表明钢筋混凝土构件的外形，预埋铁件、预留钢筋、预留孔洞的位置，各部位尺寸和标高、构件及定位轴线的位置关系等，作为制作、安装模板和预埋件的依据。

（二）配筋图

配筋图包括立面图、断面图和钢筋详图，主要表示构件内部的钢筋配置、形状、数量和规格，是钢筋混凝土构件详图的主要图样。

1. 立面图

立面图主要表示构件内部钢筋的立面形状及其上下排列位置。一般用细实线表示构件的立面轮廓线，用粗实线表示钢筋。箍筋只用一条线来反映其侧面，当箍筋的类型、直径、间距均相同时，可以只画出其中一部分。

2. 断面图

断面图主要表示出构件内钢筋的上下和前后排列、箍筋的形状及其他钢筋的连接关系。与立面图类似，用细实线表示构件的断面轮廓线，用粗实线表示箍筋，用黑点表示钢筋的横断面。断面图的数量应根据钢筋的配置而定，凡是钢筋排列有变化的地方，都应画出其断面图。

3. 钢筋详图

根据钢筋的受力情况，构件内部钢筋的种类和数量较多，为表达清楚，通常把不同规格的钢筋单独画在相应的投影位置上。统一规格的钢筋只画一根，并标注出钢筋的编号、级别、直径、数量及各段长度等情况，这种图称为钢筋详图。

（三）预埋件详图

预埋件详图是对配有预埋件的钢筋混凝土构件，需要详细表示预埋件的构造而另画的详图，通常要在模板图或配筋图中标明预埋件的位置。

（四）钢筋明细表

钢筋明细表是为便于编制预算，统计钢筋用料，对配筋较复杂的钢筋混凝土构件所列出的钢筋表，以计算钢筋用量（表6-5）。

表6-5　钢筋表

构件名称	构件数	钢筋编号	钢筋规格	简图	长度/mm	每件支数	总支数	累计质量/kg
L1	1	1	φ12		3 640	2	2	7.41
		2	φ12		204	1	1	4.45
		3	φ6		3 490	2	2	1.55
		4	φ6		650	18	18	2.60

钢筋混凝土构件可分为现浇钢筋混凝土构件和预制钢筋混凝土构件、普通钢筋混凝土构件和预应力钢筋混凝土构件等。

三、钢筋混凝土构件详图的表示方法

钢筋混凝土构件详图的绘图重点是钢筋混凝土构件中的钢筋布置情况，而不是构件的形状，因此采用正投影并视构件混凝土为透明体，以重点表示钢筋的配置情况，如图6-11所示。这种主要表示构件配置钢筋的图样，即配筋图。为防止混淆，方便看图，构件中的钢筋都要统一编号，在立面图和断面图中标注出钢筋的种类代号、直径大小、根数、形状、间距等。

表示混凝土或钢筋的材料图例在断面图上不用再画出。单根钢筋详图由上而下，用同一比例排列在梁立面图的下方，与之对齐，如图6-11所示。

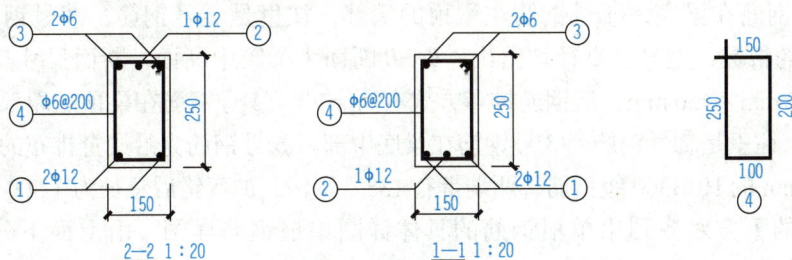

图6-11　钢筋混凝土梁结构详图

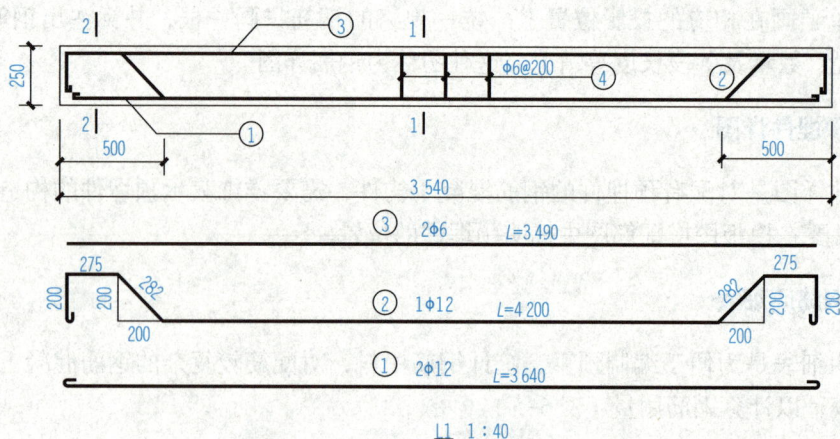

图 6-11　钢筋混凝土梁结构详图（续）

四、钢筋混凝土构件详图的图示内容

（1）标明构件的名称或代号、比例。
（2）标明构件的定位轴线及其编号。
（3）标明构件的形状、尺寸和预埋件代号及布置。
（4）标明构件内部钢筋的布置。
（5）标明构件的外形尺寸、钢筋规格、构造尺寸及构件底面标高。
（6）必要的施工说明。

五、钢筋混凝土构件详图的识读

（一）钢筋混凝土梁配筋图的识读

　　梁是房屋结构中的主要承重构件，常见的有过梁、圈梁、楼板梁、框架梁、楼梯梁、雨篷梁等。钢筋混凝土梁一般用立面图和断面图表示梁的外形尺寸和配筋情况。在配筋立面图中，梁的轮廓线用中实线，各种规格的钢筋用粗实线。梁的配筋断面图主要表达了梁的截面形状、尺寸大小、各钢筋的位置和箍筋的形状，不画混凝土的材料图例。梁断面轮廓线用细实线，各钢筋用粗实线表达。

　　如图 6-12 所示为钢筋混凝土梁详图。A—A 断面为梁端部断面，断面尺寸为 380 mm×450 mm。①号钢筋在梁底，④号钢筋在梁顶的端部，往里是②号钢筋，③号钢筋在梁顶的中间，钢筋的根数、型号、直径均给出。B—B 断面为梁跨中断面，断面尺寸与 A—A 断面一致均为 380 mm×450 mm，但钢筋排布方式有所不同。④号钢筋在梁顶的端部，①号钢筋在梁底端部，往里是②号钢筋，③号钢筋在梁底中部。⑤号钢筋为沿梁身排布的箍筋，共 20 根直径为 6 mm 的 HPB300 级钢筋，两端带有 135° 弯钩，加弯钩后总长为 1 500 mm。

　　同时在梁的下方对齐列出单根钢筋的具体详图单根钢筋详图，由上而下分别为④、③、②、①号钢筋。④号钢筋有 2 根，是直径 10 mm 的 HPB300 级钢筋，平直段长度为 5 140 mm，两端带 180° 弯钩，加弯钩后总长为 5 265 mm，是配置在梁顶的架立筋。③号钢筋有 1 根，是直径 16 mm 的 HPB300 级钢筋，总长为 6 440 mm，是弯起受力钢筋，中间段在梁底，距离端部 940 mm 处向上弯起，角度为 45°，到两端时再垂直向下。②号钢筋有 2 根，是直径 16 mm 的 HPB300 级钢筋，总长为 6 440 mm，与③号钢筋同为弯起受力钢筋，中间段在梁底，距离端部 640 mm 处向上弯起，角度为 45°，到两端时再垂直向下。①号钢筋有 2 根，是直径 16 mm 的 HPB300 级钢筋，平直段长度为 5 140 mm，加弯钩后总长为 5 640 mm，为配置在梁底的受力钢筋。

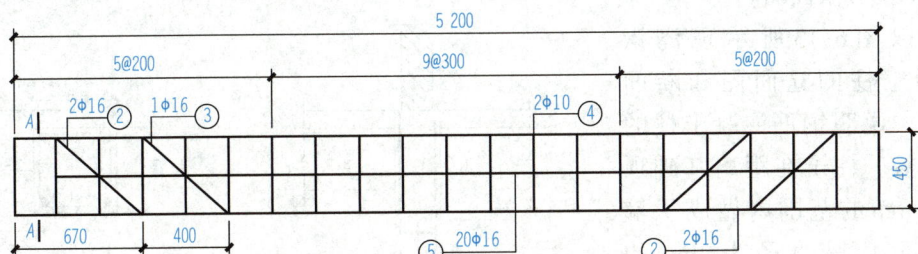

正立面图

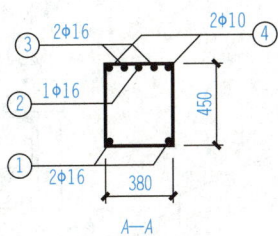

A—A

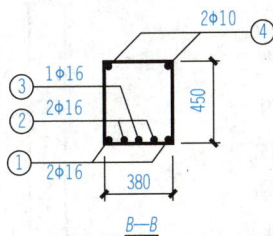

B—B

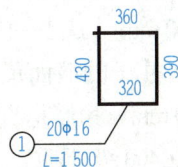

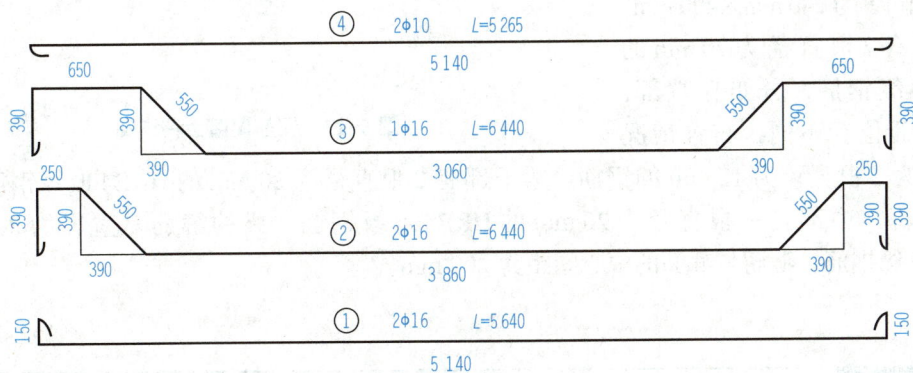

钢筋成型图

钢筋明细表

编号	型式	规格/mm	单根长/mm	根数	总长/m	备注
1		Φ16	5 640	2	11.28	
2		Φ16	6 440	2	12.88	
3		Φ16	6 440	1	6.44	
4		Φ10	5 260	2	10.53	
5		Φ6	1 500	20	30.00	

图 6-12　钢筋混凝土梁详图

(二)钢筋混凝土柱配筋图的识读

钢筋混凝土柱构件详图与钢筋混凝土梁基本相同，对于比较复杂的钢筋混凝土柱，除画出构件的立面图和断面图外，还需要画出模板图。对于复杂形状的柱，如厂房中的排架柱，有牛腿，有变截面，预埋件多，有必要画出立面图和多个断面图；而简单的柱，如框架结构中的等截面柱，只需要画出一个断面即可，节点引用标准图集。但完整的柱子详图包括立面图和断面图。

现以图 6-13 所示现浇钢筋混凝土柱的立面图和断面图为例，说明钢筋混凝土柱的图示内容。柱子在距离基础顶面 1 100 mm 的范围内做成了箍筋加密区，是直径为 6 mm 的 HPB300 级钢筋，间距为 100 mm；柱子的其他区域为箍筋非加密区，间距为 200 mm。从 1—1 断面图可以得知，柱子的截面尺寸为 350 mm×350 mm，角筋是直径为 22 mm 的 HRB400 级钢筋。同时，图中还给出了 L3 的断面图，断面直径为 240 mm×400 mm，梁上部有 2 根直径为 20 mm 的 HRB400 级钢筋，分布在端部；根据断面位置不同，布置情况

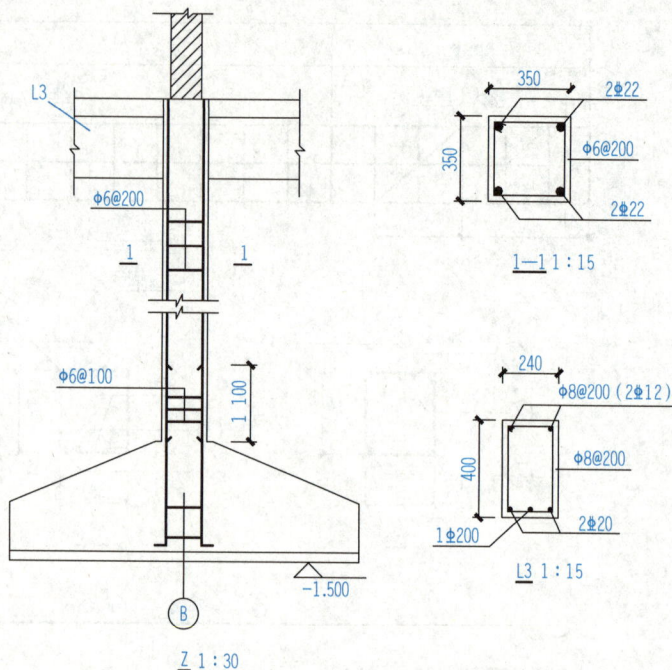

图 6-13　钢筋混凝土柱详图

可能变为 2 根直径为 12 mm 的钢筋。梁下部有 2 根直径为 20 mm 的 HRB400 级钢筋，分布在端部，中部是一根直径为 20 mm 的 HRB400 级钢筋。梁的箍筋是直径为 8 mm 的 HPB300 级钢筋，箍筋与箍筋的中心间距为 200 mm。

任务五　理解钢筋混凝土结构施工图平面整体表示方法

任务导入

混凝土结构施工图平面整体表示方法是一种高效、准确的结构设计表达方式。该方法通过遵循平面整体表示方法的制图规则，将结构构件的尺寸和配筋等信息直接表达在各类构件的结构平面布置图上，并与标准构造详图相结合，形成一套完整、统一的结构设计体系。这种表示方法不仅简化了设计流程，提高了设计效率，而且使施工图更加易于查看和理解，有助于施工质

视频：混凝土结构施工图平面整体表示方法简述

量的检查与保障。因此，掌握混凝土结构施工图平面整体表示方法，特别是梁、柱等关键构件的表示技巧，对于提高结构设计的准确性和施工效率具有重要的意义。在本任务中，将重点学习这一表示方法，并综合运用所学知识进行结构分析，为后续的建筑实践打下坚实基础。

任务资讯

一、平面整体表示方法的注写方式

在平面布置图上表示各构件尺寸和配筋的方式，分平面注写方式、截面注写方式和列表注写方式三种。面整体表示法结构施工图主要绘制梁、柱、板的构造配筋图，由于板的平面整体表示法与传统法相差不大，故在这里主要介绍梁、柱的平面整体表示法。

二、钢筋混凝土梁平面整体表示方法

（一）梁的平面注写方式

梁的平面注写方式是指在梁平面布置图上，分别在不同编号的梁中各选一根梁，在其中注写截面尺寸和配筋的具体数值。

平面注写包括集中标注和原位标注。其中，集中标注表达梁的通用数值，它包括五项必注值和一项选注值。五项必注值按顺序排列为梁编号、梁截面尺寸、梁箍筋、梁上部通长筋或架立筋配置、梁侧面纵向构造钢筋或受扭钢筋配置。梁编号由梁类型代号、序号、跨数及有无悬挑代号几项组成，应符合表 6-6 的规定。一项选注值为梁顶面标高高差。原位标注表达梁的特殊数值，内容包括上部纵筋、下部纵筋、附加箍筋或吊筋。当在梁上集中标注的内容不适用于某跨或某悬挑部分时，则将其不同数值原位标注在该跨或该悬挑部位，施工时应按原位标注数值取用。

视频：梁的集中标注 1

表 6-6 梁编号

梁类型	代号	序号	跨数及是否带有悬挑
楼层框架梁	KL	××	（××）、（××A）或（××B）
屋面框架梁	WKL		
框支梁	KZL		
非框架梁	L		
井字梁	JZL		
悬挑梁	XL		—

图 6-14 所示为梁平面注写方式示例。从集中标注可以获取梁的编号为 KL2（2A），表明此为 2 号框架梁，有两跨且一端悬挑（"A"代表一端悬挑，"B"代表两端悬挑）。梁的尺寸为宽 300 mm，高 650 mm。箍筋是直径为 8 mm 的 HPB300 级钢筋，加密区间距为 100 mm，非加密区间距为 200 mm，是双肢箍。梁上部通长筋是 2 根直径为 25 mm 的 HRB400 级钢筋，没有设置下部通长钢筋（若有，在上部通长钢筋后加分号后续写钢筋情况）。梁两侧共配置 4 根直径为 10 mm 的纵向构造钢筋，HPB300 级钢筋，分两排放置（每排两根）。梁顶面低于所在结构层楼面标高 0.100 m（此项为选注）。

读取图 6-14 中编号为"KL2（2A）"梁的原位标注可知，左起第一跨左端梁支座处上部有两种直径的纵向钢筋，共 4 根，加号前面的两根直径为 25 mm 的钢筋放在角部，加号后面两根直径为 22 mm 的钢筋放中间；梁下部共 6 根直径为 25 mm 的纵向钢筋，用斜线将各排钢筋自上而下分开，上一排放 2 根，下一排放 4 根。左起第二跨左端梁支座处上部共 6 根直径为 25 mm 的纵向钢筋，用斜线将各排钢筋自上而下分开，上一排放 4 根，下一排放 2 根；梁下部共设置 4 根直径为 25 mm 的纵向钢筋；右端梁支座处上部共 4 根直径为 25 mm 的纵向钢筋，支座左右两侧上部配筋相同。悬挑出来的梁下部共 2 根直径为 16 mm 的纵向钢筋，箍筋是直径为 8 mm 的 HPB300 级钢筋，箍筋间距为 100 mm，双肢箍。

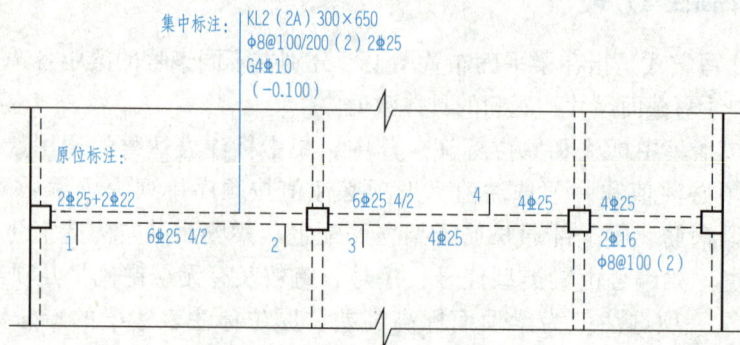

图 6-14　梁平面注写方式示例

（二）梁的截面注写方式

梁的截面注写方式是指在分标准层绘制的梁平面布置图上，分别在不同编号的梁中各选一根梁用剖面号引出配筋图，并在其上注写截面尺寸和配筋具体数值的方式来表达梁平法施工图。

附加箍筋和吊筋可直接画在平面图中的主梁上，用线引注总配筋值。当多数附加箍筋或吊筋相同时，可在梁平法施工图上统一注明，少数与统一注明值不同时，再原位引注。如图 6-15 所示为梁平法施工图，主次梁相交处配置在主梁上的吊筋是两根直径为 18 mm 的 HRB400 级钢筋。在 1—1 与 2—2 梁断面图中都在中部配置了受扭钢筋与拉结筋，受扭钢筋用字母"N"表示，配置在梁两侧，用以抵抗扭力；拉结筋主要用来拉住受扭钢筋和箍筋，其直径和间距按照平法图集的相关规定确定。

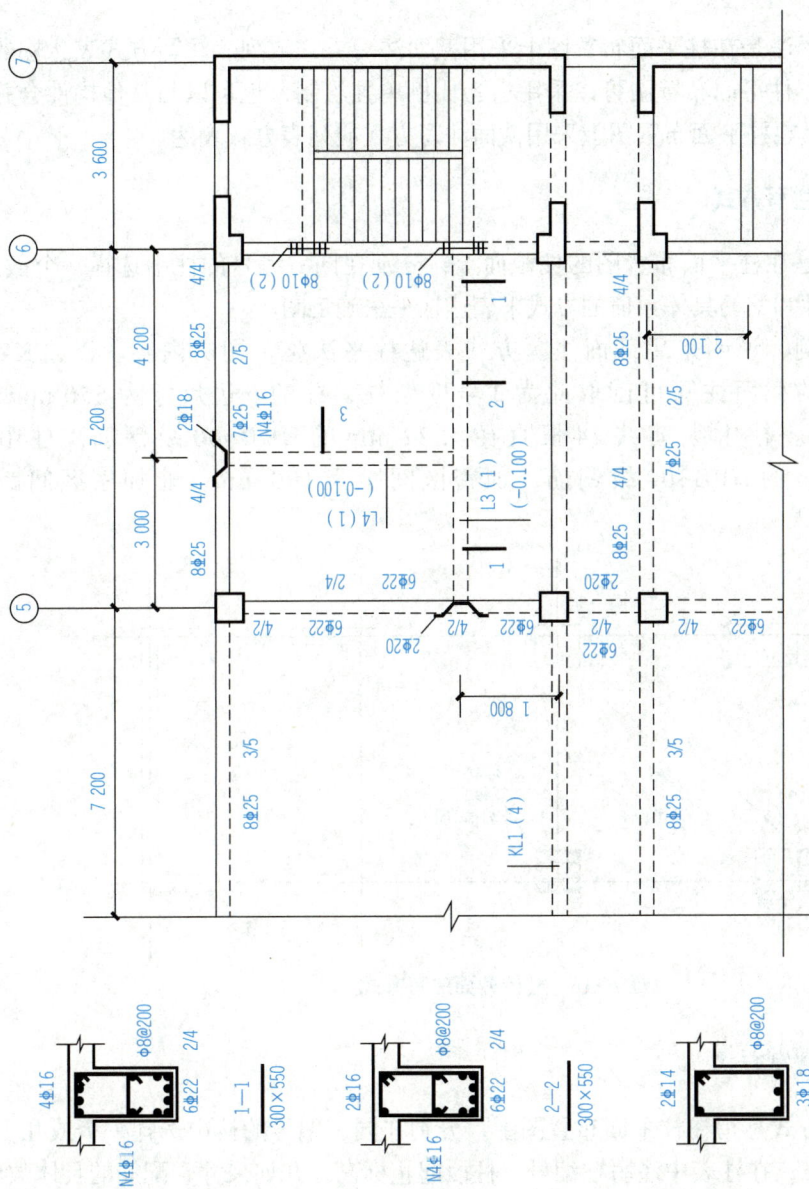

图 6-15 梁平法施工图

15.870~26.670梁平法施工图（局部）

	层面2	65.670	3.30
	塔层2	62.370	3.30
层面1 （塔层1）		59.070	5.60
16		55.470	3.60
15		51.870	3.60
14		48.270	3.60
13		44.670	3.60
12		41.070	3.60
11		37.470	3.60
10		33.870	3.60
9		30.270	3.60
8		26.670	3.60
7		23.070	3.60
6		19.470	3.60
5		15.870	3.60
4		12.270	3.60
3		8.670	3.60
2		4.470	4.20
1		-0.030	4.50
-1		-4.530	4.50
-2		-9.030	4.50
层号		标高/m	层高/m
结构层楼面标高			
结构层高			

171

三、钢筋混凝土柱平面整体表示方法

柱平面整体表示法是在柱平面布置图上采用截面注写方式或列表注写方式表达柱的尺寸、配筋等的方法。柱平面布置图可以采用适当比例单独绘制，也可以与其他构件合并绘制。柱平法施工图是在柱平面布置图上采用截面注写方式或列表方式表达。

（一）柱的截面注写方式

截面注写方式是在柱平面布置图的柱截面上，分别在同一编号的柱中选择一个截面，以直接注写截面尺寸和配筋具体数值的方式来表达柱平法施工图。

以图 6-16 为例，说明采用截面注写方式表达柱平法施工图的内容。以"KZ3"为例，通过 KZ3 的截面注写可读取此为 3 号框架柱，柱的 b 边尺寸为 650 mm，h 边尺寸为 600 mm。柱中纵筋共 24 根直径为 22 mm 的 HRB400 级钢筋；柱中箍筋是直径为 10 mm 的 HPB300 级钢筋，加密区间距为 100 mm，非加密区间距为 200 mm。

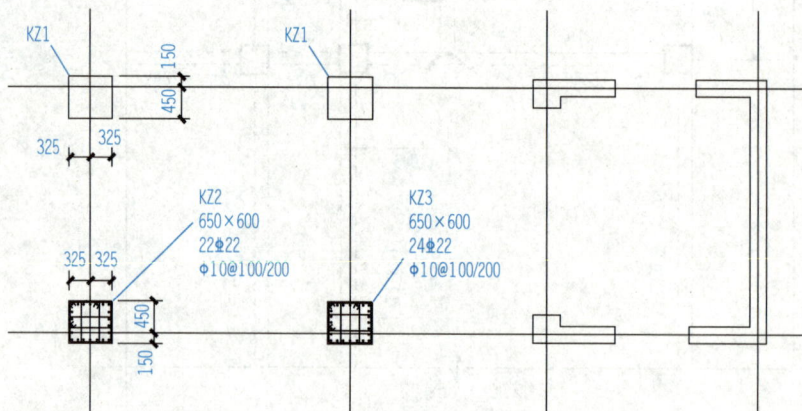

图 6-16　柱的截面注写方式

（二）柱的列表注写方式

柱的列表注写方式是指在柱平面布置图上，分别在同一编号的柱中选择一个或几个截面标注几何参数代号；在柱表中注写柱编号、柱段起止标高、几何尺寸、配筋的具体数值，并配以柱截面形状及其箍筋类型的方式来表达柱的一平法施工图。

表 6-7 为柱平面布置图上的柱表，以编号为"KZ1"的 1 号框架柱为例，因为"KZ1"两段标高的尺寸和配筋不一致，故分开注写标高。"$b \times h$"表示的是柱子的截面尺寸，接下来的四列数据"b_1、b_2、h_1、h_2"分别表示柱边线与穿过柱的轴线的距离。柱子的纵筋配筋也需要详细列出，若直径、强度等级均相同则注写在角筋一栏，若不同则分开注写，紧接着列出柱箍筋类型号（截面肢数）与箍筋配筋。

表 6-7　柱表

表 6-7　柱表

柱号	标高 /m	$b×h$	b_1	b_2	h_1	h_2	全部纵筋	角筋	b 边一侧中部筋	h 边一侧中部筋	箍筋类型号	箍筋
KZ1	−0.030 ～ 19.470	750× 700	375	375	150	550	24Φ25				1（5× 4）	Φ10@100/200
	19.470 ～ 37.470	650× 600	325	325	150	450		4Φ22	5Φ22	4Φ20	1（4× 4）	Φ10@100/200

🔵 拓展知识

随着全球气候变化的加剧和环保意识的提升，建筑行业正面临着巨大的挑战和机遇。绿色环保、节约材料已成为行业发展的必然趋势。结构施工图作为建筑设计和施工的重要依据，其识读和应用对于实现绿色环保和节约材料具有重要的意义。

近年来，部分建筑企业在其最新项目中成功应用了新型绿色建材和节能技术，通过优化结构设计，大幅减少了钢筋等建筑材料的用量。这一举措不仅降低了项目成本，还显著减少了施工过程中的碳排放和环境污染，充分展示了识读结构施工图在推动绿色环保、节约材料方面的重要作用。

同时，越来越多的建筑企业开始注重施工图的精细化管理和应用。通过精确计算和分析，设计师能够更加科学地确定构件的尺寸和配筋，避免过度配筋造成的资源浪费。此外，新型技术的应用也为节约材料提供了新的可能。例如，利用 BIM 技术进行三维建模和碰撞检测，可以在设计阶段就发现并解决潜在的结构问题，从而避免施工过程中的材料浪费。

学习评价

学习评价表

项目六	识读结构施工图		
评价项目	评价标准	分值	得分
掌握结构施工图概述要点	掌握结构施工图的基本概念，包括结构施工图的分类、内容和一般规定，能够准确理解结构施工图在建筑工程中的重要作用	10	
掌握基础施工图的形成与识读技巧	理解基础施工图的形成原理，熟悉基础平面图和基础详图的图示内容，掌握其表示方法和识读技巧	15	
掌握结构平面图的形成与识读方法	熟悉结构平面图的形成过程，能够准确识别楼层结构平面布置图和屋顶结构平面布置图的图示内容，理解其表示方法	15	
掌握钢筋混凝土构件分类与识读方法	了解钢筋混凝土构件的分类及特点，掌握钢筋混凝土构件的表示方法和识读方法，为后续的施工图识读打下坚实基础	15	
掌握钢筋混凝土结构施工图平面整体表示方法	深入理解钢筋混凝土结构施工图平面整体表示方法，特别是梁、柱的平面整体表示方法，能够综合运用所学知识进行结构分析	15	

项目六	识读结构施工图		
评价项目	评价标准	分值	得分
工作态度	态度端正，无无故缺勤、迟到、早退现象	10	
工作质量	能按计划完成工作任务	5	
协调能力	与小组成员之间能合作交流、协调工作	5	
职业素质	能做到保护环境，爱护公共设施	5	
创新意识	通过阅读结构施工图纸，能更好地理解结构施工图的形成与识读要点，并写出图纸的会审记录	5	
合计		100	
综合评分	自评（20%）	小组互评（30%）	教师评价（50%）	综合得分

技能训练

一、选择题

1．KL8（5A）表示第8号框架梁，5跨，一端有悬挑。（　　）（单选题）

A．正确　　　　　　B．错误

2．配筋图中的钢筋用（　　）表示。（单选题）

A．细实线　　　　　　　　B．粗实线
C．虚线　　　　　　　　　D．黑圆点

3．按《混凝土结构施工图平面整体表示方法制图规则和构造详图》（22G101-1），柱列表注写方式，下列说法正确的是（　　）。（单选题）

A．顶层部位的框架柱代号为WKZ
B．梁上柱的根部标高系指该梁的底面标高
C．柱截面与轴线的定位尺寸 b_1、b_2 和 h_1、h_2 不能为负值
D．芯柱代号为XZ

4．梁的平法标注采用的两种方式有（　　）。（多选题）

A．截面注写　　　　　　　　B．列表注写
C．平面注写

5．梁的平面注写包括集中标注和原位标注，集中标注有五项必注值有（　　）。（多选题）

A．梁编号、截面尺寸　　　　B．梁上部通长筋、箍筋
C．梁侧面纵向钢筋　　　　　D．梁顶面标高高差

6．当柱纵筋直径或各边根数不同时，柱纵筋分（　　）三项分别注写。（多选题）

A．角筋　　　　　　　　B．b 边中部筋
C．h 边中部筋　　　　　D．全部纵筋

二、图纸识读题

1. 独立基础详图识读，根据图 6-17 完成下列填空题。

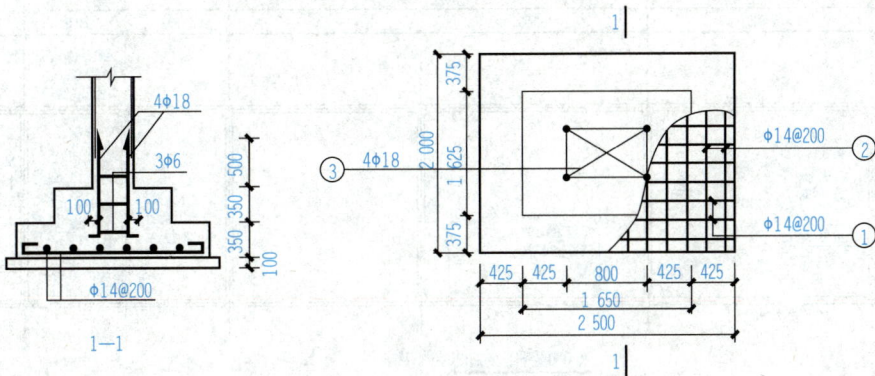

图 6-17　独立柱基础详图

（1）该基础形式为_____形独立基础，分为两阶，高度均为_____。

（2）独立基础的下方还有_____厚的素混凝土垫层。从平面图中可以看出，平面图采用了局部剖面图的形式表达纵横向钢筋的配置情况。该基础外形尺寸为_____，本图中双向钢筋网均为直径_____的_____钢筋，间距_____。

2. 楼层结构平面布置图识读，根据图 6-18 完成下列填空题。

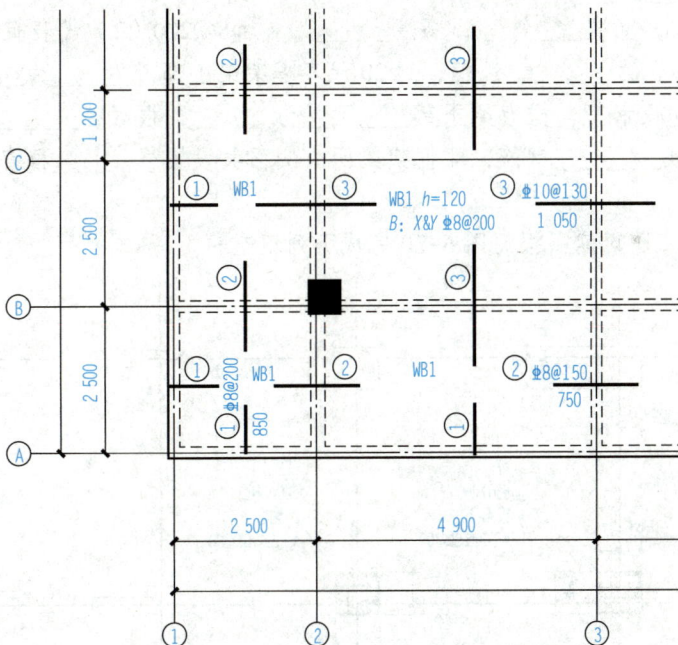

图 6-18　屋面板半法施工图（局部）

（1）WB1 的板厚为_____，板下部配置的纵筋 X 向和 Y 向均为_____。

（2）③轴板支座上部非贯通钢筋②号筋的注写，②表示_____；"$\Phi 8@150$"表示配筋值为直径_____，间距_____的_____钢筋，"750"表示钢筋自支座（梁）边线向两侧对称伸出的长度均为_____。

3．梁平法施工图识读：根据图6-19完成下列填空题。

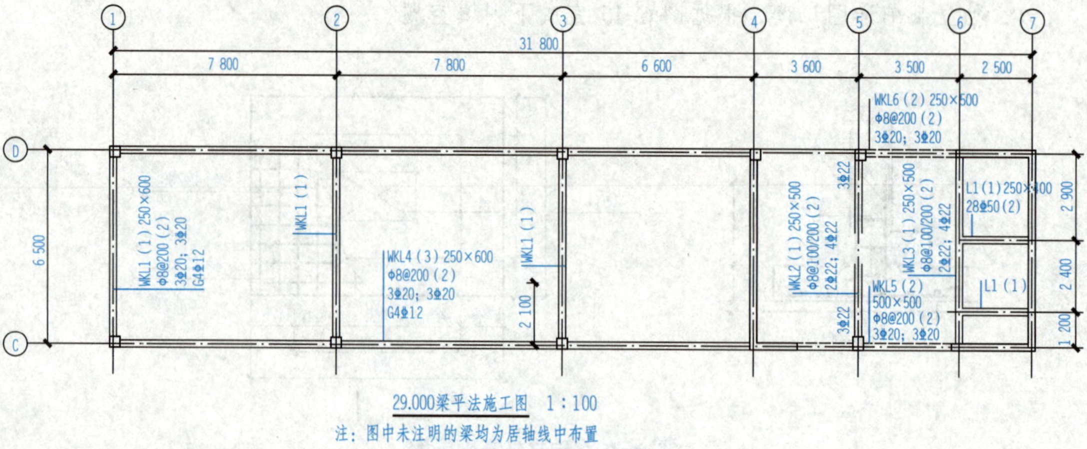

29.000梁平法施工图 1：100
注：图中未注明的梁均为居轴线中布置

图6-19　梁平法施工图

（1）该图中屋面框架梁有_____种类型，分别为_____、_____。

（2）图中
WKL4（3）250×600
Φ8@200（2）
3Φ20；3Φ20
G4Φ12
，WKL代表_____，（3）代表_____，250×600代

表框架梁_____，宽度_____，高度_____；Φ8@200（2）代表箍筋直径为_____
__，间距_____，为_____肢箍；3Φ20代表框架梁上部_____为_____根直径_____
_____的_____级钢筋，框架梁下部_____为_____根直径_____的_____级
钢筋；G4Φ12代表_____钢筋，即框架梁两个侧面共设置_____根直径为_____的
_____级钢筋。

4．柱平法施工图识读：根据图6-20完成下列填空题。

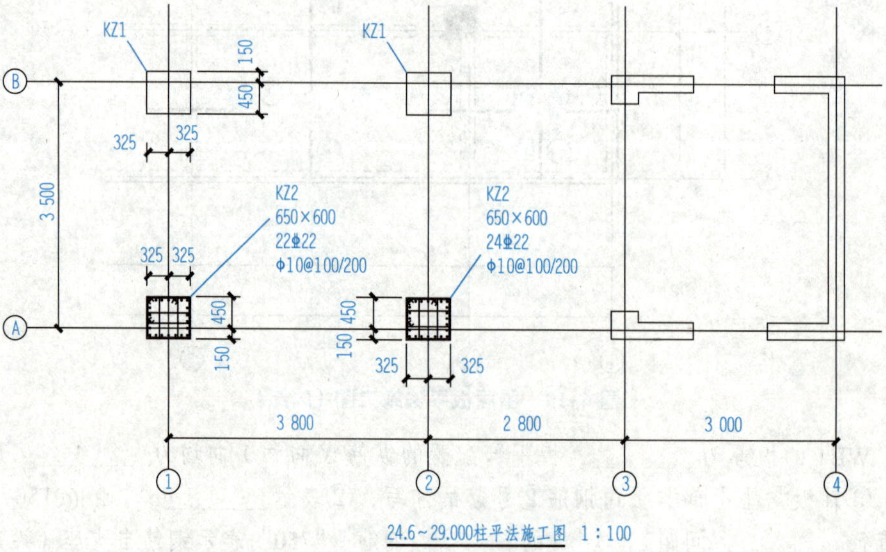

24.6~29.000柱平法施工图 1：100

图6-20　柱平法施工图

（1）该图中框架柱有_____、_____、_____三种类型。

（2）图中框架柱 KZ3 的断面尺寸为_____，Ⓐ轴与框架柱两边缘的尺寸分别为_____和_____，②轴线与框架柱两边缘的尺寸分别为_____和_____，全部纵筋为_____根直径_____的_____钢筋，箍筋为直径_____的_____钢筋，加密区间距_____，非加密区间距_____，箍筋类型为_____箍筋。

参 考 文 献

［1］中华人民共和国住房和城乡建设部，中华人民共和国国家市场监督管理总局. GB/T 50001—2017 房屋建筑制图统一标准［S］. 北京：中国建筑工业出版社，2018.

［2］中华人民共和国住房和城乡建设部，中华人民共和国国家市场监督管理总局. GB/T 50103—2010 总图制图标准［S］. 北京：中国计划出版社，2011.

［3］中华人民共和国住房和城乡建设部，中华人民共和国国家市场监督管理总局. GB/T 50104—2010 建筑制图标准［S］. 北京：中国计划出版社，2011.

［4］何培斌. 建筑制图与识图［M］. 3 版. 北京：北京理工大学出版社，2023.

［5］肖明和. 建筑制图与识图［M］. 北京：中国建筑工业出版社，2020.

［6］梁胜增，吴美琼. 建筑制图与识图［M］. 武汉：华中科技大学出版社，2015.

［7］中华人民共和国住房和城乡建设部，中华人民共和国国家市场监督管理总局. GB 50010—2010 混凝土结构设计规范（2024 年版）［S］. 北京：中国建筑工业出版社，2010.

［8］中国建筑标准设计研究院. 22G101-1 混凝土结构施工图平面整体表示方法制图规则和构造详图（现浇混凝土框架、剪力墙、梁、板）［S］. 北京：中国计划出版社，2022.

［9］中国建筑标准设计研究院. 22G101-2 混凝土结构施工图平面整体表示方法制图规则和构造详图（现浇混凝土板式楼梯)［S］. 北京：中国计划出版社，2022.

［10］中国建筑标准设计研究院. 22G101-3 混凝土结构施工图平面整体表示方法制图规则和构造详图（独立基础、条形基础、筏形基础、桩基础）［S］. 北京：中国计划出版社，2022.

［11］庞毅玲，余连月. 快速平法识图与钢筋计算［M］. 2 版. 北京：中国建筑工业出版社，2023.